환경과 빈부의 두 세계
The Real Environmental Crisis

· 일러두기

　　본문의 주는 각 장의 말미에 달았으며, 모두 저자의 것이다.

The Real Environmental Crisis

Jack M. Hollander

환경과
빈부의 두 세계

박석순 옮김

어문학사

이 책의 초고가 완성된 것은 지금까지와는 전혀 다른 새로운 문제와 관심사를 세계무대에 올려놓은 9·11 테러 한 달 전이었다. 이 사건으로 인해 내가 이 책에서 쓰고자 했던 주제(가난과 부가 환경에 미치는 영향과 자원과 환경문제에 대한 일반 대중들의 오해)는 변하지 않았지만, 이러한 주제를 보는 일반인들의 생각은 거의 되돌릴 수 없을 정도로 엄청나게 변했다. 부유한 나라에서 사는 우리는 전 세계에 만연한 빈곤이라는 비극이 그저 먼 나라 얘기만은 아니라는 것을 이 사건으로 인해 갑자기 느끼게 됐다. 우리는 이제 가난이 인류에게 극단적 폭력 행위를 가하게 하는 절망과 굴욕으로 가는 근본적 원인이 될 수 있다는 사실을 보다 분명하게 알 수 있게 됐다. 이 책은 가난이 환경에 가해지는 폭력과도 연관되어 있다는 점과 지구촌 모든 인류가 가난에서 벗어나 부유해지는 것이 환경적으로 지속가능한 세계를 만드는 데 반드시 필요하다는 점을 보여주고자 한다.

　모든 환경주의자들이 이러한 주장에 동의하지는 않는다. 어떤 이들은 오히려 그 반대를 믿는다. 그들은 가난에서 벗어나 부유해지는 것이 환경을 파멸시킨다고 믿는다. 사실, 환경의 미래를 밝게 보는 나를 포함한 환경낙관론자들과 앞으로 지구가 끔찍한 재난을 겪을 것으로 생각하는 환경비관론자들 간에는 엄청난 세계관의 차이가 있다. 지난 수십 년 동안 일반 대중들은 대부분 환경비관론을 계속 접해왔다. 그리고 개인이나 환경단체, 그리고 언론매체들로부터 전해지는 자원과 환경에 대한 나쁜 소식들과 지구가 곧 멸망할 것이라는 이야기들이 이 비관론을 부추겨왔다. 물론 과학자들과 환경단체들이 야기하는 어느 정도의 자각은 일반 대중들이 환경문제를 보다 민감하게 인식하도록 하고 그 민감성을 잃지 않게 하는데 반드시 필요하다는 점은 의심의 여지가 없다. 그러나 미끄러운 길에서 조심하라고 미리 알려주는 것과 초만원인 극장에서 '불이야'라고 외치는 것에는 분명 큰 차이가 있다. 지금까지 우리는 환경주의라는 미명 아래 후자에 더 가까이 있었다.

　환경운동이 시작된 초창기부터 환경 커뮤니티는 심한 양극화 현상을 보였다. 한편에서는 환경문제 해결을 위해 물리학자, 화학자, 생물학자, 경제학자, 공학자 등과 같이 과학과 기술에 종사하는 많은 사람들이 열정적으로 함께 참여하여 새로운 학제간 그룹을 만들었다. 그들은 낙관적인 입장에서 환경문제가 해결될 수 있다는 믿음과 강한 목적의식을 가지고 연구에 임했다. 전 세계 많은 대학과 연구소에서 활발한 연구가 이루어졌으며, 그 결과 대기오염과 수질오염을 줄이는 새로운 아이디어, 효율적인 에너지 사용, 재생 가능한 에너지 공급원, 그리고 화석연료의 청정 연소기술이 개발됐다. 그들은 환경에 관한 많은 사실을 알아내고 환경 정책에 필요한 기초 자료를 확보하는 데 크게 기여했으며 앞으로도 계속될 것이다.

하지만 이러한 사회적·기술적 환경낙관론은 매우 다른 종류의 환경이념으로부터 도전을 받게 된다. 기술에 대한 강한 반감과 미래 환경에 대한 어두운 비관론이 바로 그것이다. 이 극단적인 환경주의는 유럽에서 녹색당이 만들어지는 촉매제 역할을 했으며, 미국에서도 상당한 정치적 힘을 가지게 됐다. 이들은 처음부터 원자력 발전에 반대해 왔으며, 지금은 화석연료 사용도 반대하고 있다. 극단적인 환경주의는 세계 곳곳에서 활동 중인 주류 환경단체에 스며있다. 극단적인 환경주의가 주장하는 지구 운명에 대한 과장된 표현은 언론매체에서 다시 증폭되고 나쁜 소식에 더욱 귀를 쫑긋하는 일반 대중들에게 매우 잘 먹혀들어갔다.

전문가들 사이에서도 환경에 대한 관점의 차이가 매우 큰 상황에서 우리는 누구의 주장을 믿어야 할까? 심지어 아주 순수한 과학자들 사이에서도 개인의 공명심이나 친밀한 관계, 정치적·사회적·경제적 압력에 의해 영향을 받지 않은 그야말로 공정한 관점은 찾기 어렵다. 그래서 지금 우리는 지구 종말을 예견하는 비관론자부터 극단적인 낙관론자에 이르기까지 환경에 대한 다양하고 넓은 스펙트럼을 보게 되는 것이다. 대부분의 환경전문가들은 극단적인 양쪽 의견에는 동의하지 않더라도 이 복잡한 주제에 대해 매우 미묘한 차이를 가진 불확실한

그림 1 만화 『이것이 인생이다』(마이크 트워히 작).

견해를 보이고 있다. 하지만 비전문가인 일반 대중들 사이에서는 언론의 과장된 표현 때문에 비관론이 매우 지배적이다. 이 책은 비전문가인 일반 대중들에게 도처에서 과장되어 있는 환경문제에 관한 올바른 지식을 제공하고, 극단적인 환경비관론이 과학이나 경제학에서 그리고 인구통계학이나 역사학에서도 정당성을 인정받지 못한다는 것을 주장하기 위해 저술됐다.

심리학자들에 따르면 일반 대중들이 어떤 전문가의 주장을 믿어야 할지 말아야 할지 심사숙고할 때 메시지 자체만큼이나 (또는 그 이상으로) 메시지를 전하는 전문가의 신뢰성을 중시한다고 한다. 이 책에서 주장하는 모든 것은 내 자신이 지난 30년에 걸친 학문적인 배경을 가지고 환경과학과 정책에 몸담았던 것에 바탕을 두고 있다. 나는 오랜 기간 동안 다양한 경험과 함께 어떠한 기관이나 단체의 외압 없이 환경과 자원에 관한 수없이 많은 토론과 논평에 참여하고 관찰할 수 있었다. 이러한 경험을 통해 나는 환경비관론의 영향이 점점 커지는 것에 대해 우려하게 됐고, 그래서 이 책에서 좀 더 균형 잡히고 낙관적인 그림을 제시하려고 한다.

이 책에 어떤 오류가 있더라도 모든 것은 나의 책임이다. 이 책이 만들어지기까지 원고를 전체 또는 부분적으로 읽고 조언을 아끼지 않았던 많은 동료들과 친구들이 있었다. 브루스 에임스, 하비 브룩스, 등컨 브라운, 시드니 캐머론, 조엘 담스태터, 프리먼 다이슨, 앨런 홀랜더, 마이클 레더러, 리처드 린젠, 샤론 만, 리처드 멀러, 티호미르 나바코브, 존 라무센, 버트램 레이벤, 프레드 싱어, 마시리 왕 등에게 감사를 전하는 바이다. 또한 캘리포니아대학교 출판사의 담당 편집자인 도리스 크레츠머에게도 원고 작성에 관한 현명한 지도에 특별한 감사를 드리고 싶다. 끝으로 이 책의 주제 중 하나를 너무나 잘 표현하고 있는 그의 만화를 실을 수 있도록 허락해준 마이크 트워히에게도 고마움을 전한다.

목차

제1장
환경, 비관론에서 낙관론으로

　환경위기에 관한 조간 기사를 보지 않고 하루를 시작한 적이 있는가? 그런 날은 매우 드물다. 환경위기가 이미 닥쳤거나 곧 다가올 것이라는 아주 극적인 기사가 매일 아침 우리를 불안하게 하고 있다. 하루는 지구온난화, 다음날은 인구과잉이나 대기오염, 자원고갈, 생물멸종, 해수면상승, 핵폐기물, 아니면 우리가 먹는 음식이나 물에 들어있을지 모른다는 독성물질이 신문지면을 장식한다. 이러한 이야기의 대부분은 '당신과 나는 환경의 적이다'라는 생각을 내포하고 있다는 점이 특히 눈에 거슬린다. 우리의 부유한 생활방식이 자연의 균형을 깨뜨리고, 우리가 사는 도시, 하늘, 바다를 오염시키고, 우리의 삶을 지탱해주는 자연자원을 낭비하는데 가장 큰 책임이 있다는 것이다. 우리가 지금 무분별하고 낭비적인 생활방식을 바꾸지 않는다면 지구는 더 이상 우리 자신과 후손들에게 쾌적한 삶의 터가 될 수 없을 것이라는 이야기를 계속 들려주고 있다.

이러한 언론보도는 오늘날 우리 사회에 만연해 있고 이미 환경 정설의 보증서가 되어버린 미래 비관론을 반영하는 것이다. 이것의 주요 테마는 부유한 사회는 본질적으로 환경문제를 일으키게 되어있다는 것이다. 우리가 점점 더 부유해질수록 지구의 한정된 자원을 더 많이 소비할 것이고, 인구는 과잉 상태가 될 것이며, 우리는 지구의 소중한 땅, 공기, 물을 더욱 오염시키게 될 것이라는 주장이다. 여기에는 지구는 인간이 파괴하기 이전에는 훨씬 더 살기 좋은 곳이었다는 생각이 분명하게 내포되어 있다.

일부 사람들, 심지어 일부 환경과학자들도 지구 미래에 대한 이 우울한 주장에 전적으로 동의한다. 나는 이들이 반드시 획일적 사고를 가졌다거나, 고지식하다거나 또는 전문적이지 않다거나, 특정 이해관계에 사로잡혀 있다고 생각하지 않는다. 하지만 이들이 비관적인 것은 사실이다. 나는 지구 환경의 미래에 대해 좀 더 낙관하고 있으며, 비록 아주 많지는 않지만, 환경의 미래에 관한 낙관적인 입장을 뒷받침할 만한 풍부한 증거가 있다고 믿는다. 이 책은 바로 그 낙관적 전망을 보여주고자 하는 것이다.

나의 판단으로는 사람이 환경의 적은 아니다. 그리고 부도 환경의 적이 아니다. 부가 반드시 환경 파괴를 부추기는 것도 아니다. 부는 오히려 사람들로 하여금 환경을 돌보게 만든다. 사람들이 점점 더 부유해질수록, 대부분은 환경이 주는 건강성과 아름다움에 대해 더욱 민감해진다. 그리고 부가 증대됨으로써 환경을 보호하고 개선할 수 있는 경제적 수단이 마련된다. 물론, 부 하나만으로 더 좋은 환경이 보장되는 것은 아니다. 사회에 대한 책임의식도 필요하다. 또한 정치적 의지도 필요하다. 무엇보다도 부는 미래 세대들이 살기 좋고 지속 가능한 환경을 누릴 수 있게 해주는 핵심적인 요소다.[1]

환경의 진짜 적은 가난이다. 가난은 기아와 질병, 무지에 시달리는 세계 수십억 인류의 비극이다. 가난은 환경의 원흉이고 가난한 사람들은 그 희생물이다. 가난에 빠진 사람들이 종종 자원을 약탈하고, 환경을 오염시키고, 인구 과잉을 가져온다. 그들이 이러한 환경문제를 일으키는 것은 고의적인 것이 아니라 살아남기 위해 어쩔 수 없기 때문이다. 그들도 부유한 나라의 사람들이 누리고 있는 환경의 쾌적함을 잘 알고 있다. 하지만 더 나은 환경을 만드는 일이 너무나 오래 걸린다는 것과 당장 시급한 문제는 가난이라는 마수로부터 벗어나는 것이라는 사실 또한 잘 알고 있다. 그들이 이 긴 여정을 헤쳐 나가기 위해서는 국제기구, 선진국, 그리고 독지가들로부터의 도움과 자국 정부의 성실하고 효과적인 정책 수행이 반드시 필요하다.

선진국이 개발도상국의 국민을 돕는 것은 사회적인 의무이며 도덕적으로도 옳은 일이다. 또한 환경적인 측면에서 보면, 이것은 윤리 이상의 문제다. 가난을 뿌리 뽑는 것은 선진국 자국의 환경 이익을 위해서도 필요한 일이므로 이것은 실질적으로 선진국에게도 득이 될 것이다. 가난한 사람들이 부유해지면 선진국 국민처럼 필연적으로 낭비적인 소비자가 될 것이라든지 그들도 풍요의 삶에 빠져 지구 환경의 피해가 더 커지게 될 것이라고 두려워하는 사람들은 이러한 생각을 싫어할 것이다. 그렇게 두려워하는 것 자체는 이해되지만, 환경 피해가 커진다는 결과는 잘못된 것이다. 부를 맛본 사람들은 당연히 소비경향이 강해지고, 부동산, 자동차, 컴퓨터, 휴대폰과 같은 것들의 당당한 소유자가 될 것이다. 하지만 그들도 자신과 가족의 교육, 건강, 여가도 추구하게 될 것이다. 그리고 그들 또한 환경주의자가 될 것이다.

환경주의자는 타고나는 것이 아니라 만들어지는 것이다. 선진국에서 환경주의는 초기 산업화와 경제성장으로 인한 부정적인 영향에 대한 반작용으로 시작됐다. 생계유지 수준에서 막대한 부를 이루어 가는 과정에서 사람들은 사회적 책임의식이 더욱 커지게 됐고 환경의 질에 관해 생각할 더 많은 시간과 여력을 갖게 됐다. 그들은 환경파괴를 직접 경험했고, 그래서 환경개선을 원했다. 사실상, 지난 반세기 동안 선진국들이 이룩한 가장 큰 성공 중 하나는 활발한 경제성장을 하면서 산업화로 인한 환경파괴를 복구하는 데 놀랄 만한 성과를 거둔 것이라고 할 수 있다. 미국의 경우 공기는 더 맑아졌고, 먹는 물은 지난 50년 그 어느 때보다도 깨끗해졌으며, 식품은 과거 어느 때보다도 풍부하고 안전해졌다. 지금의 산림면적은 지난 300년 동안 그 어느 때보다 넓고, 대부분의 강과 호수들이 다시 깨끗해졌다. 기술혁신과 정보혁명의 도움으로 산업, 건설, 운송 시스템은 과거 어느 때보다도 효율적으로 에너지와 자원을 사용하고 있다. 그렇다고 미국에서 자원과 환경 현황이 완벽에 가깝다거나 아주 만족스러운 수준에 이르렀다고 말하는 것은 아니다. 물론 그렇지도 않다. 해결해야 할 문제들이 훨씬 더 많이 산적해 있다. 하지만 누구도 부정할 수 없는 사실은 지금까지 이룩한 성과가 엄청나다는 것이다. 이러한 성과는 정부의 규제 정책, 세금 제도, 경제 유인책, 지역사회 활동과 같은 매우 다양한 방법을 통해 이뤄졌다. 환경개선을 위해 정부와 환경단체 또는 로

비스트들이 중요한 역할을 해왔지만, 가장 중요한 것은 결코 이들만의 노력으로 이루어진 것이 아니라는 사실이다. 미국을 포함한 모든 부유한 민주사회의 대다수 국민이 깨끗하고 살기 좋은 환경을 원하기 때문에 이것이 가능해진 것이다. 그렇다고 부유한 나라가 오염물질을 가난한 나라로 수출해서 자신들의 국토에서 환경개선을 이룩한 것을 의미하지 않는다. 이것은 사실과 좀 다르다(제8장 「누가 더러운 공기를 숨쉬고 있나?」 참조).

선진국은 환경을 꾸준히 복원시켜가면서, 지구가 계속 지속가능할 수 있도록 후기 산업사회의 미래를 위한 기초를 쌓아가고 있다. 이 기초의 일부는 이미 곳곳에서 모습을 드러내고 있다. 예를 들어 발생하는 문제들의 해결책을 찾는데 기술적인 우수함과 창의성 그리고 정치적 시행 의지가 그러한 요소들이다. 하지만 이 기초에 필요한 어떤 요소들은 아직 없거나 현재로는 약한 것도 있다. 이 책이 주장하는 것은 지속가능한 환경의 미래를 위해 반드시 필요한 핵심 요건은 전 세계가 가난에서 벗어나 부유한 사회로 가는 것과 자유민주사회로 전환되어야 한다는 것이다. 이러한 주장을 뒷받침해주는 증거들을 여러 가지 방식으로 제시할 수 있지만, 나는 특정한 자원과 중요한 환경 이슈를 중심으로 정리했다. 미래에 대한 주장은 당연히 불확실할 수밖에 없다. 그 점에서는 나의 주장도 역시 예외는 아니다. 하지만 나의 주장이 이 책에서 다루는 주제들에 관해 환경주의자들의 활발하고 의미심장한 논쟁에 기여하고 일반인들이 가난과 환경의 관계를 이해하는 데 도움이 된다면 소정의 목적을 달성하는 셈이다.

내가 주장하는 미래 환경에 대한 낙관주의는 대부분의 환경단체나 언론에서 항상 이야기하는 통념과는 크게 다르다. 특히 점점 심화되고 있는 미래 환경에 대한 그들의 우울한 예측과는 전혀 다르다. 그들의 비관론에는 두 가지 아이러니한 점을 찾아볼 수 있다. 첫째, 부유한 나라가 환경적으로나 경제적으로 모두 막대한 성공을 거둔 바로 그 시기에 이렇듯 암담하고 비관적인 예측이 나왔다는 점이다. 둘째, 부유한 나라 사람들은 깨끗한 환경을 압도적으로 지지하면서도 환경보호의 미명하에 이루어지는 과장된 주장과 행동에서는 계속 따돌림을 당하고 있으며, 이러한 경향은 점점 심화되고 있다는 점이다. 오늘날의 환경비관론이 나온 근본 원인은 매우 복잡하고 다른 사회문제들과도 얽혀있지만, 미국의 환경역사를 대충 살펴보면 그 모순과 일부 주요 원인들을 알 수 있다.

환경주의의 탄생

역사적으로 미국은 초창기에 대서양에서 태평양까지 넓은 초지와 숲으로 덮인 대륙을 가진 농업국의 특성을 가졌다. 19세기 중반에 이르러 산업화의 물결이 전국을 휩쓸었다. 당시 유입되는 이민자들로 인구는 늘어났으며 이들은 새로운 제조업의 발달로 유례없는 경제호황을 누렸다. 하지만 19세기 미국과 영국의 도시지역에서 거주하던 사람들은 산업화로부터 얻은 풍요와 더불어 환경파괴의 징후들을 경험하게 됐다. 도시는 붐비고, 하늘과 강은 오염되기 시작했고, 도시 거주민들은 점점 물과 공기 오염으로 인한 소화기와 호흡기 질병에 시달리게 됐다.

그러나 미국의 환경운동을 불러일으킨 기폭제가 된 것은 도시가 아닌 농촌지역이었다. 초기 환경운동가들은 산업화로 숲이 잘려나가고 공공용지가 황폐해지며 야생 지역이 사라지는 등 농촌 본래의 환경이 변하는 것에 자극받은 아마추어 자연주의자들로 이루어진 엘리트 집단이었다. 이 자연주의자 중에서 가장 이상주의자였던 존 뮤어(John Muir)는 주로 서부 산악지역의 야생 지역과 오래된 숲을 보존하는데 끊임없이 노력했다. 그는 자신이 경험했던 이 소중한 자연의 웅장함을 미래 세대도 누릴 수 있길 간절히 원했다. 시에라클럽(Sierra Club)의 초대 회장(1892)이었던 뮤어는 곧 '자연공원의 아버지'라고 불리게 됐다. 뮤어만큼이나 헌신적이었지만 종종 그와 등을 돌리기도 했던 미국 최초의 산림 전문가 기포드 핀초(Gifford Pinchot)는 무간섭적인 보호보다 현명한 관리를 통해 자연 자원의 지속가능한 사용을 유도해야 한다고 믿었다. 그는 환경보호운동의 실용주의 리더가 되면서 루스벨트 대통령으로부터 1905년 미국 초대 산림청장으로 임명받았다. 루스벨트는 시종일관 환경보호론자들의 강력한 동지였다. 그가 사냥을 너무 좋아해서 사냥을 계속 즐기기 위해 그랬을 가능성도 전혀 없지는 않지만, 어쨌든 야생동물의 서식지 보호를 위해서도 많은 노력을 했다. 이러한 사람들의 리더십에 의존하면서 시에라클럽이나 국제야생생물기금(The World Wildlife Fund)과 같은 세계적인 환경단체들이 만들어졌고 그들은 초기 수십 년간 자연보전에 대한 국민들의 지지를 끌어내는데 중요한 역할을 했다.

초기에 이들이 농촌지역의 환경에 대해 민감했던 것과는 대조적으로 이후 반세기 동안 미국인들은 주로 도시지역의 환경오염에 시달려야 했다. 도시지역의 오염은 처음에는 산업화의 부산물로서 생각됐을 뿐만 아니라, 20세기 초반 20년 동안 적어도 노동자들에게는 풍부한 일자리와 번영의 상징이 됐다. 1930년대 경제 대공황 시기에는 대량 실업이 발생하고 수백만의 사람들이 가난의 늪에 빠지면서 공장굴뚝의 연기와 그을음은 심지어 더욱 환영받는 도시의 풍경이 됐다. 대기를 오염시키는 연기가 적어도 일자리를 가진 사람들에게는 식탁위의 한 끼 식사를 의미하는 것이었다.

제2차 세계대전이 일어나면서 경제상황은 급속히 회복됐지만 환경은 그렇지 못했다. 전시 상황에서 생산이 엄청나게 늘어나고 완전고용이 이루어졌지만 대기와 수질 오염은 더욱 심각해졌다. 전쟁이 끝난 후, 평시의 생산 체제로 돌아오면서 유례없는 풍요의 시대가 도래했고, 사람들은 전쟁 중에는 가질 수 없었던 집과 자동차, 그리고 그 외의 다른 소비 제품에 대해 계속 수요를 창출해냈다. 불행하게도 환경은 계속 악화되었다.

하지만 곧 다른 종류의 수요가 생겨나게 됐다. 새로운 부와 소비자의 요구에 부응하여 일반 시민들 사이에서 환경에 대한 인식이 점차 고무되기 시작했다. 이것은 농촌 지역의 엘리트들에 주로 국한됐던 초기 환경운동과는 전혀 관련이 없었다. 전후에 출현한 미국 중산층들은 자신들의 새로운 부를 과시할 수 있고 살기에 매력적이고 건강한 도시와 주변 환경을 원했다. 전쟁 기간이나 그전에는 잘 참아왔던 심각한 도시 오염을 1950년대에 와서는 점점 많은 사람들이 거부하기 시작했다. 그 즈음 산업 폐기물들과 기름덩어리로 뒤덮인 클리블랜드의 카야호가강(Cuyahoga River) 수면에서 화염이 폭발하는 사건이 발생하자, 미국 국민들은 이것을 더 이상 가볍게 넘길 일로 보지 않았다. 로스앤젤레스의 하늘에는 연기가 너무 자욱하여 앞을 내다볼 수 없을 정도였다. 뉴욕주 북부 지역 주민들은 자신들의 집이 옛날 산업 폐기물 투기장 위에 지어졌으며, 유독성 물질들의 누출로 자신들의 건강이 위협받는다는 사실을 알게 됐다. 자신들이 지불할 수 있는 비용으로 환경의 질을 높이려는 욕망이, 수백만의 미국인들이 썩어가는 도심을 떠나 새로 개발된 청결한 교외로 이주하게 만든 주요 원인 중 하나가 됐다.

미국 전역에 걸쳐서 사람들은 더 깨끗한 공기와 물 그리고 땅을 요구하기 시작했다. 1970년대가 시작되면서 연방 정부와 주 정부 모두 시대적 요구에 부응하여 환경보호를 전담하는 새로운 감시기관을 설립했다.[2] 이 기관들과 의회가 곧바로 새로운 환경법과 제도를 만들어 내면서 오늘날에도 계속되고 있는 보다 엄격한 환경규제를 향한 첫발을 내딛게 됐다. 또한 이 기간에 자연자원 보호위원회(The Natural Resources Defense Council)와 환경보호기금(The Environmental Defense Fund)과 같은 환경문제에 초점을 맞춘 비정부기구(NGO)들이 급격히 증가했는데, 이들은 곧 강력한 정치적 힘을 결집하고 발휘하게 된다. NGO들은 법적 규제로 오염을 줄이는 핵심적인 역할을 한 많은 정부 정책과 규제가 만들어지도록 영향력을 행사했다. 이렇게 만들어진 정책과 규제는 일반 국민들을 대상으로 한 것이 아니라는 점을 염두에 둘 필요가 있다. 미국인들은 환경을 개선하기 위한 정부의 규제와 민간차원의 유인책을 압도적으로 지지했다. 그리고 조직화된 환경운동은 결코 미국에만 있었던 것이 아니었다. 공산국가를 제외한 모든 산업국가에서 이와 유사한 운동과 유인책이 나타났고, 그 결과 환경에 관심을 가진 수천 개의 그룹과 NGO들이 오늘날 전 세계적으로 활동하고 있는 것이다.

환경과학

일반 대중들의 인식 외에도 초창기 환경운동에 중대한 영향을 미친 또 다른 진전이 1960~1970년대에 일어났다. 그중 주목할 점이 바로 과학의 역할이 커졌다는 것이다. 새로운 환경과학의 발전은 대중들이 환경문제에 대해 생각하는 방식 자체를 바꾸어놓았다. 그들의 관심이 규모가 크고 눈에 보이는 사물에서 극도로 작고 눈에 보이지 않는 대상으로 옮겨진 것이다. 초기에는 대중들의 관심이 주로 자연의 웅대한 창조물인 바다, 산, 숲, 호수 등에 머물러 있었다. 자연의 경이로움이 주는 아름다움이나 웅장함을 느끼는데 과학적인 지식은 필요하지 않았으며, 기름으로 뒤덮인 호수나 매연으로 가득 찬 하늘, 벌채로 파괴된 숲과 같은 추한 광경은 누구라도 알아볼 수 있었다. 초창기에 이런 처참한 광경들은 그저 미관상 민감한 문제였을 뿐이지, 건강을 위협하는 것이라고는 생각하지 못했다. 이러한 상황은 환경과학이 오염과 건강 간의 잠재적 위해성을 지적하게 되면서 변하게 됐다.

분석기술의 발달로 인해 환경화학자들은 공기, 물, 음식에 들어있는 이물질의 양을 100만 분의 1 또는 심지어 10억 분의 1 수준으로도 검출할 수 있게 됐다. 보통 그렇게 미세한 농도는 눈으로나 입으로 직접 감지할 수 없다. 미량 수준의 이물질들은 새롭게 개발된 산업공정이나 화학물질로 인해 유입된 것도 일부 있지만, 대부분의 미량 이물질들은 자연현상으로 환경이나 음식에 항상 있어왔던 것들이었다. 대부분의 환경화학자들이 자신들의 검출사실을 묘사하는데 있어 적당히 신중한 태도를 보인 반면, 환경 작가들이나 언론들은 이러한 물질들의 양이 얼마며 기원이 어디인지 상관없이 무조건 '독성물질'이라는 딱지를 붙이고, 인간의 건강에 미치는 수많은 악영향과 질병을 경고하면서 계속 센세이션을 불러일으켰다. 대부분의 경우, 일반적으로 접하는 극미량의 이물질 복용이 건강상 위해를 끼친다는 믿을 만한 증거가 밝혀진 것은 거의 없었다.[3] 하지만 이러한 생각은 일반 대중들의 환경 의식과 공포에서 지울 수 없는 부분이 됐다.

이 기간에 환경과학자들은 일반적으로 시민들의 상당한 신뢰를 받아왔고 환경운동을 꽃피우는데 영향을 주었다. 이 영향력의 가장 대표적인 예가 생물학자인 레이첼 카슨의 『침묵의 봄(Silent Spring)』인데, 이 책은 살충제 DDT의 잔류물이 인간과 동물에게 해로운 잠재력을 가지고 있다는 것을 매우 설득력 있게 경고했다.[4] 1962년에 출판됐음에도 불구하고 '침묵의 봄'은 오늘날에도 여전히 손꼽히는 환경운동 아이콘으로 남아있다.

살충제 사용에 대한 카슨의 비판이 있기 전, 제2차 세계대전이 끝난 후 수년간 DDT는 산업국가에서 널리 사용됐으며 개발도상국에서는 비교적 덜 사용됐다. 1970년 미국 국립과학위원회(US National Academy of Science)에서 나온 보고서는 다음과 같이 기술하고 있다. "DDT만큼 인류에게 도움을 준 화학물질도 드물다. 지난 20년간 DDT는 말라리아로 죽을 뻔한 5억 명의 인류를 살려냈다."[5] 하지만 1972년에 와서 미연방환경보호청(EPA)은 당시 『침묵의 봄』이 준 충격이 너무 커서 미국 내에서 DDT 사용을 전면 금지했고,[6] 다른 산업국가도 이와 유사한 금지 조치를 취했다. 그 이후에도 각종 환경단체들은 DDT 금지 조치를 개발도상국까지 확산시키는 노력을 계속했다. 이러한 금지 조치는 수백만 명의 사람들, 특히 어린이들을 말라리아로 인한 질병과 죽음의 위험에 노출시킬 수도 있었다. 하지만 개발도상국까지 DDT를 금지하려는 노력은 많은 과학자들의 개입 때문에 지금까지 성공하지 못했다.[7]

카슨이 제기한 또 다른 주장도 역시 큰 논쟁거리가 됐다. 예를 들어 그녀는 DDT가 인간에게 암을 일으킨다고 주장했지만 이것은 입증된 것이 아니다.[8] 또한, 일부 과학자들은 DDT가 갈색 펠리컨(Brown Pelicans), 흰머리 독수리(Bald Eagles), 매(Peregrine Falcons)의 알껍데기를 얇게 만들고 개체수를 줄인다는 카슨의 주장을 반박하기도 했다.[9] 관찰자들은 DDT가 자연환경에 존재하기 훨씬 전에 미국 동부에서는 매의 개체수가 감소했다는 보고가 있었으며,[10] 영국 연구에서는 "DDT의 사용과 포식자인 조류, 특히 매나 새매(Sparrow Hawk)의 개체수 감소 사이에는 밀접한 연관성이 없다"라고 결론 내렸다.[11]

베트남의 환경 유산

1960~1970년대의 환경운동에는 과학의 영향력도 컸지만 정치는 더 큰 영향을 미쳤다. 베트남전이 일어났던 이 시기에는 미국인들의 머릿속에 항상 박혀 있던 정부에 대한 불신이 최고조에 다다랐다.[12] 당시에는 "작은 것은 아름답다"가 환경의 주문처럼 유행했고,[13] 국민들의 불신은 정부뿐만 아니라 거의 모든 대규모 조직까지 확산됐다. 특히 주요 기술 중심 기업들은 일반인들과는 동떨어진 냉담한 적

이라고 여겨졌다. 1970년대, 이른바 에너지 파동이 있던 시기에 이 불신은 특히 주요 석유회사들을 향하게 됐는데, 언론은 1973년 중동의 석유 생산자들의 거부로 발생한 휘발유 부족 현상을 미국 회사들의 책임으로 돌렸다.[14] 또 다른 불신의 대상은 당시 미국에서 급증하는 전력 사용량을 충족시키기 위해 원자력 발전소를 포함한 많은 발전소를 열심히 건설하고 있던 대규모 전력회사들이었다.

국민들의 불신으로 인한 주요 희생자는 바로 과학과 기술 그 자체였다. 제2차 세계대전 이후 미국인들은 연합국의 승리에 결정적인 역할을 했던 과학과 과학자들을 경외의 눈으로 우러러보았다(예를 들어, 1940년에 영국군의 생존에 중요한 역할을 했던 레이더의 개발이라든지 1945년 태평양 전쟁을 빠르게 종전시켜준 원자폭탄 발명 등). 결과적으로 미국의 과학자들은 1950년대와 1960년대 초반에 전례가 없을 정도로 엄청나게 늘어난 정부의 연구 예산지원을 누릴 수 있는 행운을 안았다. 그러나 베트남 전쟁 동안 이 경외심은 불신으로 바뀌었다. 적개심의 주요 표적은 주로 과학의 성과물이었는데, 특히 당시 과학과 기술의 무절제를 상징하는 원자력 발전이 그 대상이 됐다. 이러한 불신을 잘 보여주는 예가 1979년 히트작인 영화 〈차이나 신드롬(The China Syndrome)〉이다. 이 영화는 원자력 산업체 간부를 대량 참사로 이어진 원자로 사고를 일으킨 악당으로 묘사하고 있다. 가상의 사고를 그린 이 영화의 상영과 거의 동시에 스리마일섬(Three Mile Island, 미국 펜실베이니아주 해리스버그 부근의 서스퀘해나강에 있는 하중도)의 원자력 발전소에서 실제 사고(Three Mile Island Accident 1979년 3월 28일)가 발생했다. 히스테릭한 언론의 보도에도 불구하고 실제 부상자나 사망자는 없었다.

1960~1970년대에 환경과학자들은 주로 나쁜 뉴스만을 전했지만 환경과학에 대한 일반인들의 신뢰는 급속히 증가했다. 반면에 다른 일반 과학과 기술은 인간의 삶의 질을 계속 높여주었지만 그것이 이룩한 엄청난 성과에 대한 일반인들의 신뢰는 급속히 하락했다. 이는 어떤 면에서 역설적이라 할 수 있다. 베트남 전쟁과 이 전쟁에서 기술의 역할에 대한 대중들의 반감이 커진 것이 아마 이 역설적인 현상을 만든 주요 원인이었을 것이다.

비관론으로의 전환

베트남 전쟁 동안 환경주의 이미지에도 변화가 일어나기 시작했다. 환경주의는 자연의 웅장함을 위한 투사이며 미래 비전의 원천이라는 낙관적인 이미지에서 지금처럼 지구 미래에 대한 우울하고 비관적인 것으로 바뀌었다. 새로운 환경정책에서도 친환경에서 반기술적 태도로 전환됐으며, 특히 반핵 노선을 확실히 했다. 유럽에서 시작된 원자력 발전 반대운동은 오랫동안 녹색당 강령의 주요 조항이 되어왔다. 미국 녹색당의 2000년 강령은 '원자로의 조기 폐쇄'와 생명 황폐화로 낙인된 '기업식 산업농장'으로부터의 국가적 전환을 요구했다. 또한 이 강령은 세계무역기구(WTO)와 같은 곳에서 이루어지는 자유무역 장려 조약에 대한 반대를 요구했는데, 자유무역을 마치 '공익이나 법률적 고려도 없이 기업의 이익에 의해 움직이는 것'으로 묘사했다.[15]

언론은 환경비관론과 과학기술 공포증이 확산되는 데 중요한 역할을 했다. 언론은 환경 주제를 다루면서 최악의 경우인 지구 종말의 시나리오에 초점을 맞추고, 정작 선진국들이 환경의 질을 높이는데 엄청난 발전을 이뤄냈다는 사실은 거의 다루지 않았다.

환경개선의 진정한 적은 가난과 독재며 기술과 세계시장이 아니다. 풍요와 자유를 통해 가능해진 기술혁신이 산업사회가 이미 이루어낸 환경개선의 주요 원천이 되어왔으며, 혁신적인 기술이 세계 곳곳에 전파되는 것이야말로 지속가능한 지구 환경의 미래를 달성하는 데 핵심적인 요소가 될 것이다. 불행히도, 많은 환경단체들이 주장하고 언론이 더욱 증폭시키고 있는 지구 종말과 같은 극단적 표현은 실제 환경개선을 어렵게 하고 앞으로의 희망을 오히려 어둡게 하고 있다. 다음 몇 가지 예가 있다.

유명한 세계야생생물기금(World Wildlife Fund)은 1998년 광고에서 다음과 같이 선전하고 있다. "숲은 파괴되고, 바다에서는 물고기가 남획되고 있다. 곳곳에 독성물질이 널려 있으며, 동물이나 식물뿐만 아니라 전 생태계가 영원히 사라져버릴 위기에 처해있다. 이러한 손실로부터 우리 모두 고통을 겪게 될 것이다. 20세기가 500일도 채 남지 않았다. 이제 지구의 운명은 오늘 우리의 선택에 달려있다 (1998년 8월 21일 뉴욕 타임스에 실린 광고 전문)."

존경받는 시에라클럽은 다음과 같이 주장한다. "인류는 지금 역사상 가장 크고 위험한 실험을 진행하고 있다. 그 실험은 우리가 대기 질과 기후를 바꾸었을 때 우리의 건강과 지구에 어떤 일이 일어날 것인가를 관찰하는 것이다. (중략) 이산화탄소와 기타 온실가스들이 빠른 속도로 대기 중에 축적되는 것이 문제의 원인이다. 우리가 점점 더 많은 양의 석탄, 석유, 천연가스를 태움으로써 지구를 오염된 연기 속에 질식시키고 있다. 지금 당장 지구온난화를 막기 위한 행동을 시작하지 않는다면 우리 아이들은 지금보다도 훨씬 쾌적하지 못한 기후를 가진 지구에서 살게 될 것이다(1999년 3월, Sierra Club Global Warming Internet Website, www.sierraclub.org/globalwarming에서 발췌)."

참여과학자연맹(UCS: The Union of Concerned Scientists)은 다음과 같이 경고한다. "미래에 모든 인류의 엄청난 불행을 피하고 지구가 회복 불능 상태로 황폐화되도록 버려두지 않으려면 지구와 지구 생명체들에 대한 우리의 의무가 시급히 변화돼야 한다. 환경은 심각한 스트레스를 겪고 있다. (중략) 거미줄처럼 얽혀있는 지구의 생명망에 대한 인간의 강력한 간섭이 산림훼손, 생물종 감소, 그리고 기후변화로 인한 환경피해와 더불어 생태계에 광범위한 부작용을 가져올 수 있다. 우리가 지구생태계의 상호작용과 역동성을 불완전하게 이해하고 있기 때문에 이 부작용으로 생태계가 언제 결정적으로 멸망할지도 알 수 없다. (중략) 지구에도 한계가 있다. 쓰레기와 파괴적인 배출물을 흡수하는 것에도, 음식과 에너지를 제공하는 것에도, 늘어나는 인구를 부양하는 것에도 한계가 있다. 그리고 우리는 빠른 속도로 지구의 수많은 한계에 도달해 가고 있는 중이다. 지금 우리가 직면하고 있는 위협을 되돌릴 수 있는 시간도 그나마 10년 또는 몇십 년도 채 남지 않았다. 그 후에는 이런 기회마저 사라질 것이고 인류는 끝없이 추락하는 앞날을 맞이하게 될 것이다(1992년 11월 18일 UCS가 발표한 "World Scientists Warning to Humanity" www.ucsusa.org/about/warning.html에서 발췌)."

오늘날 전형적인 환경비관론인 지구종말론의 선언은 과장된 표현의 극치를 이룬다. 여기에 담긴 진실이란 마치 바다에서 버려진 곡식 알갱이와 같이 미미하다. 나는 이 과장된 표현에 관련하여 다음 장부터 주제별로 구체적이고 과학적인 사실을 논의할 것이지만, 여기서 분명히 하고 싶은 주장은 이 허황된 표현은 과학적으로 부정확할 뿐만 아니라 대중에게 오해를 불러일으킨다는 것이다. 예를 들어 그들은 보통 환경의 질이 급속히 악화되는 것처럼 표현하지만 이것은 사실이 아니다. 또한 지구의 생산력이 빠르게 줄어들고 있는 것으로 이야기하지만 이것도 사실이 아니며, 인구증가가 지구를 위협하고 있다고 하지만 이것도 사실이 아니다. 그리고 그들은 일반적으로 지구온난화가 분명 인간의 활동과 관련이 있는 것처럼 주장하지만 이것은 아직 확인되지 않았다. 환경낙관론을 증명할 수 있는 사실들을 가지고 이 허황된 환경비관론을 반박하는 것이 이 책의 목적 중 하나다.

환경낙관론

나를 오해하지 말아주길 바란다. 내가 환경낙관론을 주장하는 것은 스스로 도취됐다거나 환경문제를 대충 덮어두자는 것이 아니다. 이와는 반대로 환경낙관론은 이러한 문제를 좀 더 성공적으로 해결하고자 하는 '할 수 있다'라는 태도를 함축하고 있다. 절망과 무기력은 낙관론보다 미래에 대한 비관론에서 나온다. 환경낙관론은 현재의 환경문제를 부정하자는 것이 아니다. 물론 환경문제는 우리 주위에 여전히 존재하고 있다. 환경문제는 지금까지 항상 있어왔고 앞으로도 있을 것이다. 인간이라는 불완전한 생물종이 계속 상호의존적으로 되어가는 이 지구촌에서 함께 살아가는 한, 인간의 활동과 상호작용으로부터 문제가 발생할 것이다. 동시에 인간의 모험과 기술혁신으로 인한 위험도 생겨날 것이다. 환경도 예외가 아니다. 모든 환경문제가 인간 활동에 의한 것이 아님은 분명하지만 지구 곳곳의 모든 인류는 알고 있는 과학적 지식을 바탕으로 최선을 다해 지구를 돌봐야 하는 공동의 책임을 가진다.

환경단체와 언론이 환경에 관한 중요한 정보에 대중의 관심을 끌어들이는 데 역사적으로 중요한 역할을 해온 것은 의심할 여지가 없다. 그리고 앞으로도 계속 그렇게 해야 한다. 하지만 환경의 감시자 역할을 수행하는 것이 환경보호를 지지하고 관련 정보와 안내를 열심히 찾고 있는 많은 대중의 마음에 공포감을 조성하고 문제를 과장하고 오도할 자격을 갖는 것은 아니다. 과학자들, 전문단체(환경을 대변하든 다른 이익을 대변하든 간에), 그리고 언론도 홀로 떠드는 수사적 표현으로부터 진실(잘 알려졌든 알려지지 못했든 간에)을 분리시키는 벽을 만들지 말아야 하는 공동의 책임이 있다. 불행히도 지구 종말을 운운하는 자들은 많은 환경문제를 미래사회에 미칠 수 있는 실질적이거나 잠재적인 위협 이상으로 너무 과장하고 있다. 그래서 과학적 지식이 부족하여 이를 제대로 이해할 수 없는 시민들에게 혼란과 공포감만 조성한다.

예를 들어 인간에 의해 야기된다고 널리 알려진 기후변화가 지구에 엄청난 재앙을 몰고 올 것이라는 간단한 경고성 예측에 끊임없이 시달리는 상황에서 사람들이 어떻게 지구온난화에 대한 공포감을 느끼지 않을 수 있을까? 기후변화는 지구가 생성된 이후 수백만 년 동안 계속 일어나고 있는 역동적인 자연현상이며, 자연을 교란하는 것의 어디까지가 인간의 책임인지도 아직 불분명하다는 것이 진실이다. 기후과학은 너무나 이상하고 복잡해서 심지어 뛰어난 기후학자들조차도 기후변화에 대해 완전히 이해할 수 없다고 털어놓을 정도다. 하지만 기후학자들이 이해하고 있는 한 가지는 현재 이루어지고 있는 미래 기후의 예측이 거의 모두 컴퓨터 시뮬레이션에 근거를 두고 있다는 점이다. 시뮬레이션은 일반적으로 과학 연구에 널리 쓰이는 도구이고 기상학자들의 단기적인 기상 예측에 필수적이라고는 해도 이것이 환경단체나 언론이 자주 주장하는 미래 기후재앙을 일반화하는데 적절한 근거를 제시해주지 못한다. 어쨌든 우리들 대부분은 매우 불확실한 컴퓨터 모델에 근거한 추측과 믿을 만한 경험적 증거를 구분하기 어렵다.

환경에 대한 과장은 가끔 정치지도자들로부터 나오기도 한다. 예를 들어 미국의 전 부통령 앨 고어(Al Gore)는 자신의 저서 『균형 잡힌 지구(Earth in the Balance)』에서 기후변화는 "우리가 지금까지 직면했던 문제 중 가장 심각한 것"이며 "지구표면 아래 깊은 곳까지 샅샅이 뒤지고, 우리가 발견할 수 있는 모든 석탄, 석유 그리고 그 밖의 화석연료를 캐내고, 그리고 그것을 재빨리 태워 이산화탄소와 다른 오염물질을 대기에 내보내는 우리들의 탐욕은 잘못된 우리 문명을 자연 세계에까지 의도적으로 확장하는 것"이라고 기술하고 있다.[16] 이 책의 극단적인 표현과는 반대로, 상원에서 환경문제에 대한 고어의 실제 투표 기록은 중립적이다.[17]

다른 대부분의 문제와 마찬가지로 환경문제 또한, 지식에 근거한 토론이 이루어져야 비로소 민주사회에서 효과적인 의사결정을 끌어

내는 좋은 열쇠가 된다. 환경문제에 대한 극단적이고 감상적인 표현은 주제에 대한 이성적 토론을 촉진하기보다는 환경에 대한 사람들의 관점을 양극화시키고 혼란과 두려움을 유발한다.

일부 과학자들은 (대개 사석에서[18]) 환경 위험에 대한 두려움을 유발하는 것이 대중들의 무관심과 현 상황에 그저 만족하려는 태도를 치료할 수 있는 특효약이며, 이들의 공포심은 환경운동에 많은 지지를 끌어 모으는 데 효과적이라고 주장한다. 나는 이 주장에 이의를 제기하며 공포에 질린 대중보다는 진실에 깨어 있는 대중이 의미 있는 반응과 지지를 보여줄 것이라 믿는다. 환경에 관한 가장 현명한 선택은 과학자들이나 그 외 관련자들의 연구 결과로부터 나온 절제된 발표와, 과장된 표현이나 지구 종말의 시나리오로 꾸미지 않은 논쟁을 통해 다듬어진 해석으로부터 나온다고 나는 주장한다.

부유한 국가에 사는 국민들과 언론이 인구과잉, 자원고갈, 지구온난화와 같은 문제를 당장 직면한 위협이라고 주장하는 데, 이는 인류에게 공포보다 더 큰 것을 유발하는 것이 될 뿐만 아니라 실질적인 해를 끼치는 결과를 가져온다. 왜냐하면 이것은 더욱 절실히 해결해야할 대량 살상무기의 확산과 세계에서 가장 해결이 어렵고 널리 퍼져 있는 환경문제인 빈곤과 같은 결정적인 문제로부터 지금 이 시대 인류의 관심을, 더욱 중요한 것은 자원을 다른 곳으로 돌리는 결과를 초래하기 때문이다.

가난한 자들의 환경

가난한 나라에 사는 사람들은 부유한 곳의 사람들과는 매우 다르게 환경을 인식하고 있다. 수십억에 달하는 세계 빈민들에게 주된 환경 문제는 지구적인 문제가 아닌 지역적인 문제다. 이들의 문제는 언론의 헤드라인이나 복잡한 과학 이론들의 이야기가 아니라 지극히 현실적이고 널리 퍼져있으며 고통스러울 정도로 명백한 것들이다.

- **기아:** 수십억의 어린이와 어른이 식량자원의 부족뿐만 아니라 가난과 전쟁, 무능한 독재정부 때문에 만성적인 영양결핍에 시달리고 있다.
- **오염된 식수원:** 제3세계에서의 만성적인 질병과 대규모 사망의 주요 원인이다.
- **질병:** 대부분이 현대의학으로 쉽게 근절될 수 있는 것이지만 아주 가난한 나라에서는 만연하고 있다. 아프리카에서 창궐하는 에이즈와 같은 일부 질병은 효과적인 공중보건 프로그램과 선진국에서 사용하고 있는 약물치료로 줄일 수 있다.
- **자원 부족:** 땔감과 다른 자원의 공급이 불충분하다. 이것은 원래 부족하다기보다는 생존을 위한 지속적인 투쟁 과정에서 과잉으로 사용됐고 보충되지 않았기 때문이다.
- **특히 여성의 낮은 교육과 사회적 불평등:** 낮은 교육률은 높은 출산율로 이어지고 가족이 가난의 수렁에서 빠져나오는 것을 더욱 어렵게 하고 있다.

이렇게 비참한 환경을 부분적으로는 가난 탓으로 돌릴 수 있겠지만 많은 경우 가난한 나라의 정부도 책임이 크다. 많은 정부 개발 정책들이 이기심과 무능력 또는 부당한 횡포로부터 착상된 것이며, 일부는 빈민들을 돕는 데에 실패하거나 심지어 그들의 비참함을 더욱 악화시켜왔다. 가난한 사람들이 의존하는 바로 그 자원이 어떤 경우에는 부패한 정권에 의해 약탈되기도 했다. 하지만 더 큰 문제는 부유한 나라와 가난한 나라 사이의 전쟁뿐만 아니라 가난한 나라 안에서 벌어지는 내란과 가난한 나라들 간에 전쟁이 계속되면서 대대로 내려오는 가난을 더욱 악화시키고 있다는 점이다.

세계의 가난을 극복하는 문제는 규모가 너무 거대해서 더 이상 과장해서 설명할 수도 없는 일이다. 가난과 환경문제가 매우 복잡하게 얽혀있는 상황에서 환경의 미래에 관해 나는 어떻게 낙관적일 수 있을 것인가? 나의 낙관론은 다음 몇 가지 강한 신념으로부터 생긴 것이다.

- **첫 번째 나의 신념**은 가난한 자들을 빈곤으로부터 벗어나도록 해야 하는 것이 인류에게 주어진 절대 의무라는 것이다. 이것은 세계 곳곳의 사람들에게 점점 많이 인식되어 가고 있다. 가난과 불평등을 영속시키려는 이기심과 무지 그리고 독재의 힘이 곳곳에 도사리고 있음에도 불구하고 조금씩 진전이 이루어지고 있다. 비록 느리고 주춤거리긴 해도 성과가 있다. 개발도상국에서 현재 태어나고 있는 아이는 30년 전에 태어난 아이보다 기대 수명이 8년이나 더 길다. 안전한 물을 이용할 수 있는 농촌의 인구는 5배나 늘어났고 평균 수입도 거의 두 배나 증가했다.
- **두 번째 나의 신념**은 가난과 환경 파괴로 반복되는 악의 순환은

문제의 근본 원인인 가난을 공격하여 퇴치해야만 중단될 수 있다는 것이다.

• **세 번째 나의 신념**은 과학과 역사에 근거한 것으로 부와 자유는 실제로 환경의 친구이며, 부와 자유로 가는 길만이 지속가능한 미래 환경을 달성할 수 있는 유일하고 실질적인 방법을 제공한다는 것이다.

이러한 신념들이 이 책을 저술하게 된 동기가 됐고 책 내용에 지적 기반을 제공해 주었다.

가난한 사람들이 경제수준이 향상되고 보다 많은 자유를 누리게 되면 먼저 자신이나 가족의 생계와 건강과 같은 기본적인 문제에 관심을 가지게 될 것이다. 역사를 통해 지금은 선진국 국민이 된 사람들도 가난했던 과거에 이렇게 행동했던 것을 생각해 보면 우리는 이런 사실을 확신할 수 있다. 부와 자유(둘 다 중요하다)가 증가하게 되면, 사람들은 정치적 의지, 경제적 자원, 기술적 독창성 등을 환경문제에 관한 보다 광범위한 논의에 활용하려는 동기를 갖게 되고 실제 활용할 수 있게 된다.[19]

반대 의견도 만만치 않지만, 건전한 경제와 환경의 질 간에 본질적인 갈등은 없으며, 실제 이 둘은 함께 발전하는 관계다. 지난 수십 년 동안 부유한 나라에서 활발한 경제성장과 지속적인 환경개선이 동시에 일어난 사실이 설득력이 있지 않을까?

미래 산업국가에서 우수한 환경질을 유지하기 위해 가장 중요한 것은 환경 친화적이고 경제성도 뛰어난 혁신적인 기술을 개발하고 활용하는 것이다. 이것은 기존의 선진산업국뿐만 아니라 새롭게 시작하는 개발도상국에서도 마찬가지이다. 다행히 오늘날의 개발도상국은 과거에 비해 유리한 점이 많다. 지금의 개발도상국은 각 기술 분야에서 모든 경험적 학습과정을 다시 밟을 필요가 없다. 그들은 초기 산업국가들이 지나간 경로나 실수들을 뛰어넘고 21세기의 친환경적이며 더 우수한 기술에 곧장 도달할 수 있다.

세계 모든 국가가 경제성장을 이룩하게 되면 새롭게 부자가 된 사람들이 기술 중심적 생활 방식을 흉내 내면서 무절제한 소비자가 되기 때문에 대규모 환경파괴를 가져올 것이라 두려워하는 것도 근거가 없다. 21세기 소비자 중심주의는 낡은 공해 유발 기술을 자원 효율적이고 환경 친화적인 새로운 기술로 점점 대체하는 것이 될 것이다. 좋은 환경의 질을 유지하는 핵심 열쇠인 기술혁신과 경제적 효율성은 개발도상국들이 부유한 민주국가가 되면서 그곳에 점점 뿌리 내리게 될 것으로 예상할 수 있다. 개발도상국의 농업과 어업, 그리고 제조업은 새로운 기술과 경영 방식의 도움으로 궁극적으로는 자원 효율적이고 환경적으로 지속가능하게 되는 잠재력을 가지게 될 것이다. 우리의 지식이 늘어나면서 지속가능한 환경을 만드는데 결정적인 요소라 할 수 있는 건강한 생태계의 중요성에 대한 인식도 전 세계적으로 확산될 것으로 예상된다. 모든 사람들이 풍요롭고 민주적으로 되면서 부자나 가난한 자 모두 산림과 그 밖의 자연자원이 현명하지 못하게 사용하는 일은 점점 줄어들 것이다.

경제발전이 에너지 자원의 지속 불가능한 개발을 유도하게 될 것이라는 두려움도 역시 받아들이기 어렵다. 경제성장이 에너지(예를 들어, 운송, 난방, 조명, 그리고 정보처리)에 대한 수요를 크게 증가시킬 것은 분명하지만, 에너지와 서비스 분야에서 사용되는 기술의 효율성이 증가되어 실제 에너지 소비 증가량은 상당량 억제할 수 있을 것이다. (예를 들어, 기술 개발과 수요자 구매 측면에는 아직 초기단계에 머물러 있는 소형 형광등은 백열전구에 비해 전력을 4분의 1 정도만 소비한다.) 화석연료의 소비량이 기술적 관성 때문에 앞으로 몇십 년 동안은 계속 증가하겠지만, 장기적으로는 개발도상국에서도 경제적으로 효율적인 청정에너지 기술을 이용가능하게 될 것이다. 이러한 기술들은 화석연료의 연소로 발생되는 전통적인 오염문제를 획기적으로 줄일 수 있는 잠재력을 가지고 있다. 또 다른 예도 있다. 개발도상국에서 수백만 대 이상의 자동차가 운행될 것이지만, 이 차량들은 낡은 기술의 고오염원이 아닌 첨단기술의 저오염원이 될 것이다.

부와 함께 하는 지속가능성

이 책이 전하는 핵심 메시지는 부와 민주주의가 가난과 독재를 몰아내어 인류사회를 지배하게 된다면 지속가능한 환경 미래는 세계 모든 곳에서 이루어진다는 것이다. 건강한 환경을 위하여 투자할 경제력이 있고, 또 그렇게 할 자유가 있는 사람은, 만약 그들이 계속해오고 있는 다른 사회적 선택과 비교하여 현실적인 대안의 비용과 편익을 정확하게 파악한다면 현명한 환경적 선택을 할 것이다. 민주사회에서는 모든 분야의 목소리를 다 들을 수 있어야 하는데 현실은 그렇지 못하다. 불행히도 오늘날 일부 환경단체들과 언론매체에서 나오는 비관론과 공포를 유발하는 소문의 불협화음에 가려서 낙관론자들의 목소리를 듣기가 어렵다. 환경보호라는 미명하에, 그들의 비관적이고 분열을 조장하는 과장된 표현은 장기적 환경목표 달성을 계속 어렵게 만들어 왔으며 심지어 역효과를 가져올 수도 있다. 환경에 정말 협조적이지만 환경의 실제 상황에는 어리둥절해 하는 선진국의 사려 깊은 시민들은 그것이 낙관론에서 나왔든 비관론에서 나왔든 간에 모든 환경정책을 의심하며 성장해왔다. 오늘날 그들은 환경전문가가 주장하여도 본질적으로 다른 것은 불신하며 이러한 경향은 점점 심화되어 가고 있다. 국제기부단체의 정책결정자들도 이와 유사할 정도로 혼란스러워 하며 강력한 환경로비 그룹에 반감을 줄까 두려워 유전자 변형 농산물과 같이 과학에 기초한 중요한 프로젝트에 대해서도 점점 등을 돌리고 있다.[20]

한때 환경단체의 이익이 공공의 이익과 일치한다는 것을 신뢰할 수 있는 근거가 있었지만 지금은 이들의 과장된 표현과 지구 종말 운운하는 불길한 예측은 자신들의 단체를 위한 마케팅 전략으로밖에 볼 수 없다. 이것은 마치 사기업이 과장된 공익광고를 만들어 자신들의 마케팅 전략으로 활용하는 것과 똑같다. 환경단체가 과거에 누렸던 신뢰를 회복하기 위해서는 환경에 대한 과장된 표현을 중단해야 하고, 정치적 양극화도 사라져야 하며, 환경에 관한 품격 있는 토론이 필요하다. 환경개선에 압도적인 지지를 보내는 대중들은 정부, 기업, 학계, 관련단체를 포함한 모든 분야의 환경대표자들로부터 세계 환경문제를 규명하고 설명하는데 최고 수준의 완전함을 기대할 권리가 있다.

이 책은 환경 미래에 대한 낙관론은 비록 우리가 아는 것이 많지는 않을 지라도, 우리가 알고 있는 사실만으로도 입증될 수 있다는 것을 주장하고 있다. 이 낙관론은 부분적으로는 환경개선에 관련된 역사적인 사실들과 현재 이루어지는 연구에 근거를 두고 있지만, 이보다 더 중요한 근거는 점점 부유해지고 민주적으로 되어가는 세계에서 인간의 재능으로 지속적인 기술혁신이 이루어질 것이라는 전망이다.

오늘날, 세계는 역사의 순리에 따라 지구촌 사회를 향해 나아가고 있다. 세계화는 수십억의 사람들에게 부의 증가와 민주적인 선택의 기회를 가져다주는데 중요한 역할을 할 것이다. 이 책의 핵심 주제는 세계화나 세계경제(예를 들어, 오늘날 개발도상국들의 노동자들이 처해있는 노동여건이나 상대적 수입과 같은)에 관한 것이 아니다. 나는 21세기 대부분의 개발도상국에서 가계 소득이, 비록 특정 기간이나 국가에서 속도가 다소 느리거나 변동이 있겠지만, 지금처럼 앞으로도 계속 늘어날 것이라고 생각한다.[21]

이 책의 핵심 논쟁은 부가 환경에 미치는 영향에 관한 것이다. 이 논쟁은 부가 진정한 환경보호를 촉진하게 될 것이라는 나의 주장과 부가 무분별한 소비주의를 조장하여 회복 불가능한 피해를 환경에 입히게 될 것이라는 전통적인 관점을 양축으로 하고 있다. 명백히 두 가지 입장 모두 미래에 대해 언급하는 것이므로 과학적으로 증명될 수는 없겠지만, 증거에 있어서는 부와 환경의 질 사이에 양의 상관관계가 있다는 쪽이 우세하다. 또한 그 증거는 우리가 여기서 한쪽(부유한 국가)의 환경개선이 다른 쪽(가난한 국가)의 환경악화를 가져온다는 식의 제로섬 게임을 하는 것이 아님을 보여주었다.

다음 장부터 부와 환경 간의 관계를 보여주는 증거들이 제시되고 분석될 것이다. 많은 부분이 지속가능한 환경을 달성하는데 있어 결정적으로 중요한 여러 가지 환경과 자원 문제 논의에 초점을 둘 것이다. 다음과 같은 주제를 바탕으로 주요 쟁점들이 다뤄질 예정이다.

- 세계에서 가장 심각한 환경문제는 가난이다. 세계 곳곳에 만연해 있는 가난을 줄이는 것이 환경주의자들이 가장 우선적으로 해야 할 일이다. 인류의 발전은 경제적 선택의 자유뿐만 아니라 정치적 선택의 자유도 포함해야 한다.
- 부와 기술의 혁신은 미래 지구의 지속가능한 환경을 이룩하기 위한 가장 중요한 요소 중 하나다.

1 지속가능발전에 대해서는 1987년 United Nations World Commission on Environment and Development(당시 의장은 그로 할렘 브룬트란트(Gro Harlem Brundtland))에서 "미래 세대의 요구를 방해하지 않고 현 세대의 요구를 충족시키는 성장"이라고 밝힌 정의가 널리 인용되고 있다.

2 미국 환경보호청은 1970년 12월 2일 닉슨 정부가 처음 조직을 구성했다. 초대 청장은 윌리엄 러클스하우스(William D. Ruckelshaus)였다.

3 B.N. Ames and L.S. Gold, "Paracelsus to Parascience: The Environmental Cancer Distraction" Mutation Research 447 (2000): 3; idem, "Environmental Pollution, Pesticides, and the Prevention of Cancer: Misconceptions" Federation of American Societies for Experimental Biology Journal 11(1997): 1041.

4 R. Carson, Silent Spring (Boston: Houghton Mifflin, 1962).

5 Committee on Research in the Life Sciences of the Committee on Science and Public Policy, The Life Sciences: Recent Progress and Application to Human Affairs (Washington, DC: U.S. National Academy of Sciences, 1970).

6 EPA가 DDT 사용에 대한 금지 명령을 내리기 전에 DDT에 관한 청문회를 담당했던 판사는 다음과 같은 결론을 내렸다: "DDT는 인간에게 발암성 위해를 가하지 않으며 관련 규제 아래서 사용하는 것은 담수 어류, 하구 생물, 야생 조류 또는 다른 야생 생물에 치명적인 영향을 주지 않는다. 또한 이 재판 과정에서 나타난 증거는 현재 DDT의 사용이 반드시 필요하다는 것을 뒷받침해준다."

7 World Wildlife Fund, Greenpeace, Physicians for Social Responsibility와 같은 환경 단체들은 유엔환경계획(UNEP)에 전 세계적으로 DDT의 사용을 금지할 것을 촉구했다. 그러나 Malaria Foundation을 비롯한 많은 국제단체들은 DDT 금지에 반대했으며, 노벨상 수상자 조슈아 레더버그(Joshua Lederberg) 등 세계 말라리아 전문가 350명이 서명한 반대 서한이 제출됐다. 2000년 12월 UNEP 회의에

서 122개 회원국들이 DDT를 금지 항목에서 제외하고 공공보건을 위해 계속적인 DDT의 사용을 허가하는 잔류성 유기오염물질조약(Persistent Organic Pollutant Treaty)을 승인했다.

8   A.J. Lieberman and S.C. Kwon, Facts versus Fear: A Review of the Greatest
    Unfounded Health Scares of Recent Times, 3rd ed. (New York: American Council
    on Science and Health, 1998); N. Krieger et al., "Breast Cancer and Serum
    Organochlorines: A Prospective Study among White, Black, and Asian Women"
    Journal of the National Cancer Institute 86 (1994): 589.

9   M.L. Scott et al., "Effects of PCBs, DDT, and Mercury Compounds upon Egg
    Production, Hatchability and Shell Quality in Chickens and Japanese Quail"
    Poultry Science 54(1975): 350; W.C. Krantz et al., "Organochlorine and Heavy
    Metal Residues in Bald Eagle Eggs," Pesticides Monitoring Journal 4(3) (1970):
    136; W. Hazeltine, "Disagreements on Why Brown Pelican Eggs Are Thin,"
    Nature 239 (1972): 410; E.S. Chang, and E.L.R. Stokstad, "Effect of Chlorinated
    Hydrocarbons on Shell Gland Carbonic Anhydrose and Egg-Shell Thickness in
    Japanese Quail," Poultry Science 54(1975): 3. J.G. Edwards and S. Milloy, 100
    Things You Should Know about DDT, at www.junkscience.com(1999)에 제시된
    참고문헌 목록을 참고.

10 F.L. Beebe, The Myth of the Vanishing Peregrine (N. Surrey, BC: Canadian Raptor
    Society Press, 1971); J.N. Rice, Peregrine Falcon Populations (Madison: University of
    Wisconsin Press, 1969), 155.

11 Advisory Committee on Toxic Chemicals, Review of Organochlorine Pesticides in
    Britain (Wilson Report) (Department of Education and Science, UK, 1969).

12 Garry Wills, A Necessary Evil (New York: Simon & Schuster, 1999).

13 이 표현은 E.F. Schumacher의 저서 "Small is Beautiful: Economics As If People
    Mattered"에서 인용(London: Blond & Briggs, 1973).

14 사실 1973~1974년 겨울에 일어났던 석유 파동의 가장 큰 원인은 부실한 석유
    유통 체계와 공포에 쌓인 소비자들의 사재기였다.

15 2000년 6월에 개최된 Green Party National Convention에서 비준한 Green Party
    Platform 2000.

16 Albert Gore Jr., Earth in the Balance: Ecology and the Human Spirit, (Boston:
    Houghton Mifflin, 1992).

17 Gregg Easterbrook, " Green Surprise?" Atlantic Monthly (August 2000): 17.

18 몇몇 과학자들은 자신의 명예를 걸고 공식적으로 이 문제를 이야기했다. 그중 한 예로 기상학자인 스티븐 슈나이더(Stephen Schneider)는 다음과 같은 솔직한 발언을 했다. "우리 과학자들은 윤리적으로 과학적인 방법에 속박되어 있다. 요컨대 진실, 오직 완전한 사실만을 말해야 한다는 것이다. 이것은 우리가 현상을 설명할 때 의심스러운 사항, 단서, 가정, 그러나, 그리고 등등 필요한 모든 말을 동원하여 조금의 오차도 없어야 한다는 것이다. 하지만 다른 한편으로는 우리도 과학자인 동시에 인간이라는 사실이다. 다른 사람들과 마찬가지로 우리도 세계가 더 좋은 곳이 되는 것을 원한다. 이러한 관점에서 연구 결과를 심각한 기후변화의 위험성을 줄이는 방향으로 해석하게 된다. 이렇게 하려면 대중들의 생각을 사로잡고 광범위한 지지를 얻는 것이 필요하다. 그래서 우리는 무서운 시나리오를 제시하고, 우리가 품고 있는 의심을 거의 말하지 않고 간단하고 극적인 표현을 해야 한다. 우리들은 정직한 것과 효과적인 것 사이에 어떻게 균형을 유지해야 하는지를 각자 결정해야 한다"(Schneider interview, Discover (October 1989): 45).

19 이러한 과정은 종종 경제학자들 사이에서 Environmental Kuznets Curve로 묘사되는데 몇몇 경제학 연구에서는 경제 성장과 환경질의 여러 단계를 정량화하려는 시도가 있었다. 그 사례로 다음을 참고하라: G. Grossman and A. Krueger, "Economic Growth and the Environment," Quarterly Journal of Economics 110 (2) (1995): 353; T.M. Selden, and D. Song, "Environmental Quality and Development: Is There a Kuznets Curve for Air Pollutions Emissions," Journal of Environmental Economics and Management 27(2) (1994): 147.

20 N.E. Borlaug, Feeding a World of 10 Billion People: The Miracle Ahead (1997년 5월 31일 영국 레스터 드몽포트대학교(De Montfort University)에서 한 강의).

21 World Bank, Poverty Reduction and the World Bank: Progress in Fiscal 1996 and 1997 (Washington, DC: World Bank, 1998).

제2장
너무나 다른 두 세계

대부분의 사람들이 환경에 관심을 가지고 있다. 환경이란 정확히 무엇인가? 그것은 당신이 어디에 어떻게 살아가고 있는가에 따라 달라진다. 만약 당신이 미국인이라면 환경에 대해서 몇 년 전 경험한 무더운 여름이 지구온난화의 전조였다는 언론보도를 생각할 수도 있을 것이다. 경우에 따라서는 이러한 환경 시나리오를 좀 난해하고 일상생활과는 멀게 느낄 수도 있다. 반면에, 당신이 만약 중국에 사는 자전거 공장의 용접공이라면, 급속한 산업화가 물과 공기를 오염시키는 것을 잘 알면서도 그것이 가족을 부양할 수 있는 안정된 직장을 제공한다는 이유로 아마 잘 참아낼 것이다. 하지만 당신이 만약 기아 직전의 삶을 이어가는 아프리카의 사하라 사막 이남에 사는 농부라면, 당신은 아마 환경을 자연의 변덕스러운 현상으로 생각할 것이다. 자연의 변덕스러운 현상에 해당하는 토양과 생물이라는 환경은, 좋은 해

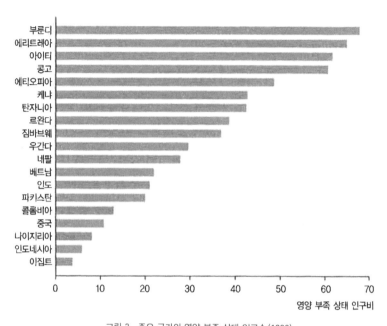

그림 2　주요 국가의 영양 부족 상태 인구수(1999).

출처: 유엔식량농업기구의 The State of Food Insecurity in the World.

에는 당신과 가족들의 생계를 겨우 유지시켜 주고 나쁜 해에는 기아
와 질병을 가져다준다. 부유한 사람들의 환경과 가난한 사람들의 환
경은 너무나 다르다.

　세계사를 돌아보면 아사 직전의 삶은 실제로 인류 대다수의 운명이
었다. 그렇게 가난한 삶을 살아가는 사람들에게 환경은 오직 하나의
목적과 의미를 갖는다. 그것은 식량 공급처이고 생존과 번식을 위한
피난처다. 인류 역사에서 가장 풍요로운 삶을 살고 있다는 지금 21세
기 초에도, 가난한 자들의 환경은 많은 사람들에게 여전히 충분한 식
량을 제공하지 못하고 있다. 그들의 굶주림은 일시적인 것이 아니라

모든 삶을 고사시키는 만성적이고 치명적인 것이다.

현재 세계 인구의 6명 중 1명에 해당하는 약 10억 명이 굶주리고 있다. 만성적 영양부족 상태에 있는 사람들의 3분의 2(5억 2,500만 명) 정도가 아시아 태평양 지역에 산다. 인도에서만 2억 400만 명이 영양부족 상태를 겪고 있으며, 다음으로 아프리카 사하라 사막 이남에서 1억 8,000만 명, 중국이 세 번째로 1억 6,400만 명이 굶주리고 있다.[1] 전 세계적으로 매년 600여만 명의 5세 미만 어린이들이 사망하고 있으며, 그중 약 300만 명이 인도 어린이들이다. 이러한 어린이 사망의 절반 이상이 영양실조로 인해 발생한다. 적어도 20억의 인구는 비타민과 미네랄 결핍으로 고통 받는다. 만약 지구상에서 영양부족 상태인 사람들을 모두 모은다면, 그렇게 모인 '배고픈 대륙'의 인구는 아시아를 제외한 모든 대륙을 초과할 것이다.

가난의 오디세이

마크 허츠가드(Mark Hertsgaard)는 자신의 저서 『지구의 오디세이(Earth Odyssey)』에서 지구상에서 가장 가난한 사람들의 환경을 감동적으로 묘사하고 있다. 그는 1991년에 아프리카의 사하라 사막 이남지역의 딩카족과 함께 살면서, 다음과 같이 기록하고 있다. "인류는 지구에 출현한 이후부터 수천 년 전까지 생존을 위해 자연과 처절한 싸움을 벌여왔다. 딩카족은 그때 인류가 경험한 처절한 도전을 보여주는 살아있는 증거다. 딩카족은 20세기 말인 지금도 여전히 인류가 생존을 위해 처절하게 살았던 그때 사용했던 사냥, 채집, 소규모 농사 방법으로 살아가고 있다."[2]

딩카족은 지구에서 가장 가난한 지역에 속하는 수단 남부에서 자급자족하던 농부들이었다. 1980년대에 시민전쟁으로 딩카족의 원거주지가 파괴되어 이주했지만 그들의 마지막 생존을 위한 이주지역까지 잠식당했다. 에티오피아까지 320km 정도 힘겨운 이주를 하면서, 그들은 피난처를 찾았고 당시 유엔의 구제수용소에서 살아남았다. 하지만 1991년 5월 에티오피아에서 쿠데타가 발생하여 딩카족은 다시 도망을 가야했고, 이번에는 자신들이 내전을 피해 떠나온 수단으로 되돌아가게 됐다. 딩카족은 아프리카에서 수세기 동안 계속되어온 만성적 가뭄으로 더욱 곤경에 빠졌다. 1991년에 발생한 사태로, 대다수의 딩카족, 특히 어린이들은 기아와 탈수, 질병으로 사망했다.

허트가드는 다음과 같이 말한다.

딩카족은 21세기 환경문제에 대해 고민할 만큼 여유가 없다. 비록 남들보다 심한 환경피해를 당할지라도 그들에게는 오직 매일매일 생존해야만 하는 힘든 문제가 있다. 그리고 미국이나 유럽과 같은 부유한 나라의 사람들에게는 환경이 추상적 개념이지만 딩카족에게는 그런 것이 아니다. 딩카 족은 전기, 수돗물, 냉장고, 항생물질, 자동차, 그리고 다른 놀라운 현대 기술이라는 매개체 없이 자연을 직접 경험한다. 그들에게 야생동물이란 책이나 동물원에서 보는 생명체가 아니라 자신들의 가축과 아이들을 공격하는 표범과 같은 무서운 들짐승에 불과하다. 그리고 날씨는 비옷이나 중앙난방으로 조절할 수 있는 한낱 성가신 자연현상에 불과한 것이 아니다. 날씨는 절대적이고 예측할 수 없는 힘이며, 그 변덕스러움은 먹을 식량을 충분히 얻을 수 있느냐 없느냐를 결정한다.

아프리카 사하라 사막 이남지역은 지구상에서 헤어날 수 없는 가난의 땅으로, 때로는 '희망이 없는 대륙'으로 묘사된다.[3] 그리고 새로운 천년도 이 지역에 새 희망을 주지 못하고, 오히려 더 많은 절망을 주고 있다. 이곳은 굶주리는 사람이 숫자나 인구 비율로 끊임없이 증가하는 유일한 지역이다. 1990년에 이미 그 숫자가 1억 8,000명, 인구 비율로 80%에 이르렀다. 인구의 거의 절반이 하루에 1달러 이하로 살아가고 있다. 5세 미만 아이들의 사망률은 세계에서 가장 높고 남성의 평균 기대 수명은 44.8세로 세계 최저다.[4] 1999년에 시에라리온(Sierra Leone)에서 태어난 아이들은 건강한 생활이 유지된다 하더라도 기대 수명은 겨우 25.9세다.[5] 지난 1980년대에는 사하라 사막 이남지역 국가의 절반 정도에서 자녀 취학률이 줄어들었다. 영양결핍은 줄어들지 않고, 어린이 3분의 1은 발육부진으로 고통 받고 있다. 가임 여성 1인당 평균 출산 숫자는 40년 동안 가까스로 조금 줄어들기는 했지만, 여전히 6명 이상으로 세계에서 가장 높다.[6]

더없이 풍요로운 지금 세상에 아프리카 사하라 사막 이남에서는 이런 극도의 가난이 어떻게 계속 지속될 수 있을까? 환경 요인이 이 가난에 어느 정도까지 기여할까? 그리고 가난 자체는 또 환경에 어떠한 영향을 줄 것인가?

사하라 사막 이남의 자연은 원래부터 인간이 살아가기에 적당하지 않다. 열기는 강하여 모든 생명을 쇠약하게 만들며, 토양은 척박하여 지속적인 작물 재배를 어렵게 하고 있다. 강우 현상은 변화무쌍하여,

모잠비크와 같은 지역에서는 홍수가 계속 발생하고, 에티오피아 같은 지역에서는 가뭄이 계속된다. 이러한 기후는 말라리아나 뎅기열과 같이 곤충을 매개체로 한 전염병을 유발한다. 역사적으로 세계 대부분의 인류 집단이 환경으로 인한 역경을 극복할 수 있었지만(예를 들어 스칸디나비아 인들은 일찍부터 길고 추운 겨울에 잘 적응했다), 아프리카는 환경으로 인한 역경이 너무 심각하여 많은 집단들에게는 성장보다는 생존이 여전히 삶의 가장 중요한 목표로 남아있다.

극한 자연현상은 인간이 극복할 수 없다. 하지만 그것 하나만으로는 수많은 아프리카인들에게 남겨진 기아와 가난의 유산과 이로 인한 환경악화를 설명할 수 없다. 아프리카에서 수세기 동안 이루어진 노예무역과 겨우 한 세대 전에 끝난 유럽의 식민정책도 이들의 가난과 고통을 설명하는데 매우 중요하다. 노예무역과 식민정책은 땅을 황폐화시켰고, 사회와 제도, 그리고 인간의 가치를 손상시켰으며, 아프리카 고유의 리더십과 민주주의 전통에 완전한 공백기간을 가져왔다. 근래에 계속된 가뭄과 농작물 재배 실패도 이 지역의 만성적인 기근에 커다란 영향을 확실히 주었고, 재앙의 근원인 내전으로 군인들보다 무고한 민간인들이 대부분 희생됐다. 이곳에 있는 많은 비민주적 정권들의 무모한 정책들 역시 환경악화와 사회 붕괴에 기여하게 됐다. 특히 사회 붕괴는 실업과 불공평한 식량 배분으로 이어져 결국에는 기아를 유발했다. 이 모든 것들이 합쳐져 이 지역은 가난의 대물림을 하고 있다.

이러한 점들을 고려한다면, 부유한 나라에서 많은 사람들에게 중요시되는 지구온난화나 오존층파괴와 같은 환경문제가 세계에서 가장 가난한 곳에 사는 사람들에게는 관심 밖의 일이라는 것은 크게 놀랄 일이 아니다. 만약 당신이 딩카족이라면 당신에겐 환경보다 더 시급한 다른 문제들이 있다. 하나의 예로 당신의 아이들이 몇 주 후에 죽을지도 모른다는 두려움에 떨 수도 있다. 왜냐하면 반복되는 나쁜 날씨와 정치 억압 때문에 식량, 피난처, 약품을 빼앗겨 온 경험이 있기 때문이다. 선진국 사람들이 갖는 환경 관심을 제3세계 국가에 주입시키기 위해 개최되는 많은 유엔회의와 지구의 날과 같은 국제환경행사에도 불구하고, 가난한 나라에서는 지금까지 이러한 고급 주제에 관해 별로 관심이 없었다. 이들 대부분은 아직 발전의 첫 번째 단계에서 당면한 생존 문제를 극복하기 위해 발버둥치고 있다. 비록 가난한 나라 사람들이 생존을 위해 나무, 흙, 물의 사용에 의존해야 하더라도 그들은 자원을 소유하지도 않고 자연보호로부터 혜택을 받지도 못하기 때문에 자원을 보존하고자 하는 동기를 갖지 못한다. 그들 스스로가 이러한 상황에서 벗어나 풍요의 달콤함을 맛보기 시작해야 그들도 비로소 부유한 사람들이 갖는 환경 이슈에 관심을 보일 것이다.

발전의 두 번째 단계

아프리카 사하라 사막 이남 일부지역에서 만연하고 있는 상황과는 반대로, 다른 곳의 많은 개발도상국들은 생존의 장벽을 넘어서 발전의 두 번째 단계로 들어섰다. 이런 나라들은 산업화와 현대화를 통해 상당한 정도의 생활수준을 이루었다. 아시아 대륙에서는 중국과 인도가 가장 크고 눈에 띄는 '두 번째 단계'의 나라들이며, 브라질은 라틴 아메리카의 좋은 예다. 중국을 방문한 사람들은 중국의 환경이 아프리카 사하라 사막 이남지역과는 매우 다르며 환경문제가 덜 극심하다는 것을 경험할 것이다. 하지만 중국도 여전히 많은 환경문제를 가지고 있으며, 가난과 환경 간의 관계가 사하라 사막 이남과 같음을 보여줄 것이다.

중국의 경제는 엄청난 속도로 발전하고 있으며 환경 전망도 비슷한 이야기를 할 수 있다. 마오쩌둥에 의해 시작된 경제적으로나 사회적으로 매우 위험했던 '대약진' 운동이 끝난 지 단 20년 만에 베이징, 상하이, 충칭과 같은 중국의 주요 도시는 엄청난 변화를 보이고 있으며 세계에서 가장 크고 선진화된 대도시 반열에 들게 됐다. 높이 솟은 아파트, 상업 중심지, 그리고 산업단지가 끊임없이 늘어나고, 도시공원과 그린벨트 지역이 점점 넓어지며 자동차와 고속도로는 새로운 대도시에 없어서는 안 될 정착물이 되어가고 있다. 도시에 사는 성공 가도의 사업가와 전문 계층들은 지구 반대편에 위치한 런던, 밀라노, 뉴욕과 어느 하나 차이 나는 것이 없을 정도로 멋지고 세련되고 소비 중심적이다.

하지만 중국 도시들의 환경은 심각하게 곤두박질쳐 왔다. 고층 빌딩과 상점이 급증함에 따라, 잘 살아 보려고 농촌에서 대도시로 몰려든 가난한 사람들이 거주하는 초라한 판자촌들이 빠르게 형성되고 있다. 가장 눈에 띄는 환경문제는 주요 도시에서 석탄연소로부터 발생하는 고농도의 대기오염이다. 어떤 도시는 대기오염이 가장 심할 때 가시도가 일시적으로 '0'에 이르기도 한다. 중국의 수도 베이징을 방문하는 사람들은, 특히 늦은 가을이나 겨울에 방문하는 경우 얼마 지나지 않아 기관지염을 앓는 일이 종종 있다. 중국 국민들은 어느 도시의 대기오염이 가장 심한가에 대해 빈정거리며 논쟁한다. 베이징인가, 남부의 충칭인가, 아니면 북부의 벤시인가? 이 도시들의 공기에는 세계보건기구(WHO)에서 권고하는 최대 안전 기준치의 10배에 이르는 농도의 아황산가스와 미세먼지가 포함되어 있다. 이렇게 매우 유해한 상태가 한 번 발생하면 며칠 또는 몇 주 동안 지속되기도 한다. 한때 미국에서 대기오염이 가장 심한 도시였던 로스앤젤레스의 아황산가스 농도는 현재 WHO와 미국의 안전 기준치 이하로 잘 유지되고 있다.[7]

중국에서 어느 도시가 가장 오염됐던 간에 원인은 모든 도시가 유사하다. 즉, 급속한 산업화, 급증하는 전력 사용, 그리고 전력생산을 주로 석탄에 의존하는 것이 오염의 원인이다. 1980년대를 시작으로 중국의 전기 사용 증가율은 세계 최고였다. 10년마다 사용량이 두 배로 늘어났으며, 이것은 중국인들이 여유가 생겨서 적절한 조명과 현대식 가전제품을 사용할 수 있는 능력이 커지고 있음을 반영한다. 석탄은 중국에서 가장 풍부한 에너지 자원이고 생산량이 이미 미국을 추월했기 때문에 석탄이 전력생산의 주 연료가 됨은 당연한 일이다.

역사적으로 석탄은 지구에서 가장 더러운 연료였고, 석탄연소는 세계 대기오염의 주원인이었다. 하지만 이러한 관계는 더 이상 필연적인 것이 아니다. 만약 발전소의 배출가스를 정화하는 데 최첨단 기술을 적용한다면 석탄을 태울 때 더 이상 고농도의 대기오염물질이 배출되지 않을 것이다. 이러한 기술은 미국을 비롯한 대부분 선진국에서는 일상적으로 사용되며, 새로운 배출원에 대해서는 법적으로 규제된다. 문제는 이 기술을 적용하기 위한 설치비와 가동비가 너무 비싸기 때문에 중국이 이러한 첨단기술을 거의 사용하지 않는다는 것이다. 중국은 지금까지 성장과정에서 충분하지 못한 국가 예산 때문에 깨끗한 공기(또는 다른 환경 이득)를 얻으려는 것보다는 과거부터 사용해 오던 석탄으로 싸고 풍부한 전기를 생산함으로써 국민들의 생활수준을 높이는 것이 우선이었다.

중국에서는 심각한 환경오염이 도시뿐만 아니라 농촌지역에서도 많이 나타나고 있다. 아프리카와는 달리 중국의 경우 많은 산업 활동이 농촌에서도 이루어지고 있다. 앞서 이야기한 자전거 공장의 용접공과 같은 수백만의 숙련공과 비숙련공들이 차고 크기에서부터 산업 공단 규모에 이르는 수많은 공장에서 일하고 있다. 때로는 하천오염도 심각하여 사용에 부적합한 더러운 물이 최소한의 정수처리만을 거쳐 식수로 사용되기도 한다. 중국 농촌지역의 수질오염은 오히려 도시의 대기오염보다 해결하기 더 어렵다. 농촌 사람들은 일반적으로 가난하고 교육받지 못했으며 자신들이 겪고 있는 건강상의 위험에 대한 이해가 부족할 뿐만 아니라 지리적으로 넓게 흩어져 있어 환경당국의 관리를 거의 받지 못한다. 더욱 불행한 것은 가난한 농촌 노동자들은 오염된 환경을 자신들이 일하고 있는 수많은 공장의 일자리로부터 얻는 혜택의 상징이자 당연히 지불해야 할 작은 대가로 받아들이고 있다는 사실이다.

하지만 중국 국민들의 환경의식도 경제와 함께 빠르게 성장하여 이러한 상황이 변하고 있다는 증거가 계속 늘어나고 있다. 대기오염 규제법이 제정되고 보다 엄격한 법 집행이 이루어지고 있다. 베이징에서는 청정 석탄기술이 도입되고 있으며 수백만 톤의 산업용 석탄이 천연가스로 대체되고 있다. 중국 정부는 2008년 올림픽 유치를 계기로 청정 대기 프로그램을 추진하는 모든 노력을 다했다. 국가 규모와 세계에서 차지하는 위상을 생각하면, 중국이 부유한 국가로 변해가고 국민의 환경의식이 그 뒤를 따르는 것은 지구 환경의 미래를 낙관할 수 있는 주요한 원인이 된다.

자유로 향한 발전

아프리카 사하라 사막 이남이나 중국 또는 그 외 어떤 곳이라도 만성적인 가난은 사람들로부터 자연환경을 돌보고 보전하려는 노력과 경제적 수단을 빼앗는다. 가난은 인간이 환경을 악화시키는 원인 중 하나에 불과하다. 경제학자이자 노벨상 수상자인 아마르티아 센(Amartya Sen)에 따르면 가난은 단지 재정적 수입이 부족하다는 것보다는 좀 더 포괄적인 개념으로 이해하게 된다. 센은 가난은 단지 수입이 적다는 것보다 오히려 기본 자유의 박탈 개념으로 특징지어야 한다고 주장한다.[8] 그의 관점에서 개발은 흔히 알고 있는 경제적 차원일 뿐만 아니라, 더 중요한 것은 저개발국가에서 대부분의 사람들이 견뎌야 하는 '부자유'로부터 벗어나는 것을 요구한다는 점이다. 여기서 말하는 부자유에는 가난 외에도, 건강관리의 결핍, 공중위생의 부족, 교육으로부터 소외(특히 여성), 시장 활동으로부터 배제, 그리고 무엇보다도 정치적 자유와 시민의 기본권이 박탈되는 독재 정권을 포함하고 있다.

센의 관점에서 보면, 개발에는 경제적 선택의 자유뿐만 아니라 민주적 선택의 자유도 포함되어야 한다. 그러한 자유가 없다면 사람들에게 교육, 공청회, 토론의 기회가 주어지지 않을 것이다. 이런 기회가 주어질 때 사람들은 자신의 가족이나 정부, 그리고 환경과 같은 삶의 질에 관해서 합리적인 선택을 할 수 있다. 이것은 곧 환경을 개선하는 일은 상당한 경제력도 필요하지만 자신이나 가족 또는 사회를 위해 스스로 우선순위를 정할 수 있는 넓은 의미의 자유도 필요로 함을 의미한다. 또한 그러한 자유는 정부 규제와 시장 원리의 범주를 넘어선 사회적 가치와 환경 윤리의 발전을 지원한다. 이러한 가치와 윤리는 건강하고 지속가능한 환경을 만들어가는 데 필수적이다.

초기 발전 단계에 있는 국가와 국민은 선진국에서 널리 이야기되고 있는 산성비나 지구온난화 같은 환경문제에 대해 거의 관심이 없다는 것을 앞에서 언급했다. 겨우 생계를 유지하며 살아가는 단계에 있는 사람들은 열악한 조건의 환경에서 생존 자체가 삶의 가장 중요한 문제다. 그렇다고 가난한 사회의 사람들이 환경을 소중히 여기지 않는다고 말하는 것이 아니다. 예를 들어 아메리카 인디언 부족들은 자연환경을 종종 물리적인 힘으로 잘못 사용하기도 했지만 정신적으로는 매우 깊은 유대감을 가지고 있다. 또한 중국과 같이 두 번째 발전 단계에 있는 국가와 국민은 산업화와 현대화에 따라 부수적으로 발생하는 환경악화를 매우 잘 인식하고 있다는 사실을 앞서 언급했다. 하지만 중국과 같은 나라에서는 환경은 국가 예산도 부족할 뿐만 아니라 사회적 우선순위도 대중의 선택보다 정부에 의해 거의 결정된다. 다른 사회적 투자(예를 들어, 에너지 생산, 주택, 교육, 소비와 수출을 위한 산업생산)가 훨씬 더 큰 이익을 가져다준다고 생각하기 때문에, 환경에 대한 투자는 일반적으로 정부의 최우선 순위가 아니었다. 이러한 상황은 앞에서 언급한 것처럼 중국 경제가 매우 빠르게 성장해가면서 변화하고 있다.

풍요로 가는 환경 변화

이 책의 주제는 국가의 발전 단계가 두 번째에서 세 번째로 변해 갈 때 건강한 환경을 만들고 유지하려는 국민의 환경의식과 정치적·경제적 수단에 엄청난 변화가 온다는 것이다. 제1장에서 미국의 환경 역사를 간단하게 소개했고 제2차 세계대전 이후 미국이 부유해지면서 이러한 변화가 어떻게 일어났는지 설명했다. 그리고 비록 환경 개선이 서구 수준에 이르기까지 앞으로 수십 년이 더 걸릴지라도 지금 중국에서 비슷한 변화가 일어나고 있음을 앞서 이야기했다. 물론 전 세계 모든 사람들이 부자가 되면 저절로 환경을 보호하게 될 것이라고 단언할 수 없으며, 이는 내 능력 밖의 일이다. 미래를 예측한다는 것은 어려울지 몰라도 지금까지의 사실을 보면, 20세기 후반에 서구 사회와 일본에서 환경의식과 행동에 대한 근본적인 변화가 일어났고 현재 중국에서도 그 변화가 시작되고 있다. 그래서 나는 미래에 이러한 변화가 전 세계에서 일어나지 않을 이유가 없다고 생각한다.

부유함과 환경 사이의 전통적인 관계도 비슷한 현상을 볼 수 있다. 돈 많은 사람들은 조금 떨어진 곳은 더럽더라도 자신은 늘 아름답고 깨끗한 지역의 한가운데에 살기를 원했다. 그리고 대부분의 역사에서 부유한 사람들은 울타리, 강, 또는 다른 물리적인 장치를 사용하여 자신들을 가난한 사람들의 환경으로부터 비교적 쉽게 격리시켰다. 18세기 영국에서 있었던 국유지는 이러한 환경 격리의 좋은 예다. 하지만 산업화가 진행되면서 부유한 사람들이 오염된 공기의 흐름에서 자신을 격리시키는 것이 더 이상 불가능하게 됐다. 런던과 버밍엄의 공장들로부터 나오는 석탄 연기로 인해 검고 더러워진 공기는 부유한 사람이나 가난한 사람 구분할 것 없이 마셔야만 했다. 모든 사람이 공유하고 함께 책임져야 하는 공동의 자원이라는 오늘날 환경 개념은 적어도 부분적으로는 이러한 경험으로부터 시작됐다고 짐작할 수 있다.

이 책에서 나는 너무나 다른 두 세계, 가난한 사람들의 환경과 부유한 사람들의 환경을 여행한다. 이 여행은 주요한 환경 이슈를 양쪽의 시각에서 바라볼 수 있게 해주고, 미래에도 지속될 수 있는 환경으로 발전하기 위해 가장 중요한 것은 가난에서 부로 가는 변화라는 주장을 뒷받침할 증거를 제시해줄 것이다. 이러한 변화는 적어도 몇 세대에 걸쳐 일어날 것이다. 지금까지 눈앞에 보이는 단기적인 환경우위를 주장하며 환경주의를 발전시켜온 국제사회에 대한 이 책의 도전은 다소 불확실하지만 매우 중요하다. 단기적인 환경우위도 결국 가난이 점점 줄어들었기 때문에 장기적 성공률을 높였다.

1 출처: United Nations Food and Agricultural Organization, The State of Food Insecurity in the World 1999(Geneva: UNFAO, 1999).

2 Mark Hertsgaard, Earth Odyssey (New York: Broadway Books, 1998).

3 "Hopeless Africa," Economist (May 13, 2000): 17.

4 World Health Organization (WHO), World Health Report, 2000 (Geneva: WHO, June 4, 2000).

5 상동.

6 출처: United Nations International Children's Emergency Fund, The State of the World's Children 1996 (New York: UNICEF, 1996).

7 다음 예를 참고하라. South Coast Air-Quality Management District, 1999 Current Air-Quality and Trends (Diamond Bar, CA, May 2000).

8 Amartya Sen, Development as Freedom (New York: Knopf, 1999).

제3장
늘어나는 세계 인구

때로는 지구가 사람으로 가득 찬 것처럼 보인다. 혼잡한 제3세계 도시에서 군중 사이로 밀고 들어갈 때 누가 인구과잉을 우려하지 않겠는가? 그리고 러시아워에 매연을 펑펑 토해내면서 움직이지 못하는 차 안에서 누가 인구과잉에 대해 걱정하지 않겠는가?

인구과잉의 망령은 지난 몇 십 년 동안 환경비관론의 중심 테마였다. 하지만 이것은 단지 이때 처음 등장한 관심사만은 아니었다. 사람들은 지난 몇 세기 동안 인구과잉을 걱정했고, 지구가 실제로 얼마나 많은 인구를 먹여 살릴 수 있을지 종종 깊이 고민해 왔다. 생물학자 조엘 코헨(Joel Cohen)은 지구가 부양할 수 있는 인구를 학문적 관점에서 최저 10억(이 숫자는 이미 오래 전에 도달했다)에서 최고 1조(지구의 인구는 지난 2011년 70억에 도달했다)에 이른다고 예상했다. 코헨은 이 문제에 하나의 답이 있다고 생각하지 않는다. 왜냐하면 지구의 부양 인구의 한계는 그 시기의 기술, 사회, 정치, 경제, 생활 방식 등 다양한 요인의 발전 상태에 따라 결정되기 때문이다.[1] 그래서 우리에게 더 중요한 문제는 얼마나 많은 사람들이 지구에 거주할 수 있었느냐(Could)가 아니라, 얼마나 많은 사람들이 지구에 거주할 수 있을 것 같은가(Likely)이다.

인구증가 - 선인가, 악인가?

인구 통계에 관한 연구는 점점 복잡해지고 있으며 인구증가는 여전히 가장 논쟁의 여지가 많은 환경 이슈 중 하나다. 이 논쟁에 대한 견해는 극단적인 낙관론부터 극단적인 비관론까지 걸쳐있다. 가장 낙관적인 관점은 인구증가는 인류의 축복이라는 것이다. 비판자들은 이 관점을 '풍요주의(Cornucopian)'라고 부른다. 그 이유는 새로 태어나는 모든 개개인은 그들만의 독특한 창의력을 가졌거나 기술혁신을 이룩할 또 다른 모차르트, 렘브란트, 아인슈타인이 될 잠재력을 지니고 있다는 것이다. 이미 옛날(1682년)에 윌리엄 페티(William Petty)같은 사람은 "한 명의 천재적인 지적 호기심을 가진 사람을 400명보다 400만 명 안에서 찾기가 더 쉬울 것이다"라고 이야기한 적이 있다.[2] 이런 관점에서 보면 인구증가를 억제하려는 사람들은 아직 태어나지 않은 사람들이 할 수 있는 미래에 대한 공헌을 매우 과소평가하고 있는 것이다.

경제학자 줄리언 사이먼(Julian L. Simon)은 인구증가의 이점을 가장 강하게 지지하고 있는 학자다. 그는 "사회에 새로 추가되는 사람이 기여하는 중요하는 부분은 새로운 지식이며, 이는 천재들뿐만 아니라 보통 사람들도 제공할 수 있는 종류의 지식이다"라고 말한다.[3] 사이면에 따르면 사람이 많으면 많을수록 좋은 것이다. 그는 "사람이 많을수록 더 많은 지식을 창조할 뿐만 아니라 지식에 대한 더 많은 수요를 창출한다"라고 주장한다. 혼다 자동차를 창업한 혼다 소이치로(Soichiro Honda)는 "100명의 사람들이 생각하는 곳에 100의 힘이 있으며, 1,000명의 사람들이 생각하는 곳에, 1,000의 힘이 있다"라고 말했다.[4]

물론 부유한 나라는 1,000의 힘을 일하는 곳에 투입할 수 있기 때문에 가난한 나라보다 분명히 이점이 있다. 부유한 나라에서 대부분의 사람들은 교육을 받기 때문에 그들은 기술 발전에 기여함과 동시에 늘어나는 지식을 사용하게 되고, 이것은 다시 생산과 부의 증가를 계속 촉진시킨다. 가난한 나라에서는 교육이 부족하고 때로는 자유와 기회가 주어지지 않아 우수한 두뇌를 가진 사람들조차도 지식을 얻고 사용하는 것에 방해를 받는다. 하지만 천재는, 베토벤, 헬렌 켈러, 그리고 오늘날 스티븐 호킹(Stephen Hawking)의 업적에서 보듯이 극단적으로 불리한 조건에서도 성공하는 방법을 알고 있다.

사이먼은 지금까지 사람들, 특히 전문가들은 아직 이루어지지 않은 기상천외한 발명을 계속해서 과소평가하고 있다는 사실을 정확히 지적했다. 전문가들이 잘못 판단한 놀라운 예는 1943년 당시 미국 IBM 회장이었던 토머스 왓슨(Thomas Watson)의 다음 말에서 찾아볼 수 있다. "나는 지구상에 다섯 대 정도의 컴퓨터를 팔 시장이 있다고 생각한다."[5] 만약 컴퓨터를 작고 빠르고 그리고 값싸게 만들 수 있도록 한 트랜지스터와 집적회로를 발명한 사람들이 지구상에 태어나지 않았더라면 왓슨의 말이 정말 컴퓨터의 운명이었을지도 모른다.

맬서스의 인구론

극단적인 비관론은 인구증가를 인류에게 내려지는 끔찍한 벌이라고 생각한다. 이러한 믿음을 가진 이들은 지구가 부양할 수 없을 때까지 인구가 계속 증가할 것이고, 인류는 결국 자원 고갈, 만연된 기아와 질병 등으로 비참하게 파멸할 것이라고 주장한다. 인구의 급격한 증가로 지구가 최후의 심판을 맞을 것이라는 생각은 19세기 영국의 성직자 토머스 맬서스(Thomas Malthus)의 초기 예언에서 많은 영향을 받은 것이다. 그는 만약 자연 출산의 추세가 억제되지 않는다면 인구는 급속히 증가하다가 마침내 지구의 식량 자원이 더 이상 인구를 부양할 수 없는 지경까지 이르게 될 것이라고 믿었다.[6] 맬서스는 인구는 기하학적으로 증가(1, 2, 4, 8, 16, 32, 64, ……)하는 경향이 있는 반면 식량 자원은 오직 산술적으로 증가(1, 2, 3, 4, 5, 6, 7, ……)한다고 보았다. 그는 필연적으로 식량에 대한 수요가 공급을 능가하게 되고, 이로 인해 대량의 기아 사태가 발생하게 될 것이라고 예견했다. 상상력은 좀 모자라더라도 비관적이기는 마찬가지인 이탈리아의 경제학자 지아마리아 오르테스(Giammaria Ortes)도 사람들로 지구 표면 전체가 덮일 때까지 인구가 증가할 것이고, "한 개의 통 안에 들어있는 말린 청어처럼 무리하게 다져 넣어질 것"이라고 믿었다.[7]

맬서스와 오르테스 둘 다 완전히 잘못 생각하고 있었다. 하지만 그 당시 지구 최후를 예견한 자들을 너무 혹독하게 비판해서는 안 된다. 왜냐하면 그들은 항상 많은 자녀를 두길 원했던 당시 사회적·경제적 요인이 지금에 와서 급진적으로 변화하게 되리라는 사실을 알 방법이 없었기 때문이다. 당시 사람들은 되도록 아이를 많이 낳아 그중에서 살아남는 몇 명이 자신의 노후를 부양하도록 했다. 그들은 의학과 공중위생의 발달로 전염병이 예방됨으로써 많은 자녀를 두어야 하는 굴레에서 자유로워질 줄 몰랐다. 또한 기술혁명으로 식량생산을 비롯한 모든 분야에서 효율성이 크게 증가하리라는 사실도 예견하지 못했다. 농업기술은 맬서스와 당시 다른 사람들이 생각했던 것보다 훨씬 더 빠른 속도로 끊임없이 발전하여 마침내 식량생산(전반적인 경제상황도)이 인구 성장을 능가하게 됐다. 맬서스는 말년에 자신의 생각을 바꾸었고 지구 종말에 대한 초기 예견도 바꿨다. 하지만 맬서스 인구론은 여전히 그의 명성과 함께 확고하게 남아있다.

20세기 후반에 와서 생물학자 폴 에를리히(Paul Ehrlich)가 1968년에 출판한 저서 『인구 폭탄(The Population Bomb)』을 시작으로 연이어 발표한 일련의 논문에서 인구 성장에 관한 비관적인 예측을 했다. 그는 지구는 인구과잉으로 1970년대부터 대규모 기아가 시작될 것이라고 예상했다.[8] 하지만 다행히 그러한 사태는 발생하지 않았다. 1968년에도 인구과잉에 대한 공포가 전혀 근거가 없었던 것은 아니다. 당시 인구통계학 연구에서는 20세기 동안 인구가 매우 빠른 속도로 증가해왔음을 보여주고 있다. 1000년 이후로 세계 인구가 2배가 되기까지 단지 500년이 걸렸으며, 1500년 이후로는 다시 2배가 되는데 300년, 1800년 이후로는 130년, 1930년 이후로는 단지 40년이 걸렸을 뿐이었다.[9] 만약 누군가가 1930~1970년 사이의 인구추세를 나타내는 그래프로 간단한 미래 예측을 한다면 2050년에는 세계 인구가 140억, 2100년에는 320억이라는 어마어마한 수치가 나오게 된다! 지금도 우리가 여전히 그러한 일이 일어날 것이라고 믿는다면, 우리도 물론 인구과잉을 걱정해야 할 것이다!

인구증가의 끝

우리는 이제 그러한 극단적인 인구증가는 발생하지 않을 것이라고 확신할 수 있다. 오히려 지구의 인구증가가 사실상 느려지고 있으며, 그러다가 세계가 점점 부유해지면서 인구증가가 멈추게 될 수도 있다. 세계 인구가 이미 안정권에 들어섰다는 증거들도 꽤 나타나고 있다. 세계 인구증가는 지난 20년 동안 실제로 둔화됐다. 1987년에 50억이었던 세계 인구는 1999년 10월 60억, 2011년 10월 70억을 넘어섰다. 현재 인구증가율은 1년에 1.3%로 이것은 매년 순 인구증가수가 7,700만 명이라는 것을 의미한다. 유엔은 인구 통계자료를 근거로 인구증가율이 계속 감소할 것이라고 결론지었으며, 유엔의 예측도 지금까지 계속 하향 조정해왔다. 2000년 개정에서 유엔은 2050년에 인구가 93억이 될 것이라고 예측했지만 이것은 4년 전에 예측한 100억보다 적은 것이고, 앞서 이전의 추세로 추정해 얻은 수치인 149억에는 한참 못미친다.[10] 유엔은 심지어 성장이 차츰 멈춰지면서 2100년이 되면 세계 인구가 더 이상 증가하지 않을 것이라고 예상했다.[11]

물론 우리는 유엔의 통계 수치를 신중하게 해석해야 한다. 상황에 따라 얼마든지 새로운 경향이 나타날 수 있기 때문에 과거 자료에 근거하여 미래를 예측하는 것은 항상 위험성이 있다. 앞서 1930~1970년까지 인구증가 추세로 미래를 예측했을 때 얼마나 극단적인 결과가 나오는지, 그리고 그것이 신맬서스 인구론(Neo-Malthusian)이 되어 전 세계적으로 엄청난 재앙이 일어날 것이라는 공포에 불을 붙였던 것을

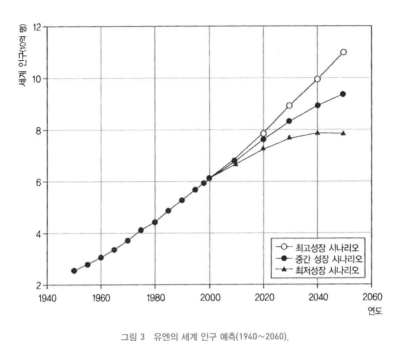

그림 3　유엔의 세계 인구 예측(1940~2060).

출처: United Nations, World Population Prospects, 2000년 개정판
(New York: UN Population Division, Department of Economic and Social Affairs, 2000)

이미 보았다. 그래서 지금으로서는 전 세계적으로 낮아지는 출산율이 다시 높아진다거나, 심지어 선진국에서도 인구가 다시 증가하기 시작할 가능성을 완전히 배제할 수는 없다. 하지만 현재 인구 감소를 유발하는 요인들(소득과 건강의 개선, 교육과 여성 고용의 기회 증가, 피임과 가족 계획)이 가까운 미래에 갑자기 달라질 것으로 보이지는 않기 때문에 그런 일은 발생하지 않으리라 여겨진다.

전 세계적으로 사람들은 더 잘살고 그리고 더 오래 살게 되면서, 자녀의 수는 줄어들고 있다. 과거와 현재 자료 모두 이러한 경향을 잘

뒷받침해주고 있다. 인구 통계는 가난할수록 출산율이 높고 부유할수록 낮다는 것을 보여주고 있다. 이는 〈그림 4〉에 제시된 국가별 1인당 국민소득(GNP)과 출산율 관계에 잘 나타나 있다.[12] 오늘날 전 세계적으로 일인당 국민소득이 연간 5,000달러(1994년 달러 기준) 이상인 나라 가운데 출산율이 최소한의 인구 보충 수준(여성 1인당 약 2.1명의 아이)을 넘는 나라는 없다. 이는 매우 놀랄 만한 발전이다. 왜냐하면 5,000달러 소득은 부유하다고 할 수 없는 수준이고, 평균 소득이 이러한 수준에서조차 자녀를 적게 갖기를 원하는 것이 거의 확실하기 때문이다. 심지어 스리랑카의 경우 1인당 소득이 1,000달러를 넘지 않는데도, 출산율이 인구 보충 수준에 머무르고 있다. 놀랍게도 세계 61개국이 20세기 말에 이미 인구 보충 수준이거나 그 이하로 들어섰다. 이러한 국가들은 가까운 장래에 출산율을 높이지 않는다면 인구가 줄기 시작할 것이다.[13]

1인당 국민소득이 출산율 수준에 관한 가장 포괄적이고 적절한 지표가 될 수 있겠지만 그 외에도 각 가정이 자녀의 수를 결정하는데 영향을 주는 요인들이 많이 있다.

- **영아 사망률**: 의료 기술이 개선되고 영아 사망이 감소하면서 부모들은 자녀들이 어른이 될 때까지 대부분 살아남을 것이라는 확신을 얻었다. 따라서 자신들의 노후 보장을 위해 더 많은 아이를 낳아야 한다는 강박 관념에서 벗어나게 됐다.
- **여성의 지위**: 가난한 나라의 여성들이 자유와 교육의 기회를 얻으면서 점점 사회 구성원으로서의 지위를 확보하고 직업을 가질 수

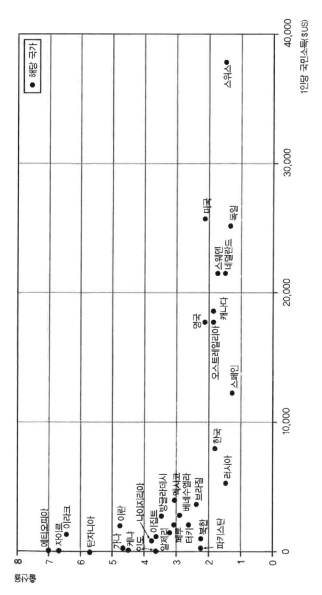

그림 4 주요 국가의 출산율과 일인당 국민소득의 관계(1996).

일인당 국민소득이 5,000달러 이상인 국가는 출산율이 최소인구 보충 수준(2.1)보다 낮다.

출처: U.S. Department of Commerce, U.S. Statistical Tables (Washington, DC, 1996).

도 있게 됐다. 그래서 그들은 더 이상 과거 대가족 내에서 여성에게 주어진 지위에만 머무르는 것에 만족하지 않게 됐다.

- **산업화:** 국가가 산업화되면서 아이들에 대한 경제적 가치가 변했다. 농촌에서는 아이들이 노동을 도울 수 있기 때문에 경제적 자산이 될 수도 있었다. 하지만 도시의 산업 환경에서는, 특히 아동노동 금지규정이 있다면, 아이들을 키우고 교육하는 비용이 많이 들기 때문에 오히려 자식은 경제적 부담이 된다.[14]

부와 인구 안정화는 직접적인 관련이 있다는 사실은 의심의 여지가 없다. 그럼에도 어떤 것이 선행되어야 하는지에 대한 '닭이 먼저냐 계란이 먼저냐' 식의 논쟁은 계속되고 있다. 어떤 면에서는 가난한 나라가 경제를 성장시키고 부를 일궈내기 전에 반드시 인구증가를 억제시켜야 한다. 이러한 입장을 지지하는 사람들 중 일부는 충분한 출산율 억제 효과를 거두기 위해서는 다소 강압적인 정책이 필요하다고 믿고 있다.[15] 하지만 실제는 단 한 나라, 중국만이 법으로 인구를 조절해오고 있다. 1970년대에 인구 억제를 위해 몇몇 반인권적인 조항들이 제정됐으며, 1979년에는 1가구당 한 명의 자녀만을 낳도록 제한하는 강력한 법이 만들어졌다. 이 정책은 국가 규정에 따라 부부가 낳은 자녀의 수에 따라 벌금을 징수하도록 했다. 비록 중국 정책에는 공식적으로 강제적인 유산과 피임이 명시되지는 않았지만, 지방 공무원들이 인구 목표치를 달성해야 하기 때문에 이것을 강압적으로 시행하고 있다는 주장이 계속되어왔다. 한 연구는 "1가구 1자녀 정책은 국민들이 강력하게 저항하고 정부가 엄격한 법 집행을 못해 시작한지 몇 년 후에 효력을 잃었다"라고 밝히고 있다.[16] 사실상 정책이 시행되기 10년 전부터 출산율이 급격히 감소했다. 중국 여성 1인당 자녀수가 1970년 5.8명에서 1998년 2명으로 줄어들었다. 중국 도시지역의 출산율은 이미 인구보충 수준 이하로 떨어졌으며, 이것은 도시를 중심으로 이루어진 부의 증가와 앞에서 언급했던 요인들의 관계를 반영하고 있다.

중국을 비롯한 많은 나라의 경우를 보면 인구 안정화를 위해 가혹한 인구 조절 수단이 반드시 필요한 것은 아님을 알 수 있다. 경제성장, 도시화, 산업화, 여성 해방, 의료 수준 등은 모두 함께 향상되고 있다. 생활수준과 함께 이 모든 요인들이 향상되어 자녀수가 줄어들고, 그로 인해 부유해지는 것을 방해하는 요인이 사라지게 된다. 더 많은 부를 누리기 위해서는 자녀수가 적을수록 좋다는 경향이 강해지고 있다.

대부분의 저개발 국가들이 가난에서 점점 벗어나고 있고(우리가 원하는 수준의 속도에는 못미치지만), 거의 예외 없이 출산율도 낮아지고 있음을 강조하는 것이 결코 비현실적인 낙관만 하는 것은 아니다. 세계 출산율은 아마 지금까지 최저 기록이라 할 수 있는 2.7명이고, 전 세계적으로 계속해서 감소하고 있는 추세다. 앞서 언급했듯이, 유엔은 매년 미래 인구 예측을 하향 수정하고 있고, 서유럽과 북유럽 대부분의 국가들이 2050년까지 4~6%의 실질적인 인구 감소를 겪게 될 것이라고 예측하고 있다. 유엔의 중간 증가율로 예측한 경우 적어도 2100년까지 세계 인구가 늘어날 것이지만, 최저 증가율로 예측할 경우는 2035년에 최고점인 75억이 된 후 감소하게 될 것이다.[17]

부와 출산율의 반비례 관계는 일부 국가에서 지난 2세기 동안 기록된 인구통계에서도 잘 나타난다. 예를 들어 스웨덴의 경우 1880년 이

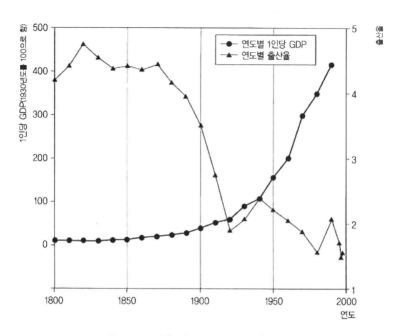

그림 5 스웨덴의 출산율과 국민소득의 관계(1800~2000).
스웨덴의 출산율은 국민소득(일인당 국내총생산, GDP)이 증가하게 되면서 19세기 말에 급격히 감소했다.
출처: GDP 자료 - 스웨덴 Umea University의 Olle Krantz 교수, 출산율 자료 - Central Statistical
Bureau of Sweden, Historical Population (Stockholm: Statistika Centralbyran, 1997).

후로 소득 수준은 높아지고 영아 사망률이 떨어지면서 출산율도 꾸
준히 감소했다. 현재 출산율은 1.6명으로 인구 보충 수준인 2.1명에도
한참 못미치는 수치다. 스웨덴의 인구증가율은 1970년대 이후로 계속
떨어지고 있으며, 2030년경에 최고 인구수에 도달했다가 그 후에는
천천히 감소할 것이라는 예측도 나오고 있다.[18] 이러한 움직임은 다른
유럽 국가에서도 일어나고 있다. 조사에 따르면 2050년에 28개 유럽
국가에서 지금보다 인구가 줄어들고, 단지 10개 국가만이 늘어날 것

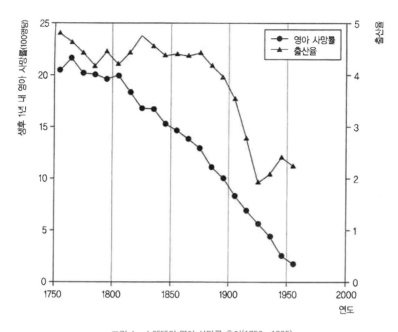

그림 6 스웨덴의 영아 사망률 추이(1750~1995).

출처: Central Statistical Bureau of Sweden, Historical Population
(Stockholm: Statistika Centralbyran, 1997).

이라고 한다.

인구 감소에 대한 매우 어두운 단면 중 하나는 점점 더 피해가 심해지고 있는 에이즈가 세계 45개국 인구의 기대 수명을 낮추고 있다는 사실이다. 그중 35개국은 아프리카 사하라 사막 이남지역에 있으며 보츠와나, 남아프리카공화국, 스와질란드, 짐바브웨가 에이즈로 가장 심한 타격을 입었다. 유엔은 이 35개 아프리카 국가들의 2015년경 총 인구는 에이즈가 없는 것을 가정한 경우보다 10%정도 적을 것으로 예측했다.[19] 그럼에도 에이즈의 영향을 받는 이들 대부분의 국가에서 2050년까지는 인구가 현재보다는 증가할 것으로 예상한다. 이러한 나라에서 마침내 인구가 안정된다면 그것은 당연히 질병이나 기아 때문이 아니라 이들이 부유해지고 건강해졌기 때문일 것이다.

결론은 더 이상 인구증가를 심각하고 장기적인 지구의 문제나 환경문제 등으로 여기지 말아야 한다는 것이다. 정말 문제가 되는 것은 가난이다. 부유한 나라의 경우를 보면 대부분의 사람들이 스스로 독자적인 결정에 따라 자녀를 적게 가지려고 노력해왔음을 알 수 있다. 가난한 나라도 이미 이 선례를 따르기 시작했고, 그들의 여건이 개선되고 정치적·경제적 선택이 확대되어가면서 계속 그렇게 될 것은 당연하다. 앞서 줄리언 사이먼이 많은 인구가 지구에는 더 큰 축복이 되리라고 지적했던 것이 옳았을지 모르지만, 인류는 지금 적은 인구가 더 좋다는 분명한 결정을 하고 있다.

지구 공동체, 특히 대부분의 선진국들은 정부 차원이나 민간단체의 활동을 통해 개발도상국의 국민들이 경제성장, 교육의 기회, 선택의 자유를 누릴 수 있도록 도와야 하는 중대한 도덕적 의무가 있다. 세계 인구의 안정화는 이에 대한 하나의 보상이 될 것이다. 그리고 많은 다른 보상 중에서 지구 환경에 주는 혜택만으로도 이러한 노력은 충분한 가치가 있다.

1   J.E. Cohen. How Many People Can the Earth Support? (New York: W.W. Norton, 1995).

2   William Petty, The Economic Writings of Sir William Petty, ed. C.H. Hull (1676; reprint, Cambridge, UK: Cambridge University Press, 1899).

3   Julian L. Simon, The Ultimate Resource 2 (Princeton, NJ: Princeton University Press, 1996).

4   Soichiro Honda, Wall Street Journal, February 1, 1982, 15, quoted in Simon, Ultimate Resource 2, 380.

5   Christopher Cerf and Victor Navasky, The Experts Speak (New York: Pantheon Press, 1984).

6   T. Malthus, An Essay on the Principles of Population as It Affects the Future Improvement of Society (London: J. Johnson, 1798).

7   G. Ortes, quoted in Economist (December 31, 1999).

8   P.R. Ehrlich, The Population Bomd (New York: Ballantine Books, 1968); P.R. Ehrlich and A. Ehrlich, Population Explosion (New York: Simon & Schuster, 1990).

9   United Nations, World Population Prospects: The 1998 Revision (New York: UN Population Division, Dept. of Economic and Social Affairs, 1998).

10 United Nations, World Population Prospects: The 2000 Revision (New York: UN Population Division, Dept. of Economic and Social Affairs, 2000).

11 United Nations, World Population Prospects: The 1998 Revision.

12 U.S. Department of Commerce, U.S. Statistical Tables (Washington, DC, 1996)

13 한 국가의 출산율이 인구 보충 수준이나 그 이하로 떨어는 경우 인구가 실제로 감소하기 전에 시간 지체 현상이 일어난다. 이는 임신 중에 있는 수많은 여성들 때문이다. 인구통계학자들은 이러한 현상을 '인구 관성력'이라 한다.

14 다음 문헌에서 이 사실과 관련된 요소들이 검토됐다. Vernon W. Ruttan in "Perspectives on Population and Development", Indian Journal of Agricultural Economics 39(4) (October-December 1984): 630-638.

15 생물학자 개릿 하딘(Garrett Hardin)은 강압적인 인구 조절 정책을 지지하는 선봉장이었다. 그의 논문 "Tragedy of the Commons", Science 162 (1968): 1243 참고. Zero Population Growth라는 단체는 자발적인 가족계획 프로그램을 오랜 기간 주창해 왔다.

16 C.A. Scotese and P. Wang, "Can Government Enforcement Permanently Alter Fertility? The Case of China," Economic Inquiry (October, 1995): 552.

17 United Nations, World Population Prospects: The 1998 Revision.

18 Statistics Sweden, Sweden's Future Population (Stockholm: Statistiska Centralbyran, 1994).

19 United Nations, World Population Prospects: The 2000 Revision.

제4장
기아 없는 지구는 가능할까?

열대우림이 계속 사라지는 것을 걱정하는 사람들에게 무엇이 원인인지 물어보라. 그러면 그들은 생존을 위해 더 많은 농경지를 얻으려고 숲을 계속 파괴하는 아마존 열대우림 지역이나 아프리카 사하라 사막 부근에 사는 농부가 그 원인 중 하나라고 답할 것이다. 열대우림 파괴는 적어도 60%가 영세 농업에 책임이 있기 때문에 이 답은 크게 잘못된 것은 아닐 것이다.[1] 왜 사람들은 소중한 산림생태계에 이처럼 어처구니없는 범죄를 끊임없이 저지르는 것일까? 그 답은 가난 때문이다.

저개발국에 사는 가난한 농부의 집에서는 매일 먹을 음식을 마련하는 것이 생존을 위해 가장 중요한 문제다. 가난한 농부들은 숲 주변으로 이주하여 산림을 벌채하고 여기서 식량을 얻고 생활비를 만들어 가족의 생계를 꾸려간다. 비록 농부들이 그 숲의 가치를 알지라도, 그들은 어떤 대가를 치르면서 미래 세대를 위해 보존해야 할 만큼 충분한 가치가 있다고는 생각하지 않는다.[2] 그들의 관점에서 보면 그렇게 불합리한 것은 아니다. 그들에게 급선무는 살아남는 것이며, 적어도 눈앞의 생존이 장기적인 지속가능성보다는 확실히 우선순위임은 틀림없다. 그래서 산림파괴는 지금도 계속되고 있다.

위협받고 있는 자연 자원의 보호에 대한 이 명백한 포기는 왜 가난이 환경문제에 그렇게 결정적인 것인가를 보여주는 고전적인 예다. 가난한 농부들이 숲을 파괴하여 이익을 얻을지라도 그들은 자신들이 저지른 숲의 파괴로부터 사회가 치러야 하는 비용을 지불하지 않으며, 많은 경우 그런 비용 자체를 알지도 못한다. 토양 염화와 침식, 그리고 지력이 약한 곳, 특히 강우가 부족한 곳에서의 과잉 경작과 같이 가난과 관련된 식량 공급원 파괴에 관해서도 이와 똑같은 이야기를 할 수 있다. 많은 경우 이렇게 지역적으로 일어나는 자연 자원의 파괴는 회복이 매우 어렵고 항상 엄청난 비용을 치러야 한다.[3]

가난한 사람들이 자연을 파괴하는 예는 영국의 성직자 토머스 맬서스가 1798년에 예견한 시나리오와 일맥상통한다. 당시 그는 인구증가가 계속되면서 인간의 단기적인 생존 본능 때문에 중요한 자연 자원이 스스로 재생될 수 있는 속도보다 더 빠르게 소모되고, 궁극적으로는 대규모의 굶주림과 기아로 이어질 것이라고 예측했다.[4]

맬서스의 이러한 시나리오는 생물학자 폴 에를리히(Paul Ehrlich)의 생각과 분명히 유사하다. 에를리히는 그의 베스트셀러 『인구 폭탄』 서문에 다음과 같이 기술했다. "모든 인류를 먹이기 위한 투쟁은 끝났다. 1970년대에는 세계가 심각한 식량 부족을 겪을 것이다. 지금부터 아무리 대단한 프로그램을 추진한다 할지라도 수억 명에 이르는 사람들은 반드시 굶어죽게 될 것이다."[5] 다행히도 책이 출판된 이후 지금까지 이 엄청난 규모의 재난은 결코 일어나지 않았다. 하지만 지역적인 식량 부족 상태는 여전히 계속 되어왔고, 맬서스가 예상하던 것보다 더욱 복잡한 이유이긴 하지만 수백만의 사람들이 기아로 죽어가고 있다. 그리고 모든 인류를 먹이기 위한 투쟁은 『인구 폭탄』이 출간된 1968년에도 끝나지 않았으며, 지금까지 계속되고 있다. 굶주림과 영양결핍이 인류 삶의 질을 악화시킬 수밖에 없는 한 이 투쟁은 계속될 것이다.

이 투쟁은 지금 승리하고 있고 앞으로도 승리할 수 있다. 과학과 기술의 진보를 통해 지난 반세기 동안 세계 식량 생산은 인구보다 더 빠르게 증가해왔으며 공급은 더욱 안정적으로 이루어지고 있다. 심각한 영양결핍으로 고통 받는 인구가 1960년 이후 4분의 3으로 현저히 감소했다. 이것은 이른바 '녹색혁명'이라 불리는 농업 기적의 결과다.[6] 노먼 볼로그(Norman Borlaug)와 그의 동료들이 개발한 새로운 품종의 밀이 1960년대 초반 파키스탄과 인도에 보급됐다.[7] 파키스탄의 밀 생산량은 1965년 460만 톤에서 1970년 840만 톤으로 증가했고, 인도는 1,230만 톤에서 2,000만 톤으로 증가했다. 이후 지속적으로 증가하여 1999년에 인도는 7,350만 톤이라는 기록적인 밀 생산량을 기록했으며 이것은 1998년에 비해, 단 1년 만에 11.5% 증가한 것이다. 녹색혁명은 인도가 매년 3세미만 아이들이 3명 중 1명꼴로 사망할 정도의 심각한 식량 부족 상태에서 스스로 자급자족을 통해 기아에서 벗어난 농업경제로 전환하도록 도왔다. 1968년 이후 인도 인구는 2배 이상 증가했고 밀 생산량은 3배 이상 증가했으며 경제는 9배 이상 성장했다.[8] 사실 전 세계 곡물 생산량은 1960년 이후 2배 이상 증가했고 1인당 식량 생산량은 약 25% 증가했다.[9]

오늘날 세계 식량 부족에 대한 신맬서스 인구론의 예측은 적절하지 못하다. 왜냐하면 세계 식량의 미래에 관한 낙관론을 정당화하기에 충분한 발전이 벌써 이루어졌기 때문이다. 앞으로 몇십 년 동안 계속 인구가 증가할 것이라 예상해도 기아와 영양결핍은 통제될 수 있고 궁극적으로 지구상에서 사라질 것이다. 도래하는 생명공학의 혁명은 세계 인구와 환경을 지속가능하게 하는 데 결정적인 역할을 하게 될 것이다. 지금 세계 곳곳에서 녹색혁명의 정신으로 뭉친 수많은 그룹들이 농업과학과 기술이 주는 최고의 결과물을 공유하면서 이 목표를 추구하고 있다. 세계가 기아에서 해방되면 가난한 사람들뿐만 아니라 부유한 사람들도 엄청난 혜택을 누릴 수 있다.[10]

무엇이 진짜 식량 문제인가?

세계 식량 현실에 하나가 아닌 두 가지 문제가 있는 것으로 생각하면 답을 찾는데 도움이 된다. 첫 번째는 식량 총 생산의 문제다. 어떻게 세계 모든 인구를 적절한 영양 수준으로 먹일 수 있는 식량을 생산할 수 있으며, 환경적·경제적 측면에서 지속가능한 방법으로 그렇게 할 수 있을까? 두 번째는 분배에 관한 문제다. 세계 식량이 충분히 생산된다 하더라도 그 식량이 후진국까지 충분히 공급되어 후진국의 가장 가난한 사람들도 굶주리지 않을 수 있을까? 사실 이 두 가지 이슈는 매우 밀접하게 연결되어 있지만, 우선 각각 나누어 생각해 보자.

모든 사람이 먹을 충분한 식량을 생산할 수 있을까?

짧게 대답하자면 '그렇다'이다. 세계는 현재 경작 중인 땅만으로도 모든 사람들을 먹일 만큼 충분한 식량을 생산할 수 있다. 사실 1970년 대 중반 이후 세계는 모든 사람들에게 생존에 필요한 적정 식사를 제 공하기에 충분한 식량을 생산해 오고 있다.[11] 이것은 세계 경작지가 점점 부족해지고 있기 때문에 많은 지역의 농부들이 더 넓은 땅을 개 간해야 하며 이것이 환경 재난으로 이어질 상황에 직면해 있다는 일 반적인 생각과는 모순된다. 실제로 빈농들은 때때로 농경지로는 부적 당한 토지(침식되기 일쑤인 산허리, 토양 붕괴가 빠른 반건조지역, 농작물 수확량이 몇 년 안에 급격히 감소하는 열대우림 개간지역)에서 어쩔 수 없이 농사를 짓 기도 한다. 하지만 개발도상국에서도 현대적인 농업 과학과 기술에 대한 투자가 결실을 맺어 식량 생산의 효율성이 계속 높아지고 있기 때문에 이처럼 환경적으로 건전하지 못한 농경 활동은 곧 없어질 것 으로 보인다. 세계는 경작지가 부족한 것이 아니라 부가 부족한 것이 다. 좀 더 부유한 나라에서는 모든 사람에게 충분한 식량을 제공하기 위해 경작지를 더 늘릴 필요가 없으며 오히려 더 적은 면적을 사용하 게 될 것이다. 그리고 남아도는 경작지를 초원, 숲, 공원 등으로 새롭 게 조성하여 자연에 되돌려주는 보너스도 챙길 수 있을 것이다.

하지만 식량이 얼마나 많아야 '충분한' 것인지 생각해볼 필요가 있 다. 유엔식량농업기구(FAO)에 따르면, 모든 사람들에게 같은 식량이 공급된다(특히 개발도상국의 경우)고 가정할 때 1인당 하루 약 2,300칼로 리의 식사량이 적당한 영양분을 제공할 것이라고 한다.[12] FAO는 이러 한 영양분 섭취수준을 '1일 평균 요구량'이라고 정의한다. FAO는 개

인간 영양섭취의 불평등을 고려하여 적정 수준을 1인당 하루 섭취량을 3,000칼로리로 올렸다.[13] 전 세계 총 식량 필요량은 1인당 칼로리에 인구를 곱해 구할 수 있다. 만약 세계 인구가 93억이고,[14] 매일 한 사람이 3,000칼로리의 음식을 소비한다고 가정하면, 연간 총 세계 식량 필요량은 약 10^{16}(1경)칼로리가 될 것이다.

이 정도의 식량을 현재 경작 중인 농경지(14억 헥타르, 지구 육지 면적의 11%)에서 생산하기 위해서는 경작지 1헥타르당 연평균 약 700만 칼로리를 수확해야 한다. 이것은 대부분의 작물에서 1헥타르당 1.8톤의 수확량(칼로리와 구분할 것)과 맞먹는 것이다. 하지만 아프리카의 척박한 땅에서는 현재 1헥타르당 약 1톤의 밀이 생산된다. 이 수확률로 장래 93억의 세계 인구에게 1인당 3,000칼로리씩 공급하기 위해서는 지금의 경작지 2배가 필요하다는 것을 의미한다.

물론 선진국은 지금도 이보다는 훨씬 더 수확률이 높다. 현재 밀 수확량은 북미의 경우 1헥타르당 평균 3톤이며 유럽은 6톤 정도다. 옥수수는 미국에서 1헥타르당 평균 8톤이 생산되며, 1헥타르당 약 20톤에 달하는 높은 수확량을 기록하기도 했다.[15] 한국에서는 1헥타르당 평균 6톤의 쌀이 생산되고 있다.[16]

향후 몇 십 년 안에 새로운 농업기술과 향상된 농업경영시스템 적용이 개발도상국의 농업 생산성을 상당히 높여줄 가능성이 크다. 예를 들어 브라질의 사바나는 토양이 산성이어서 농경지로 부적당하다고 여겨졌지만, 그곳에 적합한 농업기술을 적용한 결과 관개가 이루어지는 경우 1헥타르당 6톤, 강우에만 의존할 경우는 3톤이 수확되고 있다.[17] 선진국에서는 이미 평균 생산량이 매우 높기 때문에 앞으로

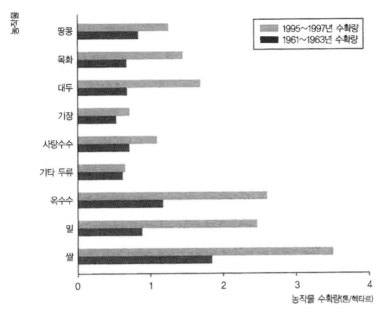

그림 7 1961~1963년에서 1995~1997년까지 개발도상국의 주요 농작물 수확량의 증가.

출처: 유엔 식량농업기구, Agriculture: Toward 2015/30,
Technical interim report(Rome: FAO, April 2000).

생산성이 향상되는 정도는 낮을 것으로 보인다. 유전공학적으로 가
능한 최대 수준까지 평균 생산성을 끌어올릴 여지는 아직 남아 있다
는 사실에 주목할 필요가 있다. 결론은 다음과 같다. 만약 세계 농작
물 수확률이 오늘날 미국의 밀 수확률(1헥타르당 3톤)에만 도달한다면
세계의 90억 인구는 매일 3,000칼로리의 식량을 맘껏 소비할 수 있고,
현재 경작지의 3분의 2도 채 안 되는 면적만 사용해도 될 것이다.[18]

　물론 곡물에서 얻는 칼로리가 충분한 식량에 관한 모든 것을 의미
하는 것은 아니다. 오늘날 북미와 유럽의 부유한 소비자들은 곡물, 야

채, 과일, 유제품뿐만 아니라 육류로부터 필요한 칼로리의 30%를 얻고 있다. 또한 육류에서 필수 단백질과 미량 영양소를 공급받고 있다. 만약 개발도상국 사람들까지 오늘날 유럽과 북미 사람들의 식사 수준을 누리려고 한다면 세계 식량 수요는 훨씬 더 많아질 것이다. 식량 생산과 소비에 대해 다음에 도래할 세계적인 혁명을 때로는 '축산혁명(Livestock Revolution)'이라 하는데, 이것은 인류는 식량에서 육류와 유제품이 점점 더 곡물을 대체하게 될 것이며, 그에 따라 동물 사료로 사용되는 곡물의 양이 늘어날 것이기 때문이다.[19] 하지만 가까운 장래에 만성적인 기아를 해결하기 위해 필요한 칼로리는 대부분 식물, 특히 곡물로부터 얻게 될 것이다.

식량 필요량을 계획할 때는 생산의 효율성뿐만 아니라 소비의 효율성까지도 고려해야 한다. 음식이 부패하거나, 가공이나 조리 과정에서 버려지거나, 먹다 남기는 것으로 생기는 손실은 실제 소비되는 식량의 70%에 달하는 것으로 추정된다.[20] 이러한 손실 중 일부는 부유해짐에 따라 유통과 가공 기술이 개선되면서 점점 감소하게 될 것으로 보인다. 그럼에도 불구하고, 미국, 벨기에, 스위스, 이탈리아와 같은 선진국에서는 계속 식량의 60% 정도를 낭비하고 있다. 만약 이러한 낭비를 반으로 줄일 수 있다면 세계 식량 필요량은 7% 이상까지 감소하게 될 것이다.[21]

전체적으로 세계 식량 전망은 낙관적이다. 선진국과 개발도상국 모두 농업 생산성이 놀랄 만큼 향상됐기 때문이다. 특히 고무적인 것은 선진국과 개발도상국간의 평균 농작물 생산성의 차이가 좁혀지고 있다는 사실이다. 볼로그 박사는 생산성의 중요성을 이렇게 설명하고 있다.

만약 미국이 1940년에 보급됐던 기술과 생산성으로 1990년에 17가지의 핵심 농작물을 수확하려고 한다면, 같은 토질의 땅이 1억 8,800만 헥타르 더 필요하다는 계산이 나온다. 이론적으로 이것은 전국 목장과 방목지의 73% 정도를 더 일구던가, 산림과 초지의 61%를 농경지로 전환해야만 가능한 일이다. 현실적으로 이러한 땅은 대부분 현재 경작 중인 농경지보다 생산력이 훨씬 떨어지기 때문에 농작물 생산을 위해선 더 넓은 면적의 방목지, 산림과 초지를 농경지로 전환할 필요가 있다. 만약 이렇게 된다면, 바람과 물의 침식작용으로 인한 토양 황폐화, 숲의 소멸, 야생동식물의 서식지 파괴, 야외 여가활동의 감소와 같은 많은 피해가 발생하리라는 것을 예상할 수 있다.[22]

점점 개선되고는 있지만, 농업 생산성은 기아와 영양결핍과의 전쟁에서 아직 결정적인 승리를 거두지는 못했다. 또한 아프리카 사하라 사막 이남의 나라들은 여전히 어두운 그림자가 드리워져 있으며, 이 나라들은 다른 지역(특히 곡물 생산성이 꾸준히 증가하는 동아시아)에 비해 많이 뒤떨어져 있다.[23] 결정적인 승리를 달성하기 위해서는 선진화된 농업기술을 이용해 식량 생산성 목표를 향후 몇십 년 내에 달성해야 하고 이후로도 계속 지속시켜야 한다. 현실 세계에서는 저개발국이 이러한 목표를 달성하고 유지하는 데에 많은 장애물이 존재한다. 이러한 장애물 중 일부는 농업과학과 생태계의 한계와도 관련이 있겠지만, 아마 더 극복하기 어려운 장애물은 교육과 자유의 부족, 내란과 전쟁, 그리고 가난 그 자체로 인한 것들이다.

모든 사람들에게 식량을 골고루 나눠줄 수 있을까?

앞에서 설명한 것처럼, 식량을 공평하게 분배하기만 한다면 오늘날 세계는 모든 사람들을 먹일 수 있을 만큼 충분한 양을 생산하고 있는 것이 사실이다. 하지만 불행하게도 그렇지 못하다. 저개발국에서 기아와 영양결핍이 계속 발생하고 있으며, 정도는 덜하지만 선진국에서도 이러한 현상이 나타나는 것이 이를 증명하고 있다. 식량이 풍부한데도 넓은 지역에 걸쳐 불균형이 나타나는 원인은 무엇일까?[24]

지금까지 이 장에서는 지구 전체 차원에서 식량 생산 문제를 생각했다. 이를 통해 식량 생산성이 시간에 따라 어떻게 발전해왔는지 추적해볼 수 있으며, 농경지 사용 및 농업 과학과 기술의 현황에 관한 큰 주제들을 파악해볼 수 있다. 하지만 식량 이용 문제는 각 나라나 특정 지역에 국한된 지리적으로 매우 한정된 주제다. 한 가지 살펴보면, 식량 이용 문제는 소득 수준으로 결정되는데 이것은 지역적이다. 특히 식량 부족 사태가 발생했을 때 충분치 못한 가계 소득은 기아와 영양결핍의 직접적인 원인이 된다. 현재 약 13억 명이 하루 1인당 소득이 1달러 미만인 가정에서 살고 있으며, 또 다른 20억 명은 이보다 약간 양호한 수준으로 살고 있다.[25] 아프리카 사하라 사막 이남에서는 전체 인구의 4분의 3이 이처럼 극심한 가난을 겪고 있다. 이들은 시장에 상품이 넘쳐나도 충분한 식량을 살 만한 경제적 여유가 없다. 지난 30년 동안 실질적인 식료품 값이 50% 이상 하락했음에도 상황이 이

렇다는 것은 역설적이다.[26]

두 번째는, 저소득은 저개발국 문제 중 일부라는 점이다. 좀 더 근본적으로는 정치적 무능력이 일부 저개발국 국민들을 계속 괴롭히고 있는 기아 문제의 근본적인 원인이다. 많은 저개발국, 특히 아프리카 사하라 사막 이남의 정치 구조는 가난한 사람들을 더욱 무능하게 만들고 있다. 이 가난에 지친 사람들이, 정부가 효과적으로 기아에 대처하고 좀 더 공평하게 소득을 분배하는 정책을 채택하도록 하는 데 필요한 정치적인 힘을 모으는 일은 사람 수와는 상관없이 거의 불가능한 일이다. 하지만 이와 상반되는 예도 있다. 브라질, 짐바브웨와 인도의 케랄라 주에서 일어난 민중운동은 정부에 압력을 가하여 기아를 근절시키도록 했다. 한국에서도 정부가 소득 불평등 해소를 동반한 경제성장 촉진정책을 시행해 왔다.[27]

세 번째는, 가난한 나라에서는 물과 땅, 숲, 물고기 등과 같은 부족해지기 쉬운 자연 자원이 한계 용량 이상으로 사용되고 있다는 것이다. 경제력과 정치적인 힘이 없는 가난하고 배고픈 사람들은 자원을 사용하는 데 더욱 극한 상황으로 가게 된다. 특히 토지소유가 불평등하게 이루어진 나라에서 가난한 가정은 척박한 땅으로 이주하거나 도시 빈민촌으로 가서라도 생계를 꾸려나가려 한다.[28]

하지만 가장 광범위하고 결정적인 기아의 원인은 아마 내란과 전쟁일 것이다. 많은 저개발국에서는 식량을 약탈하고, 식량 공급과 순환 과정을 방해하며, 작물의 씨앗과 가축을 불태우는 전쟁을 안팎으로 겪고 있다. 이 식량 전쟁은 포탄으로 인한 것만큼이나 많은 사람들, 특히 아이들을 굶어 죽게 했다. 아프가니스탄, 미얀마, 모잠비크,

르완다, 소말리아, 스리랑카, 수단, 그리고 발칸 반도의 나라들이 이러한 상황을 겪고 있다. 전쟁이 없는 상황에서도 저개발국들은 매년 국방비로 1,000억 달러 이상을 지출하고 있다. 이 돈의 4분의 1만으로도 그 나라 국민들에게 기본적인 건강관리, 가족계획 서비스, 사회교육 등을 제공해줄 수 있을 것이다.

기아

기아란 많은 저개발국에 만연해 있는 심각한 식량 부족이 계속되는 상태이며, 공간적으로는 일부 지역에 국한된 것이 아니라 넓은 범위를 포함한다. 이것은 환경적 재앙이며, 식량을 생산하고 분배하는 시스템과 제도가 완전히 붕괴된 상태를 의미한다. 기아가 되풀이되면서 개발도상국, 특히 아프리카 사하라 이남에서는 수많은 생명이 죽어가고 있다.

가뭄이나 홍수가 기아의 직접적인 원인이 되기도 하지만, 보다 근본적인 원인은 그 지역에 깊숙이 내재해 있는 문제다. 대부분의 기아는 비민주적인 독재 정권과 관련되어 있는데 이러한 정권의 정책은 기아에 지칠 대로 지친 국민들을 더욱 무기력하게 만든다. 독재 정권들은 거의 대부분이 무력을 사용하는 내전이나 전쟁에 깊이 관련되어 있으며, 가난한 국민들의 삶은 더욱더 비참해지고 있다. 아프리카 국가들은 정치적·분쟁의 근본적인 원인을 해결하지 못하고서는 기아 문제를 절대로 극복하지 못할 것이다.

내란이나 전쟁을 제외하면 가난이 기아의 가장 근본적인 원인이다. 사하라 사막 이남에서는 가난의 특징들이 유사한 형태로 나타난다.

원시적인 수준의 기술, 교육과 고용의 기회 부족, 여성에 대한 억압, 끔찍한 환경 조건(특히 물, 위생, 건강관리), 이런 환경에 사는 사람들은 때때로 발생하는 극한 기후나 흉년으로 인한 심각한 타격을 감당할 준비가 되어있지 않다. 이런 상황에서 기아는 마치 전염병처럼 퍼지는 것이 당연한 일이다.

기아는 세계 식량 안보의 극한 상황이 일부 지역에서 나타나는 것과 같다. 오늘날에는 모든 사람들이 먹을 수 있을 만큼 충분한 식량이 생산되고 있으며, 향후 몇십 년 내에는 이보다 더 많은 양이 생산될 것이다. 하지만 앞서 봤듯이 세계 식량 안보를 달성하는 일은 단순히 식량 생산 목표치를 달성하는 것이 아니다. 그것은 기아가 가장 잘 발생하는 지역까지 충분한 식량 생산을 달성하고 계속 유지해가는 것을 의미한다. 또한 가장 힘든 시기에 가장 가난한 가정에도 식량을 공급할 수 있는 시스템을 유지하는 것을 의미한다. 적절한 기아 방지 시스템을 위해서는 종합적인 농업기술의 발전과 상당한 수준의 정치상황 개선이 요구된다. 농업기술 발전은 달성이 가능하지만 정치상황 개선은 해결이 어려운 문제다. 『아프리카의 기아(Famine in Africa)』를 저술한 작가는 이를 다음과 같이 요약하고 있다.

오늘날에도 계속 발생하고 있는 세계 기아에 대해서는 변명의 여지가 없다. 기아란 지역사회부터 지구 공동체에 이르기까지 정책과 실행이 모든 단계에서 실패한 것을 의미한다. 지역사회와 정부 간의 협력을 통한 국민들의 중재는 기아를 효과적으로 극복할 수 있고 또 그렇게 하고 있다. 기아가 자주 발생하는 나라에 사는 국민들은 그러한 목적을 향한 괄목할 만한 진전을 기대할 권리가 있다. 먹을 것을 충분히 가진다는 것은 단순히 추상적인 인간의 권리가 아니다. 이것은 사회의 모든 것이 제대로 작동하는 데 필요한 기초가 되며 나아가서 지속가능한 발전의 원동력이 된다.[29]

지속가능한 농업 생산력 향상

지난 몇 세기 동안 식량 생산이 증가한 것은 주로 농경지 면적의 확대로 이루어진 것이었다. 오늘날에는 세계적으로 이용 가능한 토지는 대부분 이미 경작이 이루어지고 있으므로 앞으로는 경작지 면적의 확대를 통해 식량 생산을 증대시키기는 어려울 것이다. 그리고 지금까지 개발도상국에서 엄청난 식량 증산을 이룩한 녹색혁명은 경작지 면적을 늘리기보다는 주로 주어진 경작지에서 더 많은 식량을 생산하는 농업 생산력 향상으로 이루어졌다.

그러면 어떤 요인이 녹색혁명을 통한 농업 생산력 향상과 세계 곡물 생산량을 배가 시키는 데 기여했을까? 다음과 같이 정리할 수 있다.

• 수확량이 높고 병충해에 잘 견디는 개량 품종으로 대체했다.
• 화학비료와 농약의 사용을 증가시켰다.
• 관개시설을 더욱 확대 보급했다.
• 새로운 농기계와 기술을 도입했다.

생산력 향상 결과는 실로 놀라운 것이었다. 주요 작물의 수확량이 크게 늘어났으며 매년 생산되는 작물의 종류도 다양해졌다.

미래에도 농업에서는 녹색혁명에서 시작된 생산력 향상이 계속 될수 있는 방법을 찾아야 한다. 왜냐하면 21세기 전반부에 세계 인구가 계속 증가해도 식량 생산이 이보다 앞서가야 하며, 후반부에 세계 인구가 안정화되면 향상된 농업생산력이 계속 유지되어야 하기 때문이다. 간단히 말해서 미래에는 농업에 사용되는 토지, 용수, 에너지, 노동력 등과 같은 투자에 대비하여 더 많은 식량을 생산해야 한다.

대부분의 농업 과학자들이 이러한 점에 동의하면서도 생산력 향상이 과연 향후 반세기 동안에도 계속될 수 있을지에 관해서는 의견이 분분하다. 어떤 일이든지 낙관론자가 있으면 비관론자도 있게 마련인데 이것이 과학자들에게도 예외는 아니다.[30] 두 그룹 모두 똑같은 자료를 가지고 자료가 의미하는 실제 현상과 자료의 불확실성에 대해 양쪽이 비슷하게 동의하고 있다. 그들이 차이를 보이는 부분은 바로 주어진 자료에서 무엇을 더 중요하게 보느냐에 있다. 예를 들어 경제학자와 생태학자들로 이루어진 집단은 곡물 생산이 늘었다는 것만으로는 미래에 대한 낙관론이 잘못된 것일 수 있다고 주장한다. 왜냐하면 이러한 자료는 생산이 늘어남에 따라 발생하는 자연 자원의 손실을 포함하지 않고 있기 때문이다. 이러한 오류는 자연 자원(예를 들어 생태계로부터 얻을 수 있는 여러 효용 가치)을 일반적인 경제 지표로 표현할 수 없는 경우가 종종 있기 때문에 발생하는 것이다.[31] 이러한 학자들로 하여금 농업 생산성 향상에 대해 회의적인 시각을 갖게 하는 것은 자연 자원의 지속가능성에 대한 걱정이다.

근래에 농업 생산성 향상이 다소 둔화되고 있는 기미가 보인다. 일반적으로 농산물 생산량이 여전히 증가하고는 있지만, 일부 농산물에서는 증가율이 점점 감소하고 있다. 예를 들어, 전 세계 곡물 수확률(헥타르당 수확량)은 1967~1982년에 매년 2.2% 증가했지만, 1982~1994년에는 겨우 1.5% 증가했다.[32] 이러한 추세는 단기적인 것인가 아니면 장기적인 감소를 예고하는 것인가? 비관론자라면 이를 생산성 증대가 완전히 멈추게 되는 것을 예견해 준다고 생각할 것이고, 낙관론자라면 세계 식량 공급이 적어도 2020년까지는 계속해서 인구증가율을 앞설 것이고, 1인당 소비 가능한 식량의 양도 그때까지 7% 정도는 증가할 것이라는 예측에 주목할 것이다.[33]

그래서 궁극적으로 세계 식량의 미래를 결정하게 될 요인들에 대해 학자마다 각각 다르게 볼 수 있다. 의견의 차이를 보이는 또 다른 중요한 부분은 화학비료의 사용에 관한 것이다. 생산력 향상을 위해 토양에 적절한 영양을 공급하고자 앞으로 비료 사용이 늘어날 것이라고 예측하는데, 비관적인 측면에서는 질산에 의한 수질오염이나 해충 증가와 같은 화학비료 사용으로 인한 생물학적이고 환경적인 영향이 증대할 것이라는 우려도 제기된다. 이런 우려를 하는 일부 과학자들은 비료 사용을 현재보다 줄일 필요가 있다고 권고하며, 어떤 과학자들은 더 나아가 비료 사용을 극도로 줄일 것을 강하게 주장하고 있다. 그보다 낙관적이고 기술에 바탕을 둔 시각에서는 지금처럼 마구잡이식 살포에서 벗어나 방법을 개선하면 안전하게 화학비료의 사용량을 증가시킬 수 있다고 본다. 예를 들어 비료를 농작물의 종류에 따라 다르게 사용한다든지, 식물이 필요로 하는 질소의 양을 파악하여 적정 시기에 정확한 양을 살포하는 것이다.

관개 부문에 대해서도 매우 다른 입장 차이를 보이는데 이것은 농업 생산성 향상에 매우 중요한 역할을 하기 때문에 증가가 불가피한 상황이다. 개발도상국의 만성적인 물 부족과 높은 관개 비용에 대한 심각한 우려가 제기되고 있다. 낙관적인 관점에서는 정밀한 세류관개 (작물에만 물방울이 떨어지게 하는 관개 형태)와 고효율 살수장치 같은 기술의 향상으로 용수 사용의 효율성을 높일 수 있다는 점을 강조한다. 하지만 회의적인 시각에서는 관개 효율을 배로 증가시키는 기술이 과연 그것이 절실한 국가에서 이루어질 수 있느냐는 것과, 농업 생산성을 감소시키는 토양 염화와 알칼리화, 그리고 배수력 감소로 관개 농경지의 비옥도가 떨어질 것에 대해 우려하고 있다. 이러한 문제들은 보통 해소될 수 있지만 일반적으로 재정적인 부담이 크고 에너지 비용이 많이 든다. 이에 대해 낙관론자들은 다양한 기술 향상으로 그러한 비용을 줄일 수 있다고 주장하고 있다.[34]

생명기술과 제2의 녹색혁명

생명기술은 분자 수준에서 유전자를 조작하는 기술로, 더 좋은 의약품이나 식품 등을 생산하기 위해 생명체를 적절히 활용하기도 하며, 생명체의 좋지 못한 형질을 줄이거나 제거하기도 한다. 선진국에서는 생명기술의 혁명이 일어난 후 20년 동안 인간의 질병을 예방하고 치료하기 위한 새로운 진단기구, 의약품, 치료법에 엄청난 발전이 이루어졌다.[35] 지금까지 이러한 의료품들이 시장에서 받은 좋은 반응을 근거로 판단해보면 생명기술에 대한 매우 밝은 미래 전망을 내다볼 수 있다.

하지만 부유한 국가에서 생명기술이 개발되는 상황과 저개발국의 현실과는 너무 다르기 때문에, 사람들은 "지금의 생명기술이 세계의 빈민들이 직면한 문제와 무슨 상관이 있나?"라고 물을 수도 있다. 하지만 혁신적인 생명기술을 가난과 기아와 싸우고 있는 저개발국에 적용하는 것만큼 시급한 일도 없다. 부유한 국가들은 생명기술이 저개발국의 가난한 농부와 식량 소비자들에게 도움이 되도록 노력할 의무가 있다.

제2의 녹색혁명이라고 불리는 농업생명기술의 혁명은 선진국에서 지금 매우 순조롭게 진행되고 있다. 생명기술의 연구를 통해 수확량이 많고, 질병에 대한 저항력이 강하고, 환경에 유해한 화학물질을 조금 덜 살포해도 되는 식물을 생산할 수 있는 방법을 찾아내려고 노력한다. 미국에서는 여러 종류의 해충에 효과적으로 대처할 수 있는 유전자를 이식하거나 교배시킨 목화, 옥수수, 감자가 시장에 나오고 있다.[36] 1996년에 전 세계 170만 헥타르의 땅에서 유전자 조작 농작물이 경작됐다. 1998년에는 이 면적이 2,800만 헥타르로 급증했고, 그중 약 60%는 미국, 중국, 남미에 있다.[37] 누구도 유전공학이 세계를 기아로부터 구원할 완벽한 해결책이 되리라고는 예상하지 않지만 유전공학이 제3세계에서 농작물의 품질과 수확량을 향상시킬 가능성은 매우 크다.[38] 이러한 잠재력과 이미 이루어진 많은 진전 때문에 나는 앞에서 기아와의 전쟁은 이미 이긴 것이라는 확신을 가지고 글을 쓸 수 있었다.

개발도상국에서 생명기술 연구는 가장 우선적으로 식량 자원(특히 곡류, 육류, 유제품 생산) 확보에 주로 집중되어 있다. 만약 현재 중국 후난 성에서 진행되는 연구에서 기존의 품종보다 쌀 생산량을 15~20% 정도 확실히 증가시킬 수 있는 새로운 품종 개발에 성공한다면 중국의 쌀 생산량은 엄청나게 늘어나게 될 것이다.[39] 중국의 쌀 경작지 중 절반이 품종 개량된 쌀을 생산하고 있으며, 기존의 전통적인 쌀이 헥타르당 5.2톤 생산되는 것에 비해 품종 개량된 쌀은 평균 6.8톤을 생산되어 이 증가분으로 연간 1억 명의 중국인들을 추가로 부양할 수 있게 됐다.

쌀은 코스타리카에서도 가장 중요한 주식으로 1일 섭취 칼로리 중 3분의 1을 차지하는데, 살충제와 살균제 사용이 늘어나면서 생산비는 계속 증가하고 있지만 수확량은 그대로다. 새로운 쌀 품종을 개발하려는 생명기술 연구가 이곳에서도 이루어지고 있는데, 수확량 증가를 위한 유용한 형질을 갖고 있을지 모르는 지역 야생종의 세포를 사용하는 것을 연구 전략으로 하고 있다.[40]

태국의 새우 양식업계는 진단 유전자 연구를 이용해 병원성 바이러스로 인한 만성적인 손실을 줄여 1996년 5억 달러 이상을 절약했다.[41] 태국은 또한 고품질의 향이 나는 쌀을 생산하고 있는데 도열병으로 인한 낮은 생산성만 극복한다면 세계 시장에서 경쟁력을 갖게 될 것이다. 그래서 이 질병에 대한 저항력을 높여줄 유전자를 찾는 연구가 진행 중이다.

하와이에서는 코넬대와 공동 연구를 통해 바이러스성 윤문병에 대해 저항력이 있는 파파야 품종을 개발했다. 연구 결과 덕분에 파파야 산업이 다시 살아났다.[42] 과거 수확량을 완전히 망쳐버렸던 윤문병 바이러스에 대한 유전자 백신을 파파야 나무에 주입하여 면역력을 향상시킨 것이다. 이 연구로 과거 이 질병으로 피해를 입었던 소규모 농가들이 다시 파파야를 경작할 수 있게 됐다. 바이러스성 황금 모자이크병에 대한 내성을 갖도록 하기 위해 일반 콩에 대해서도 이와 유사한 연구가 진행되고 있다.[43]

비타민A 부족으로 수백만 명의 어린이들이 사망하거나 실명하는 것을 막기 위해 개발도상국 곳곳에서 비타민A의 전구물질(원료물질)인 베타카로틴을 생산하는 유전자를 주입하여 새로운 쌀 품종을 개발하는 연구가 진행되고 있다.[44] 스위스 연구팀이 이러한 형질을 가진 쌀을 처음 개발하여 세계 곳곳의 국립 쌀 연구기관에 무료로 보급했다. 세계 각국의 쌀 연구소는 자국의 농부들이 재배하는 기존의 쌀 품종에 이 형질을 집어넣어 새 품종을 만들어내게 될 것이다.[45]

이러한 예들은 크게 두 가지 사실을 보여준다. 첫째, 개발도상국들이 선진국의 생명기술을 자신들이 당면한 농업문제 해결에 적용하기 위해 노력하고 있다는 것이다. 둘째, 이러한 노력의 정도가 개발도상국에서의 생명기술 필요성과 앞으로의 발전 가능성에 비해 미미하다는 것이다. 그 가능성을 실현하려면 지속가능한 미래를 갈망하는 모든 이들(정부, 기관, 기업, 개인)은 함께 돈과 인력을 투자하여 이 중요한 과제를 지원해야 한다. 하지만 이 지원은 단지 경제적 현실에 의해 무시되고 있다. 제3세계 농부들은 시장경제와는 관계없이 생활하고 있다. 그리고 생명기술 연구를 통해 개발된 상품 대부분은 다국적 농업기업들에 의해 거래되고 있지만 그들은 상품을 구매할 경제적 여유가 거의 없다. 만약 가난한 나라의 영세 농민들이 생명기술로부터 파생되는 혜택을 나누어 가질 권리가 있다면, 선진국들은 도와줘야 할 의무가 있다. 가난한 나라의 농민들은 분명 이러한 혜택을 받을 권리가 있다.

생명기술 반대운동

일부에서는 생명기술에 도움의 손길을 내밀기보다는 오히려 주먹질을 하고 있다. 환경운동의 일부에서는 생명기술을 강력히 반대는 그룹이 있는데 이들은 생명기술의 발전과 사용을 불신하고 이를 아예 금지하려 한다. 생명기술 반대는 유전자 변형 식품으로 인한 위험을 과장하고 혜택은 부정하는 것에 그 뿌리를 두고 있다. 사실 생명기술의 위험은 극히 작고 잠재하고 있는 혜택은 매우 크다. 그뿐만 아니라 유전자 변형 식품이 전혀 새로운 것도 아니다. 우리가 지금까지 먹어온 음식의 거의 대부분이 자연발생적인 유전자 돌연변이 또는 유전자 재결합의 산물이다. 인간이 농사를 짓기 시작한 이래로 수천 년 동안, 동식물은 대개 선택적 교배를 통해 유전적으로 변형되어 오면서 쇠고기, 밀, 옥수수, 귀리, 감자, 호박, 쌀, 벌꿀, 포도를 제공했으나, 이것이 인간과 환경에 해롭다는 증거는 없다. 기존의 선택적 교배에 어떤 위험성이 있는지 간에 그것은 매우 작았다. 유전공학을 통해 특정 유전자를 추가하는 것은, 그렇게 생산된 산물을 정교하게 통제하기 때문에 오히려 덜 위험하다. 실제로 1994년 이래 3억여 명의 북미대륙의 소비자들은 수억 에이커에서 재배되는 캐놀라, 곡물, 감자, 파파야, 강낭콩, 호박, 사탕무, 토마토를 포함한 수십 종의 유전자 변형 식품을 먹어왔지만 이 때문에 문제가 발생했다고 보고된 적은 한 번도 없다.[46]

농작물의 유전자를 변형함으로써 농부들과 소비자들은 많은 혜택을 받았다. 예를 들어 유전자 변형으로 제초제에 대한 내성을 강화함으로써 잡초와의 경쟁을 줄이고 제초제를 덜 사용하게 됐다. 이렇게 하여 제초제 비용을 줄이고 동시에 품질 향상을 가져왔다. 또한 유전자 변형으로 병충해에 대한 저항성을 향상시켜 비용을 낮추고 생산성을 높였다. 유전자 변형은 토마토의 숙성을 지연시키는 데에도 사용하는데 이로써 더 오랫동안 저장할 수 있게 됐고, 수확이나 시장으로의 운송에도 도움을 주게 됐다. 콩이나 식물성 기름에서는 유전자 변형이 포화 지방의 함유율을 줄이는 데 사용됐고, 어떤 콩 상품의 경우에는 인체에 유익한 단일 불포화 지방올레산을 24%에서 80%까지 증가시켰다. 이 외에도 맛이나 질감, 영양분은 높이고 튀길 때 지방 흡수량을 줄이거나 치즈의 숙성 또는 음식 가공에 있어서 몸에 좋은 효소의 사용을 늘리는 것, 그리고 사탕무의 열량을 낮추거나 땅콩 같은 음식의 알레르기 성분을 줄이는 것 등 많은 것들이 개선되고 있다.

유전자 변형 기술은 농업 역사상 그 어떤 농산물 교배 기술보다도 훨씬 더 철저히 검사해 왔다. 많은 나라의 정부와 대학에서 유전자 변형 식품의 안정성을 수년간에 걸쳐서 계속 조사해 오고 있다. 몇몇 식품들은 본래부터 위험한 것이 사실이다. 예를 들어 토마토의 유해한 알칼로이드 성분이나 브라질 땅콩의 알레르기 유발 성분이 그것이다. 하지만 이런 작물은 전통적인 방법으로 재배됐든 아니면 현대 기술로 재배됐든 결국 위험성은 똑같다. 유전자 변형으로 특별한 위험성이나 해가 발생한 일은 없었다. 만약 유전공학에 본질적인 문제가 있었다면 그것이 지금껏 드러나지 않았을 리가 없다. 하지만 지금까지 단 한 건도 보고된 적이 없다.[47]

특히 흥미로운 것이 식품의 알레르기인데, 유전자 변형을 반대하는 사람들은 유전자 변형 식품이 알레르기를 일으킬 위험이 크다고 주장한다. 이러한 주장은 알레르기 유발 물질과 같은 식품 성질이 종간에도 전달이 될 수 있다는 연구 결과를 잘못 해석한 결과다. 이 연구 대상에는 시중에서 판매되고 있는 식품들은 전혀 포함되지 않았다. 실제로 알레르기 유발 물질과 유전자 변형 식품과의 관계는 이와 정반대다. 과학자들이 특정 식품에 있는 알레르기 유발 물질을 생성하는 유전자를 감별하고자 개발하는 기술은 이러한 유전자를 제거하는 데 사용될 수 있다. 미래에 알레르기 성분이 전혀 없는 유전자 변형 땅콩, 유제품, 곡류, 해산물 등을 식료품 가게에서 사게 되는 날이 올 것이다.

유전자 변형을 반대하는 광고로 널리 사용되는 다음 이야기는 실험실에서 이루어진 준비 단계 연구를 잘못 해석한 것이다: "코넬대 과학자들이 그들의 실험에서 유전공학으로 변형된 옥수수(Bt Corn)의 꽃가루가 모나크 나비의 50%를 죽게 한 것을 알아냈다."[48] 사실 이 실험은 대조군이 부족했으며, 실제 자연계에서는 나비에게 꽃가루의 영향이 매우 미미하다는 것이 나중에 알려지게 됐다.[49] 그리고 미국 옥수수 밭의 3분의 1에 유전자 변형 옥수수를 심었는데도 멕시코의 모나크 도래지에 모여드는 나비의 숫자를 관찰해본 결과 전혀 문제가 없었다.[50]

대부분의 유전공학 전문가들은 많은 생명기술 반대론자들의 주장 이면에 있는 잘못된 생각을 잘 알고 있으며 유전공학이 가져올 혜택이 앞으로 일어날지도 모르는 위험성보다 훨씬 더 크다고 확신한다. 유전자(DNA) 구조의 공동 발견자이자 노벨상 수상자 제임스 왓슨

(James Watson)과 녹색혁명의 아버지인 노먼 볼로그(Norman Borlaug)를 포함한 2,100여 명의 전 세계 과학자들이 서명한 청원서는 다음과 같은 문구로 시작한다. "아래에 서명한 우리 과학 단체의 회원들은 유전자 재조합 기술이 생명체를 변형할 수 있는 매우 효과적이고 안전한 방법이며, 이 기술은 농업·보건·환경 분야에 활용되어 인류 삶의 질을 향상시키는데 확실히 기여할 수 있다고 믿는다."[51] 2000년 4월 미국 하원 보고서에는 농업 생명기술로 만들어진 식물 변종들과 기존의 교배 기술로 의해 만들어진 유사한 변종들 간에 큰 차이가 없다는 결론을 내렸다.[52] 동시에 미국과학위원회도 "시장에서 판매되고 있는 식품들이 유전자 변형 때문에 먹기에 안전하지 않다는 어떠한 증거도 찾아내지 못했다"라고 결론지었다.[53]

생명기술에 반대하는 주장들은 이른바 '사전 예방의 원칙'이라는 용어로 표현된다. 물론 모르거나 위험한 상황에 직면했을 때 조심할 필요가 있다는 것에 동의하지 않을 사람은 없을 것이다. 초창기 자동차와 비행기, 심지어 초창기 전구의 위험성에 대해서도 사람들은 당연히 조심했다. 그리고 2001년 9·11테러 이후에는 테러의 위험에도 당연히 주의하게 됐다. 하지만 유전자 변형 식품을 반대하는 사람들은 꽤나 지구를 위하는 척하면서 안전성이 완벽하게 검증되지 않은 기술에 대해서는 거부해야 한다고 주장한다. 그리고 그들은 사전 예방의 원칙을 혁신에 대한 두려움을 일으키는 수단으로 사용하고 있다.[54] "아무리 조심해도 지나치지 않다"라든지 "나중에 후회하기보다는 먼저 안전을 택하라"와 같은 진부한 생각들은 그 어떤 인간 활동도 위험에서 완전히 자유로울 수 없다는 매우 상식적인 사실을 철저히 무시한 것이다. 만약 같은 논리를 자동차 여행의 위험성에 적용한다면, 그것도 작긴 하지만 유전자 변형 식품보다는 훨씬 더 위험한 것이며, 그렇다면 아무도 자동차를 타려 하지 않을 것이다.[55]

과학이 절대적인 확실성을 보장해줄 수 없다. 하지만 과학은 대안으로 선택한 인간 활동의 위험성과 혜택을 비교할 수 있게 해 준다. 유전자 변형 식품을 반대하는 대부분의 사람들이 제시한 대안은 궁극적으로 모든 인류의 식량 수요량을 도저히 감당할 수 없다는 또 다른 위험을 수반하는 것이다. 이것은 막연한 전 세계적인 중단 선언(모라토리엄)이거나 아니면 무조건적인 반대에 지나지 않는다. 이런 식의 반대는 도덕성을 바탕에 두고 있다고는 해도 가져올 혜택보다는 위험성이 훨씬 더 심각하다.

만약 유전자 변형 식품에 대한 공포가 가난한 사람들의 어려움을 진정으로 걱정하고 환경에 깨어있는 시민들로 하여금 자신도 모르는 사이에 아프리카나 동남아시아의 개발도상국들이 더 좋은 음식을 더 많이 생산하는 길을 막고 세계 수백만의 어린이들이 계속 영양결핍, 기아, 질병에 시달리도록 방치하는데 동조하도록 한다면 그 얼마나 안타까운 일인가.

노벨상 수상자인 노먼 볼로그는 생명기술 반대 운동에 대해 다음과 같은 의견을 제시했다.

세계는 지금 100억의 인구를 먹여 살리는 기술이 있는데 그것은 현재 이용가능하거나 또는 연구가 많이 진척된 상태다. 현재로는 농부와 축산업자들이 이 새로운 기술에 대한 사용허가를 받을 수 있는가라는 질문을 하는 것이 더 시기 적절하다. 선진국의 극단적인 환경 운동가들은 이러한 과학의 진보를 막으려고 가능한 모든 방법을 다 동원하고 있다. 이 집단들은 규모는 작아도 큰 목소리를 내고 있으며, 매우 효율적이고 탄탄한 재정을 바탕으로 새로운 기술이 생명기술에서 비롯된 것이든 아니면 보다 전통적인 농업기술에서 비롯된 것이든 간에 그것이 매우 느리게 적용되도록 하고 있다. 나는 제3세계(특히 아프리카 사바나 이남지역)의 영세 농민들이 개량 품종과 비료, 농약 사용을 막으려는 사람들로부터 특별한 경고를 받은 적이 있다. 사실 지금 부유한 나라들도 과거에는 개량 품종과 비료, 농약을 사용하여 풍부하고 값싼 식품을 얻었고 이것이 그들의 경제발전을 가속시켰다. 부유한 나라는 이른바 '유기농법'으로 식량을 생산하는데 많은 돈을 쏟아 부을 여력이 있겠지만, 저임금과 식량부족으로 만성적인 영양결핍을 겪는 10억 인류가 사는 아주 가난한 나라는 그럴 수가 없다.[56]

부유한 나라에서 생명기술이 약품과 의료 진단에 응용되는 것은 매우 환영받고 있다. 왜냐하면 질병을 정복하는 획기적인 제품을 생산하는데 생명기술의 적용이 성공적이고 더 많은 잠재력을 가지고 있다는 것을 일반 국민들이 이해하고 고마워하기 때문이다. 농업 부분에서도 생명기술이 안전하고 효과적이라는 증거가 점점 쌓여가고 인체나 환경에 무해하다는 것이 알려지게 되면 부유한 나라에 사는 대부분의 소비자들도 결국 유전자 변형 식품이 점점 많아지는 것을 반기게 될 것이다. 수십억에 달하는 저개발국의 농민과 소비자들에게 제

2의 녹색혁명은 그들 식탁에 음식 몇 가지가 더 해지는 것 이상의 의미가 될 것이다. 그것은 보다 나은 삶을 이끌어주는 일등 공신이자 수억 인류의 생명을 살리는 구세주가 될 수 있다.

1   N. Sharma, ed., Managing the World's Forests(Washington, DC: World Bank, 1992).

2   S. Vosti, The Role of Agriculture in Saving the Rain Forest, 2020 Vision Brief 9 (Washington, DC: International Food Policy Research Institute, February 1995).

3   이것과 에너지 자원 문제 간의 차이점을 주목하라. 제8장에서 설명한 것과 같이 개발도상국에서 석탄과 석유 사용의 증가는 대체로 복원 가능한 오염문제를 발생시켰으나, 미래에도 에너지 자원은 충분할 것으로 기대되기 때문에 장기적인 에너지 공급 제한은 발생하지 않을 것 같다.

4   T. Malthus, An Essay on the Principles of Population as It Affects the Future Improvement of Society (London: J. Johnson, 1798).

5   P.R. Ehrlich, The Population Bomb(New york: Ballantine Books, 1968); P.R. Ehrlich, and A. Ehrlich, Population Explosion (New York: Simon & Schuster, 1990).

6   C.C. Mann, "Crop Scientists Seek a New Revolution," Science 283(January 15, 1999): 310.

7   노먼 블로그는 녹색혁명에 크게 기여하여 수백만 명의 생명을 구한 공로로 1970년에 노벨평화상을 수상했다.

8   R. Bailey, "Billions Served" (interview with Norman Borlaug). Reason(April 2000), www.reason.com; N.E., Borlaug, Feeding a World of 10 Billion People: The Miracle Ahead (Lecture given at de Montford University, Leicester, UK, May 31, 1997).

9   Mann, "Crop Scientists Seek a New Revolution."

10 워싱턴에 본부를 두고 있는 Consultative Group on International Agricultural Research와 International Food Policy Research Institute는 이 분야에서 가장 활발한 활동을 하는 단체에 속한다.

11 M.J. Cohen and D. Reeves, Causes of hunger, 2020 Vision Brief 19(Silver Spring, MD: International Food Policy Research Institute, May 1995).

12 여기서 '칼로리'는 식품의 라벨과 같이 일반적으로 사용하는 방식에 따라 사용한 것이다. 그러나 이것은 잘못된 표기이다. 정확한 과학적인 단위는 킬로칼로리, 즉 1,000칼로리이며 이것은 가끔 '많은 열량'을 의미는 용도로 사용되기도 한다.

13 Food and Agricultural Organization, Agriculture: Toward 2015/30 (Geneva: United Nations Food and Agricultural Organization, 2000).

14 United Nations, World Population Prospects: The 2000 Revision (New York: UN Population Division, Dept of Economic and Social Affairs, 2000).

15 P.E. Waggoner, "How Much Land Can Be Spared for Nature?" Daedalus (special issue, ed. J. Ausubel)125(3) (summer 1996).

16 K.G. Cassman, "Ecological Intensification of Cereal Production Systems: Yield Potential, Soil Quality, and Precision Agriculture,"Proceedings of the National Academy of sciences 96 (May 1999): 5952.

17 J., Macedo, Prospects for the Rational use of the Brazilian Cerrado for Food Production (Brazilian Agricultural Research Corporation, CPAC/EMBRAPA, Brasilia DF, 1995), cited in Borlaug, The Miracle Ahead.

18 Waggoner, "How Much Land Can Be Spared."

19 C. Delgado, M. Rosegrant, H. Steinfeld, S. Ehui, and C. Courbois, Livestock to 2020: The Next Food Revolution, 2020 Vision Brief 61 (Washington, DC: International Food Policy Research Institute, 1999).

20 W. Bender, An End Use Analysis of Global Food Requirements, Food Policy Statement 19, no. 4 (Silver Spring, MD: International Food Policy Research Institute, 1994).

21 상동.

22 Borlaug, The Miracle Ahead.

23 P. Pinstrup-Andersen, R. Pandya-Lorch, and M.W. Rosegrant, World Food Prospects: Critical Issues for the Early Twenty-First Century, 2020 Vision Food Policy Report (Washington, DC: International Food Policy Research Institute, October 1999).

24 이 주제에 관해 분석한 마크 코헨(Marc J. Cohen)과 돈 리브스(Don Reeves) 박사에게 도움을 받았다. 참고 자료: Cohen and Reeves, Causes of Hunger, 2020 Vision Brief 19; idem, Causes of Hunger, 2020 Vision Brief 29 (Washington, DC: International Food Policy Research Institute, May 1995).

25 World Bank, 1997 World Development Indicators (Washington, DC: World Bank,

1997).

26 A.F. McCalla, The Challenge of Food Security in the 21st Century (address given ar McGill University, Montreal, June 5, 1998).

27 Cohen and Reeves, Causes of Hunger, 2020 Vision Brief 29.

28 상동.

29 J. von Braun, T. Teklu, and P. Webb, Famine and Africa (Baltimore: Johns Hopkins University Press, 1999).

30 사람들을 낙관주의자와 비관주의자로 구분하는 것은 명백히 인간의 동기와 가치 판단의 폭을 너무 단순화하는 것이다. 그러나 이것은 심지어 과학자들조차 동일한 정보를 가지고 너무 다른 결론에 도달할 수 있다는 것을 보여준다.

31 G. Daily et al. (fifteen other authors), "Food production, Population Growth, and the Environment", Science 281 (1998):1291.

32 Mann, "Crop scientists Seek a New Revolution."

33 International Food Policy Research Institute, The World Food Situation: Recent Developments, Emerging Issues, and Long-Term Prospects (Washington, DC: IFPRI, 1997).

34 R.L. Naylor, "Energy and Resource Constraints on Intensive Agricultural Production." in Annual review of Energy and the Environment, vol. 21, ed. R. Socolow (Palo Alto, CA: Annual reviews, 1996), 99.

35 그 예가 인슐린이다. 도르나아제 알파(Dornase Alpha)는 낭성 섬유증을 치료하고, 인터페론 베타(Interferon Beta)는 여러 종류의 경화증 치료에 효능이 뛰어나며, 액티바스(Activase)는 심장마비를 치료하는 혈액 응고 용해제이다. 그리고 합성 간염(Hepatitis) B 백신은 간염을 예방한다.

36 Borlaug, The Miracle Ahead.

37 A. Sittenfeld, A.M. Espinoza, M. Monoz, and A. Zamora, "Costa Rica: Challenges and Opportunities in Biotechnology and Biodiversity" in Agricultural Biotechnology and the Poor, ed. G.J. Persley and M.M. Lantin (Washington, DC: Consultative Group on International Agricultural Research, 2000), 79.

38 G.J. Persely, "Agricutural Biotechnology and the Poor: Promethean Science." in Agricultural Biotechnology and the Poor, 3.

39 D. Normile, "Crossing Rice strains to Keep Asia's Rice Bowls Brimming." Science 283 (January 15, 1999):313.

40 Sittenfeld et al., "Costa Rica."

41 M. Tanticharoen, "Thailand: Biotechnology for Farm Products and Agro-Industries" in Agricultural Biotechnology and the Poor, 64.

42 D. Gonsalves, "Control of Papaya Ringspot Virus in Papaya: A case Study." Annual Review of Phytopathology 36 (1998):415.

43 M.J.A. Sampaio, "Brazil: Biotechnology Agriculture to Meet the Challenges of Increased Food Production" in Agricultural Biotechnology and the Poor, 74.

44 C. James and A. Krattiger, "The Role of the Private Sector" brief 4 in Biotechnology for Developing-country Agricuture: Problems and Opportunities, Focus 2: 2020 Vision, ed. G. Persley (Washington, DC: International Food Policy Research Institute, October 1999).

45 A. McHughen, Biotechnology and Food (New york: American Council on science and health, September 2000).

46 Working Group of Academies of Sciences, Transgenic Plants and World Agriculture (Washington, DC, National Academy Press, July 2000); McHughen, Biotechnology and Food.

47 McHughen, Biotechnology and Food.

48 Turning Point Project, Genetic Roulette (advertisement no. 3 in a series on genetic engineering) (Washington, DC: TPP, 2000).

49 McHughen, Biotechnology and Food.

50 Associated Press (AP). "Monarch Butterflies Abundant in Mexican Sanctuaries" Nando Media Online (November 1, 1999). See also T.R. DeGregori, Genetically Modified Nonsense (London: Institute of Economic Affairs, January 1, 2001), www.iea. org.uk.

51 C.S. Prakash et al., "Declaration of Scientists in Support of Agricultural Biotechnology" www.agbioworld.org/petition.phtml(2000).

52 N. Smith, Seeds of Opportunity: An Assessment of the Benefits, Safety and Oversight of Plant Genetics and Agricultural Biotechnology, report prepared for the Subcommittee on Basic science of the House Committee on Science, 106th Cong., 2d sess., 2000, www.house.gov/science.

53 National Research Council, Report of Committee on Genetically Modified Pest-Protected Plants (Washington, DC: National Academy of sciences, 2000).

54 그 예를 생명기술 반대 로비 활동을 하는 단체가 다음과 같은 제목으로 신문 광고를 낸 것에서 찾아볼 수 있다. 전환점: "생명체의 유전자 구조는 인간의 상업

적 이용을 위해 절대로 변형되고 침략되지 말아야 할 자연의 피조물이다. 지금 이 유전자들이 기업가들에게 점유당하고 있다. 모든 것이 변하게 될 것이며, 우리는 지금 역사상 가장 위험한 도덕적·사회적·생태적 위기로 향해가고 있다."

55 생명기술 반대론자들은 아마 자동차 여행의 위험은 자의적인 것이지만 유전자 변형식품을 먹는 것은 자의적이지 않은 것이라고 답할 것이다. 그러나 산업사회에서는 일상생활에서 자동차를 대체할 수 있는 것은 거의 없기 때문에 이러한 차이점에 대한 주장은 논란의 여지가 있다.

56 Borlaug, The Miracle Ahead.

제5장
물고기와 공유지의 비극

생물학자 개릿 하딘(Garrett Hardin)은 1968년에 발표한 논문에서 인간의 환경훼손 이유를 환경은 어느 한 사람이 아닌 여러 사람이 함께 소유하는 '공유지'이기 때문이라는 간단한 이론을 제안했다.[1] 하딘은 이 이론에서 공유지에 있는 자원을 아무나 자유롭게 가질 수 있다면 과잉 개발은 필연적이라고 말한다. 그리고 과잉 개발에 대한 사회 비용을 '공유지의 비극'이라 불렀다.

오래전, 나는 친구들과 먼 시골 호수로 하이킹을 갔다. 그곳에서 우리는 저녁 식사를 위해 물고기를 잡았다. 그 물고기는 우리가 잡기 전에는 어느 누구의 것도 아니었다. 물론 우리는 물고기 값을 지불하지 않았다. 하지만 우리가 호수에서 물고기를 잡음으로써 다음에 물고기를 잡는 것에 대해 개체수의 감소라는 사회 비용이 발생했다. 그때는 호수를 찾아오는 사람이 별로 없었기 때문에 그 비용은 생각할 필요조차 없을 만큼 대수롭지 않았다. 이후 그곳으로 가기 쉬워지면서 하이킹 인구는 늘어나게 됐고 호수는 낚시 장소로 유명해졌다. 물고기는 다시 채워지는 것보다 더 빠르게 줄어들었고, 머지않아 호수 주변에 '낚시금지'라고 쓴 푯말이 세워졌다. 이제는 그 호수에서 낚시를 즐기지 못한다. 이 하찮은 물고기 이야기가 세계 어업이 직면한 운명을 설명할 수 있을까?

반드시 그렇지는 않다. 많은 사람들이 세계 주요 어장 대부분이 어려움에 처해 있다고 주장할지라도, 그 어장들은 예전의 활력을 되찾을 수 있고 미래 식량 공급원으로서 중요한 역할과 지속적인 기여를 할 수 있다는 증거가 있다. 그뿐만 아니라 양식업도 주요 식량 공급원이 되고 원양 어업을 보조할 커다란 잠재력을 지니고 있다. 하지만 최근에 계속된 남획의 결과로 현재 원양 어업과 관련된 환경문제들이 심각한 상태다. 이러한 문제들은 전체적인 시야로 바라보는 것이 중요하다. 많은 나라에서 산업화가 빠르게 진행되면서 물과 공기가 심각하게 오염됐던 것을 상기해보자. 지난 몇십 년 동안 선진국은 자국 내 환경 질을 개선하기 위해 많은 노력을 해왔지만 바다는 세계가 공유하는 자원이기 때문에 어장의 지속성을 보장하기에 충분한 제도를 갖추지 못했다. 국제 사회가 병들어가는 어장을 치료하는 방법에 대해 아직 합의하지 못했지만 그렇다고 세계 주요 어장들이 완전히 죽었다고 주장하는 것은 너무 이르다.

바다는 세계의 가장 큰 공공자원 중 하나다. 바다는 모든 사람들의 것인 동시에 어느 누구의 것도 아니다.[2] 역사적으로 보면 모든 나라의 선원들은 '바다의 자유'를 만끽했다. 공해상에 있는 물고기는 항상 마음대로 얻을 수 있는 공유 재산이었다. 어업에 종사하는 사람들은 어획량을 최대화하는 것에만 신경을 썼고 남획의 가능성을 생각하는 사람은 거의 없었다. 어쨌든 물고기가 계속 잡히는 한 어족 자원이 무진장하다는 것에는 의심할 필요가 없었다. 특히 어족 자원의 규모를 측정할 적절한 방법이 없었기 때문에 잡는 것에만 열중했다. 미국에서도 어업은 수백 년 동안 번영했고, 뉴잉글랜드 연안의 어장에서 대구와 가자미 등은 수천 명의 어민을 부양했으며 수백만 명에게 식량을 제공했다. 오늘날 어업은 전 세계 2억여 명에게 일자리를 제공하고 인류가 섭취하는 동물성 단백질 19%를 공급한다.[3] 하지만 앞서 보았던 작은 호수의 사례처럼, 지금 지구의 바다는 남획으로 귀중한 자원의 지속성을 위협받고 있다.

남획은 왜 일어나는 것일까?

제2차 세계대전 이전에는 어민들이 전 세계 대부분의 어장에 아무런 제약을 받지 않고 접근할 수 있었다. 마치 바다의 관대함을 확인시켜주는 것처럼 세계 총 어획량은 매년 계속 증가했다. 제2차 세계대전 이후에는 항해 장비와 어구 그리고 어업 기술이 발달하여 어업의 안전성과 생산성이 크게 향상됐다. 생산 비용이 늘어나긴 했지만 수요도 꾸준히 증가하여 더 많은 어획량을 요구하게 됐다. 1950~1990년 사이 전 세계 어업용 선박 수는 두 배로 늘어나 심각한 과밀현상을 보였다. 이것은 한정된 자원에 대한 치열한 경쟁을 불러일으켰다. 그 결과 세계 어획량은 4배 이상 늘어났지만 생산비가 계속 증가하여 이익은 오히려 감소했다. 유엔식량농업기구(FAO)는 1993년을 기준으로 세계 어획량은 720억 달러 정도였으나 잡는 데 든 비용이 약 920억 달러였다고 추정하고 있다. 20세기 말을 기준으로 세계 총 어선 수는 바다의 지속성이 유지되면서 어업이 이루어지는 데 필요한 수의 2배가 넘는다. 자유경쟁 시장에서 이윤을 추구하는 기업들은 적자일 경우 사업을 그만두거나 파산하기 때문에 과잉 생산은 자연스럽게 줄어든다. 하지만 어업에서는 지난 몇십 년 동안 자유경쟁 시장이 유지되지 않았다. 대신 이 적자 산업을 수백억 달러의 정부 보조금으로 유지하고 있다. 이것은 어선 수를 더욱 늘리도록 인센티브를 부여하는 것이 되어 문제를 악화시키고만 있다. 특히 세계적인 대규모 어업에서 다양한 경제적·문화적 배경을 가진 경쟁자들이 남획에 앞장서고 있다. 왜냐하면 그들은 생계에 필요한 자원을 관리하는 일에는 과거부터 별로 협력해본 적이 없기 때문이다.[4]

자연 자원은 이러한 요인들로 심각한 도전을 받고 있으며 이대로는 지속성이 유지될 수 없다. 세계 어패류의 총 생산량은 1989년에 약 8,600만 톤으로 최고에 달했고 이후 거의 증가하지 않았다. FAO에 따르면 1990년대 중반에 세계 어장 74% 중에서 50%는 최대 용량으로 포획됐고, 15%는 남획됐으며, 7%는 어족 고갈 상태에 이르렀고, 2%는 과거에 남획된 것으로부터 회복된 것으로 나타났다.[5] 실제로 나타나는 고갈 상태는 당연히 지역에 따라 다르다. 인도양과 같은 몇몇 바다에서는 어획량이 점점 증가하는 반면 다른 곳에서는 끊임없이 감소하고 있다. 세계 15개 원양 어장 중 2곳을 제외한 모든 곳에서 생산량이 감소했고, 어떤 어장의 경우는 30% 이상 감소했다.[6]

일부 바다에서는 재난이라 불릴 만큼 심각하게 어족 자원이 감소했

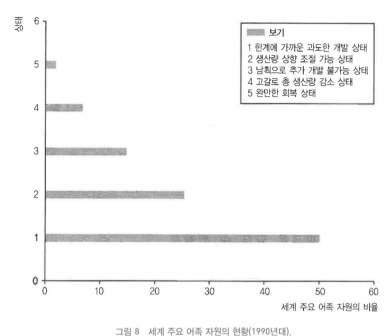

그림 8 　세계 주요 어족 자원의 현황(1990년대).

출처: 유엔 식량농업기구, Agriculture: Toward 2015/30, chapter 7(Rome: FAO, April 2000).

다. 경제적으로 가장 충격적인 감소 사례는 1950년대 캘리포니아 연안의 정어리 어장, 1960년대 알래스카 연안의 바다가재 어장, 그리고 1970년대 초 페루와 칠레 연안의 멸치 어장이다. 특히 페루와 칠레 어장에서는 선박의 80%가 사라졌다. 근래에는 캐나다 동부 해안의 대구 어장, 미국 뉴잉글랜드 해안의 대구·해덕(대구 비슷하지만 크기가 작은 물고기)·가자미 어장이 붕괴했다. 이때 10만여 개의 일자리가 없어지고 수백만 명의 생계가 위협받는 등 경제에 미친 간접적 영향이 너무 심각해서 이러한 붕괴를 재해로 간주했다.[7]

공유지의 비극을 막을 수 있을까?

이처럼 갑자기 어획량이 감소하는 상황을 어떤 사람들은 순수한 맬서스의 관점에서 바라보려 한다. 너무 많은 선박이 한정된 물고기를 잡으려 하고, 결국 어민들이 지구의 어족 자원을 마구잡이로 파헤쳐 멸종에 이르게 하는 공유지의 비극을 맬서스 이론에 비유하려는 것이다. 맬서스의 비관적인 관점에서 보면 세계 해양 어족 자원이 회복 불가능 상태까지 고갈되는 것은 오직 시간 문제다.

하지만 현실은 그렇게 단순하지도 않고 낙심할 일도 아니다. 앞에서 설명했던 것처럼 지금까지 계속된 치열한 경쟁과 정부 보조금 그리고 서툰 자원 관리가 남획을 유발한 것은 확실하다. 그뿐만 아니라 인간의 통제를 벗어난 요인들, 즉 해양온도와 해류, 물고기 개체수에 영향을 주는 기후 변동, 그리고 어류 산란과 생존에 영향을 주는 자연의 변화 역시 한몫하고 있다. 이러한 상황을 반전시키고 공유지의 비극을 피하기 위해 인간이 통제할 수 있는 요인과 그렇지 못한 요인들을 좀 더 잘 이해할 필요가 있으며, 우선 통제 가능한 요인에 노력을 집중해야 한다. 다행히도 해양학자들이 해양 생태계와 자원에 대해 복잡하지만 활용 가치가 높은 정보를 점점 더 많이 제공함으로써 전 세계에 걸쳐 이해 정도를 증가시키고 있다. 또한 각국 정부와 국제기구들이 해양 자원을 지키기 위해 더욱 활발하고 협동적인 행동에 착수하기 시작했다. 아무튼 공유지의 비극은 결코 피할 수 없는 현상은 아니다. 자원을 공동으로 사용하면서도 인류가 협력하여 과잉개발을 막고 지속가능성을 달성하는데 성공한 사례는 많다.[8]

어업이 어족 자원에 미치는 영향

눈에 보이는 것보다 더 많은 일들이 어업으로 인해 발생한다. 직접적인 영향은 물론 서식지에서 물고기를 잡아냄으로써 자원을 감소시키는 것이다. 잡은 물고기가 포식자이거나 먹이 사슬의 꼭대기 가까이에 있는 종이라면 복잡한 간접적인 영향을 유발할 것이다. 어업으로 인해 해양 생태계의 개체군 특성을 바꿀 수 있는 사건들이 연속적으로 일어난다.[9] 북서 지중해 연구에서 물고기(포식자)의 포획은 그 먹이인 성게의 개체수를 증가시키고, 이것은 성게의 먹이가 되는 동물성 플랑크톤을 고갈시키며, 이것은 다시 동물성 플랑크톤의 먹이가 되는 식물성 조류를 증가시켜 조류 덩어리가 남게 되는 현상을 보고했다.[10] 이러한 변화는 먹이와 포식자로 이루어지는 생태계의 균형에 영향을 주고 궁극적으로 어족 자원의 생존에 영향을 미친다. 불행히도 해양 생태계 연구에서는 어업이 주는 영향에 대한 확실한 결론을 얻기 힘들다. 왜냐하면 해양 생태계가 너무 복잡할 뿐만 아니라 인간의 영향을 받기 전의 생태계 특성을 규명한 기초 연구가 거의 이루어져 있지 않기 때문이다. 하지만 한 가지 결론은 분명하다. 어업이 집약적일수록 생태계에 미치는 간접적인 영향은 더욱 심각해질 것이다. 생태계의 관점에서 보면 남획은 최악으로 가는 시나리오다.

자연에 의한 어족 자원의 변화

인간의 남획이 어족을 고갈시키는 유일한 원인이라는 일반적인 생각에도 불구하고, 해양 생태계는 인간에 의한 영향만큼 자연 현상으로 인한 물리적 환경 변화에도 영향을 받는다는 증거가 있다.[11] 한 예로 1976년에 북태평양에서 발생한 자연 현상으로 인한 알류샨 저기압 증대는 많은 생물학적 변화를 가져왔다. 엽록소 농도가 증가하고[12] 이것은 알래스카의 연어 어획량을 증가시켰으며,[13] 북알래스카만에서 우점종이 새우에서 어류로 바뀌게 됐다.[14] 또 다른 예로는 세계 각지의 연안 생태계에서 정어리와 멸치의 개체수 변화를 들 수 있다.[15] 이러한 현상들은 인간의 어업에 의한 것이 아니라 넓은 해역에서 장기간에 걸쳐 일어난 물리적 조건의 변화 때문에 발생한 것이다.[16]

물고기 개체수의 자연적인 변화에 주목하는 목적은 인간 활동이 주는 영향을 이해하는 것이 중요하지 않다는 것이 아니라, 과학적 지식을 효율적인 자원 관리에 활용하기 위해서는 피할 수 없는 불확실성을 이해하고 균형 잡힌 관점을 가질 필요가 있다는 점을 강조하기 위함이다. 실제로 많은 경우 자연 현상에 의한 어족 자원의 변화에 대해 전적으로 인간에게 그 책임을 전가시키는 일부 환경주의자들과 언론은 정부가 비효율적이거나 잘못된 정책을 시행하도록 유도할 소지가 있다.

양식업

현재 인간이 소비하는 물고기의 75% 이상이 자연에서 생산되는 것이지만 물고기 사육이나 양식업에서 얻는 비율이 급속히 증가하고 있다.[17] 양식업은 세계 식량생산에서 가장 빠르게 성장하는 분야로 1984년 이후로 매년 약 10%의 증가율을 보이고 있다. 여기에 비해 육류 생산량은 3%, 물고기 어획량은 1.6% 증가에 그친다.[18]

양식업은 세계적으로 물고기의 주요 공급원이 되어가고 있다.

1990년에 세계 어패류 생산량의 13%를 차지했던 것이 1998년에는 25%로 증가했다.[19] 아시아는 세계 양식업의 선두주자로 현재 세계 양식업 생산량의 약 90%를 차지하고 있으며 중국이 그중 4분의 3을 차지한다. 아시아의 양식업은 아프리카와 라틴아메리카 양식업이 차지하는 세계 생산량 비율을 각각 0.5%와 2% 이하로 떨어뜨렸다.[20] 개발도상국에서는 잉어와 틸라피아가 가장 일반적인 양식 어종인데, 현재 전 세계적으로 200여 종이 논, 연못, 가두리 어장 등에서 양식되고 있으며, 품종 개량으로 좋은 종들이 만들어져 양식 어종 수가 점점 늘어나고 있다.[21] 연어나 바다새우, 굴과 같은 일부 고가의 어패류도 상당량이 양식업으로 생산되고 있다.

하지만 양식업은 아직 경작 농업이나 축산업과 같은 수준의 주요 식량 공급 시스템으로 고려될 정도는 아니다. 만약 양식업이 최근 정체되어 있는 원양어업 어획량과 세계 식량 수요량의 차이를 메울 만큼 성장한다면 당연히 그렇게 될 것이다. 더욱 중요한 것은 과거부터 널리 양식을 해오지 않은 국가에서는 적절한 제도적 지원이 이루어지면 양식업이 농촌의 빈곤 퇴치에 아마 크게 기여할 수 있다는 사실이다.[22]

양식업은 역사적으로 아시아 국가, 특히 중국, 인도네시아, 베트남에 집중되어 있었다. 근래에는 농촌의 양식업을 촉진시키기 위해 태국, 캄보디아, 라오스, 방글라데시 지역에 국제적인 후원이 많이 이루어지고 있다. 이러한 후원은 산란, 수정, 배양, 사료 공급 등 양식에 필요한 기술을 영세 양식업자들에게 교육하는 것이 대부분이다. 처음에는 농촌에서 양식하는 대부분의 사람들은 자급자족에 급급하지만 어느 정도 성공을 거두고 자신감이 생기면 보통 판매에 관심을 가지게 된다. 특히 생산량이 자신들이 필요로 하는 양보다 많을 때 판매에 눈을 돌린다. 이때 많은 양식업자들은 고소득을 기대하면서 시장경제에 참여하게 된다. 영세 농민들이 가난에서 벗어나기 위한 방법으로 양식업을 택할 때, 처음에는 양식장과 물고기 관리에 필요한 교육과 훈련이 부족하여 여러 가지 어려움과 실패를 겪을 수도 있다. 하지만 그들은 경험을 쌓아가면서 양식장의 환경 관리가 장기 생산성과 지속성을 위한 중요한 요소임을 알게 된다.

양식업은 선진국에서도 크게 성장해왔으며 양식업자들은 영세 수준에서 대규모 다국적 기업 수준에 이르기까지 다양하다. 유럽 국가들은 송어, 연어, 홍합, 굴 같은 어패류를 주로 양식해왔으나 근래에는 세계 시장에서 매매가 잘되는 농어, 감성돔, 가자미 등의 외래 어종에 관심을 보이고 있다. 선진국에서 양식 산업은 다른 자원의 경우처럼 식품 안전성을 향상시키고 자연 자원의 지속가능성을 확보하기 위해 점점 엄격한 환경 규제를 받고 있다.

어업과 가난한 사람들

아주 가난한 나라에 사는 어민들의 참상을 우리는 주목해야 한다. 이들의 현실은 제2장에서 언급한 비극적으로 척박해진 토양에서 살아가는 제3세계의 영세농민들과 여러 가지 점에서 유사하다. 아주 가난한 나라의 해안에 거주하는 많은 사람들이 어족 자원을 남획하고 산호초를 파괴하는 것이 바로 그 경우다. 고기 잡는 것 이외에는 어떤 수입원도 없는 사람들이 점점 더 많이 해안으로 이동하여 연안에 서식하는 적은 어족 자원에 대해 서로 경쟁할 수밖에 없다. 그래서 이들에게 남획은 반칙이라기보다 당연한 규칙이다. 어떤 어민들은 어획량을 증대시키기 위해 다이너마이트를 이용하여 암초를 폭파시킨다. 서식지가 사라지면 결국 어족 자원이 감소하기 때문에 암초를 파괴하는 것은 매우 근시안적인 행동이다. 하지만 아사 직전의 사람들이 자원을 장기간 관리하여 얻는 이익은 생각지 않고 근시안적으로 행동하는 것은 충분히 이해가 된다.

생계를 위해 당장 물고기를 잡아야 하는 가난한 나라의 어민들은 종종 자원 남획이라는 악순환의 함정에 빠지곤 한다. 반대로 부유한 나라 어민들은 남획 문제를 피해 가는 좋은 방법을 알고 있으며 이에 유연하게 대처하고 있다. 그들은 수질오염과 대기오염을 극복하는데 사용했던 방법을 남획에도 적용할 수 있고 또 그렇게 해야만 한다. 부유한 나라에서는 이러한 환경문제가 대부분 통제되고 있다. 어업으로 인한 자원 파괴는 좀 더 최근의 문제이고 만약 과학적인 노력이 지속적으로 이루어진다면 대부분의 문제는 회복될 수 있다.

어족자원의 지속가능성을 어떻게 달성할 것인가

남획으로 인해 발생하는 문제들은 지금까지 해결되지 않고 있다. 개인이나 정부 그리고 국제적인 차원에서 수행된 많은 연구는 소중한 식량 자원이 미래에도 지속가능하기 위해서는 어업의 구조와 어획 방법을 바꿔야 한다는 결론을 내리고 있다. 문제의 심각성이 널리 인식되고 있으며 이를 해결하려는 노력과 정치적 의지가 점점 커지고 있지만 아직 어떤 방향으로 바꿔야 하며 어떻게 추진해야 하는지에 관해 전 지구적 합의가 이루어지지 않고 있다. 하지만 합의가 이루어지지 않아 세계 어업이 중단될 것이라는 언론의 예측은 타당하지 않다. 자연은 우리가 믿을 수 있는 어떤 것보다도 훨씬 더 강하다. 만약 적절한 과학적 조치만 취한다면 유엔식량농업기구가 고갈됐다고 주장하는 소수의 어장을 제외한 대부분의 어장은 다시 과거의 생산성을 회복할 수 있다. 이미 시행중이거나 제안된 몇 가지 예를 살펴보자.

아마 가장 폭넓은 지지를 얻는 방법은 강력한 규제에 기초한 공동 관리다. 유럽공동체(EU) 15개 국가는 1983년 이후부터 잡는 어업과 기르는 어업(양식업)에 대해 참여국 모두 단일 어업정책을 시행하고 있다. 이 정책의 적용 대상인 약 25만여 명의 어민들은 지역 어민들에게 어업권이 있는 연안 벨트를 제외하고는 EU에 소속된 모든 국가의 수역에 동등하게 들어갈 수 있다. 이 규정은 잡을 수 있는 어종과 연간 최대 어획량을 제한할 뿐만 아니라, 잡는데 소비되는 최대 시간과 치어와 포획 대상이 아닌 물고기를 잡지 않기 위해 필요한 기술을 지정할 정도로 세밀하다. 어선 수와 크기 또한 규제 대상이다.

유럽국가 정책은 과잉 포획을 줄이기 위해 회원국들의 어획량을 30% 정도 감축하도록 요구하고 있다. 몇몇 나라들은 거의 그 수준까지 감축을 달성했다. 하지만 각 회원국들이 어획 할당량을 받아들이고 또 지키기 위해서는 어려움이 크다. 이 할당량은 항상 자영 어민들이 위반하기 일쑤다. 또한 깊은 문화적 차이가 회원국을 분열시킨다. 그 예로 조상들이 수천 년 동안 물고기를 잡아온 아일랜드 어민들의 불만을 들 수 있다. 이들은 EU에서 제한하는 어획 할당량은 아일랜드의 사회경제적이고 문화적인 구조를 적대시한 것으로 믿고 있다.

이 독특한 유럽식 접근법은 중앙정부의 강제 규제 시스템이 갖기 마련인 한계와 비효율성을 보여주며 동시에 EU의 역사와 정책에만 특징적으로 나타나는 요소들을 포함하고 있다. 그래서 유럽식 어업 정책은 아마 남획을 유발하는 근본적인 동기를 바꿀 수 있는 대안이 별로 없기 때문에 아직 큰 성공을 거두지 못하고 있는 것 같다. 하지만 이 정책은 아직 초기 단계에 있다. 만약 지금의 문제를 해결하고 앞으로 이 정책이 유럽의 공동 어족 자원의 미래를 안전하게 보호할 수 있는 가능성을 보여준다면 개선될 수 있을 것이다.

공유지의 비극을 피할 수 있는 좀 더 신중하고 보다 효과적인 다른 방법이 있다. 많은 곳에서 지역 어민들이 정부의 간섭을 거의 받지 않고 어장을 관리하는데, 그러한 관리는 남획 방지에 성공적이다. 대부분의 경우 이러한 방식은 지역사회에 기반을 두고, 스스로 발전해왔으며, 비공식적으로 조직됐다. 아주 좋은 예로 세계에서 가장 큰 대구 어장 중 하나인 노르웨이의 로포텐 어장(Lofoten Fishery)을 들 수 있다.[23] 이곳은 할당량 규제 없이, 어떤 특별한 허가제도 없이, 노르웨이 정부의 간섭 없이 자체적으로 규제되고 있다. 자율 규제를 하게 된 동기는 19세기 후반에 이곳 어장에서 발생하게 된 어업 장비에 관련된 복잡함과 마찰 문제에서 비롯됐다. 로포텐 어장의 어민들은 이러한 문제를 해결하기 위해서 규제의 필요성을 알게 됐고 스스로 그것을 규제하기를 원했다. 그들이 만들었던 제도는 100년 후에도 여전히 제 기능을 잘 발휘했고, 1983년 이 어장의 대구 수출은 1억 4000만 달러가 넘었다. 로포텐 제도에는 적절히 분할된 15개 관리 구역이 있다. 각 구역에는 자체 규정을 만들고 적용하며 집행하는 위원회가 있다. 이 위원회는 어민들 사이에 발생하는 분쟁도 해결한다.[24] 로포텐은 스칸디나비아 사람들의 실용주의와 가장 멋진 협동을 보여주는 예다.

공동 자원의 자율 규제가 이루어질 수 있는 조건들은 엘리너 오스트롬(Elinor Ostrom)의 학술 연구에서 정의됐다. 그는 과잉 개발하지 않고 장기간에 걸쳐 성공적인 자율 관리가 이루어진 공동 자원의 많은 예를 제시했다.[25] 오스트롬에 따르면, 자율 관리는 물리적 경계가 뚜렷한 곳에서 가장 성공적이었고, 규정은 그 지역의 상황과 아주 밀접한 관련이 있으며, 규정을 어기면 그에 따른 제재가 분명하게 있었다. 강한 공동체의 전통과 정부의 불간섭 또한 자율 규제의 필수 요건이다. 이 두 가지 모두 노르웨이 어장의 예에서 찾아볼 수 있다.

공동 관리와는 완전히 다른 생각을 하는 사람들도 있다. 이들은 어민들에게 그들의 생계 수단인 어족 자원을 보호하려는 인센티브를 증가시켜주는 것을 주장한다. 이 관점에 따르면 그러한 인센티브를 제공하는데 있어서 사유 재산권이 정부의 규제보다 훨씬 더 효과적이다. 이것은 토지에 대한 재산권과 유사하다. 잘 관리된 재산의 가치는 상승하는 반면 그렇지 못한 재산의 가치는 떨어진다. 만약 물고기가 사유 재산이라면 어민들은 자신들의 생계를 위협하거나 미래 어획량을 감소시키면서까지 물고기를 잡으려고 서두르지도 않을 것이며, 그들이 소유한 어족 자원을 고갈시키려고도 하지 않을 것이다. 이러한 접근법은 토지에 대한 중세 공동소유권에서 오늘날 거의 모든 지역에서 공식적으로 인정되는 사유 재산 제도로의 전환과 유사하다.[26]

어장에 대해 사유 재산 제도를 시행하는 것은 물고기를 제자리에 머무르게 할 수 있는 연안 어장에서 가장 가능성이 있어 보인다. 해안선은 분할도 가능하고 개인은 자기 지역에서 물고기의 독점적 소유도

허락될 수 있다. 상업적 가치가 큰 물고기가 잡히는 해안으로부터 점점 멀어짐에 따라, 명확한 소유물 경계도 없는 물위에서 구획을 정하고 불법 침입을 감시하는 것은 점점 더 어려워진다. 하지만 최근 인공위성을 이용한 감시와 같은 새로운 기술의 발달은 그러한 지역에 권리를 할당할 수 있는 가능성을 높일 수 있을지 모른다.[27]

비록 어떤 국가도 아직까지 바다의 어족 자원을 민영화하지는 못했지만, 뉴질랜드와 아일랜드는 가장 광범위하게 재산권 관리를 실험했다. 뉴질랜드는 관할권을 가진 각 어장에 상업적으로 잡는 어종의 '총 허용 어획' 할당량을 설정하여 기업에 팔았다. 기업은 이 할당량을 분할할 수 있고 사고 팔 수 있는 자산으로 취급할 수 있다. 이 제도는 전체 어획량을 증가시켰고 대부분의 어족을 안정화시켰으며 뉴질랜드 어장을 장기간 관리하는 개념을 제공했다. 아일랜드도 비슷한 제도를 시행하고 있다. 이 제도는 청어 어획량을 크게 증가시켰고 대구 어획량도 상당량 증가시켰다. 할당량 소유권자의 주장에 따라 아일랜드는 대구 할당량을 줄였고, 이것이 대구 어군에 좋은 영향을 미치는 것으로 나타났다.[28]

연어와 댐

힘 있고 단호한 두 조력자들이 주요 환경 논쟁의 반대편에서 각각 지지할 때 해결은 아주 어렵고 시간도 오래 걸리기 쉽다. 댐과 연어가 그 경우다. 미국 워싱턴주에 있는 스네이크강에 60년 동안 여러 개의 댐들이 건설됐고, 수력발전을 통해 태평양 연안 북서 지역에 미국에서 가장 싼 전기를 공급했다. 댐은 수천 개의 일자리를 만들었고 아이다호주 루이스톤을 태평양으로부터 몇백 km 떨어진 내륙 항구로 변모시켰다. 하지만 스네이크강이 원산지인 몇 종의 연어에게 댐은 축복이 아니라 매년 산란장소인 강 상류로 이동하는 것을 방해하는 큰 장애물이었다. 오늘날 이 강의 연어는 수십만 마리에서 1만 마리 수준으로 감소했고 모든 연어 종이 멸종 위기에 처하게 됐다.

댐은 스네이크강 연어가 처한 위기에 대한 명백한 비난의 대상이 되어왔으며 연방 정부는 연어를 구하기 위해 댐의 일부를 제거하는 비용으로 30억 달러 이상을 소비했다. 하지만 어떤 효과도 보지 못했으며 지금은 과거에는 생각조차 못했던 일이 논의되고 있다. 10억 달러의 추가 비용을 들여 스네이크강에 있는 4개의 주요 댐을 모두 제거하자는 것이다. 『뉴욕타임스』는 이에 대해 다음과 같이 쓰고 있다. "결국 문제는 연어를 보호하는 것이 댐이 워싱턴주 서부 지역과 아이다호주 일부 지역에 주는 경제적 이익을 능가할 것이냐에 귀착된다."[29] 예상했던 것처럼 댐 제거에 대한 반대는 거셌고 워싱턴에서 온 상원의원은 댐을 붕괴시키는 것은 이 지역의 '되돌릴 수 없는 재난이자 경제적 악몽'이 될 것이라고 강변했다.[30] 이 글을 쓰고 있는 지금(2001년 4월)도 댐은 여전히 존재하고 있다.

저명한『사이언스』지에 2000년 10월 게재된 연구 논문에는 알래스카 속아이 연어(Sockeye Salmon)의 개체수가 지난 300년 동안 자연적으로 변동해왔다는 증거가 보고됐다. "속아이 연어의 개체수는 자연의 기후변화에 따라 급상승했다가 다시 슬그머니 감소하는 현상을 반복해왔다. 어민들이 생계 유지를 위해 그물을 던져 연어를 잡기 훨씬 이전부터 이 변동은 있어왔다."[31] 그동안 북태평양에서 나타난 해양온도

변화가 스네이크강의 연어 개체 수에 어떠한 영향을 미쳤는지는 잘 알려져 있지 않다. 하지만 댐이 연어 개체수를 감소시키는 유일한 요인이 아니라는 가능성은 존재한다. 그러한 불확실성 때문에 생물학자들은 댐을 없애는 것이 정말로 연어를 보호하는 것인지에 대해 확신하지 못하고 있다.

한 가지 확실한 것은 미국 북서 지역에 서식하는 이 대단한 연어는 귀중한 국가의 재산이라는 사실이다. 그리고 대부분의 사람들은 연어가 멸종되는 것을 원하지 않는다. 만약 인간의 활동이 연어에게 해를 입히기도 하고 연어를 보호할 수도 있다는 사실이 확실한 과학적 증거로 나타나면, 미국이라는 부유한 나라는 연어를 보호할 수 있는 방법도 있고 또 그렇게 할 것이다. 반대로 이러한 드라마가 가난한 나라에서 연출된다면 연어들은 결국 파멸을 겪게 될 것이다.

1   G. Hardin, "The Tragedy of the Commons" Science 162 (1968): 1243.

2   1970년대 중반 유엔해양법협약에 따라 배타적 경제 수역이 설치됐다. 이 협약
     에 따라 대부분의 해안 국가들은 해안으로부터 322km(200마일) 안에서 독자적
     인 어업권을 갖게 됐다.

3   UN Food and Agricultural Organization, Review of the state of World Marine
     Fishery Resources, Technical Paper 335 (Rome: UNFAO, 1994).

4   L.W. Botsford, J.C. Castilla, and C.H Peterson, "The Management of Fisheries
     and Marine Ecosystems," Science 277 (July 25, 1997): 509.

5   UN Food and Agricultural Organization, "World Fisheries" chapter 7 in
     Agriculture: Towards 2015/30 (Rome: UNFAO, 2000). See also UNFAO, FAO
     Yearbook: Fishery Statistics-Catches and Landings 1993, Vol. 76 (Rome: UNFAO,
     1995).

6   H. Shand, Human Nature: Agricultural Biodiversity and Farm-Based Food
     Security (Pittsboro, NC: Rural Advancement Foundation International, 1997).

7   B.J. Rothschild, How Bountiful Are Ocean Fisheries? Consequences 2(1) (1996);
     15; P. Weber, Net Loss: Fish, Jobs, and the Marine Environment, Worldwatch
     paper 120 (Washington, DC: Worldwatch Institute, 1994): 16.

8   E. Ostrom, Governing the Commons: The Evolution of Institutions for Collective
     Action (Cambridge, UK: Cambridge University Press, 1990).

9   R.S. Steneck, "Human Influences on Coastal Ecosystems: Does Over-Fishing
     Create Trophic Cascades?" Tree 13(11) (1998): 429.

10   E. Sala, C.F. Boudouresque, and M. Harmelin-Vivien, "Fishing, Trophic Cascades,
     and the Structure of Algal Assemblages: Evalution of an Old but Untested
     Paradigm" Oikos 82(1998): 425.

11 Botsford, Castilla, and Peterson, "Management of Fisheries."

12 E.L. Venrick, J.A. McGowan, D.R. Cayan, and T.L. Hayward, "Climate and Chlorophyll a: Long-Term Trends in the Central North Pacific Ocean," Science 238 (1987): 70.

13 W.G. Pearcy, Ocean Ecology of North Pacific Salmonids (Seattle: University of Washington Press, 1992).

14 D.L. Alverson, Review of Aquatic Science 6 (1992): 203.

15 D. Lluch-Beldaet et al., South African Journal of Maritime Science 8 (1989): 195; T. Kawasaki et al., eds., Long-Term Variability of Pelagic Fish Populations and Their Environment (New York: Pergamon Press, 1991).

16 Botsford, Castilla, and Peterson, "Management of Fisheries."

17 수산 양식(Aquaculture)은 기르는 어업뿐만 아니라 연못, 탱크, 우리와 같은 모든 형태의 가두는 양식을 지칭한다. 물고기 사육(Fish Farming)은 수중생물은 공유 자원으로 허가에 관계없이 모든 사람들이 어획할 수 있는 잡는 어업에 반대되는 말로, 개인이나 기업이 물고기를 방류하여 기르는 것을 의미한다.

18 M. De Alessei, "Fishing for Solutions," in Earth Report 2000, ed. R. Bailey (New York: McGraw Hill, 2000).

19 UN Food and Agricultural Organization, Review of the State of World Marine Fishery Resources.

20 P. Edwards, "Aquaculture, Poverty Impacts, and Livelihoods," in Natural Resources Perspectives, ed. J. Farrington (London: Overseas Development Institute, 2000).

21 P. Edwards, A Systems Approach for the Promotion of Integrated Aquaculture (paper presented at Integrated Fish Farming International Workshop, Wuxi, People's Republic of China, October 1994).

22 Edwards, "Aquaculture, Poverty Impacts, and Livelihoods."

23 S. Jentoft and T. Kristoffersen. "Fishermen's Co-Management: The Case of the Lofoten Fishery," Human Organization 48(4) (1989): 355.

24 D.R. Leal, "Community-Run Fisheries: Avoiding the 'Tragedy of the Commons.'" Political Economy Research Series, Issue PS-7, ed. J.S. Shaw (Bozeman, MT: Political Economy Research Center, 1996).

25 Ostrom, Governing the Commons.

26 B. Runolfsson, "Fencing the Oceans: A Rights-Based Approach to Privatizing Fisheries," Regulation 20(3) (summer 1997): 57.

27 상동.

28 상동.

29 S.H. Verhovek, "Returning River to Salmon, and Man to the Drawing Board," New York Times, September 26, 1999, 1-1.

30 S. Gorton, quoted in Verhovek, "Returning River to Salmon."

31 B. Finney et al., "Impacts of Climate Change and Fishing on Pacific Salmon Abundance over the Past 300 Years," Science 290 (October 27, 2000), 795.

제6장
지구는 더워지고 있는가?

지구는 더워지고 있는가? 그렇다. 지구는 1800년대 중반 이후부터 더워지고 있다.[1] 하지만 그 이전에는 지구가 5세기 넘게 추웠다. 사실 온난화와 냉각화의 반복은 수백만 년 동안 발생했던 자연스러운 지구 기후변화 역사의 일부다.

만약 이 과정들이 자연스러운 현상이라면 지구온난화에 대해 왜 논쟁을 하는 것일까? 인류의 화석연료 사용이 지난 세기 일어난 지구의 온난화에 크게 기여했고 앞으로 예상되는 온난화가 지구 전체의 커다란 재난으로 이어질 것이라는 예측 때문이다. 하지만 인류가 기여했다는 증거는 고작 추측일 뿐이다. 간단하게 말하자면 명백한 증거가 없다. 지구온난화에 대한 언론보도가 너무 과장되어 실제 그 증거가 얼마나 보잘것없는지를 알리지 못했다. 대부분의 사람들은 인류가 지구온난화에 기여했다는 많은 주장들이 과학보다는 정치에 근거를 두고 있다는 사실을 모르고 있다.

기후변화 논쟁은 너무도 정치화되어 지금은 과학적인 견해와 정치적 견해를 거의 분간하기 어려울 정도다. 세계 모든 정부가 과학적인 정보를 얻는 유엔의 정부 간 기후변화 패널(IPCC: The United Nations Intergovernmental Panel on Climate Change)이 과거 '국제 과학협력을 위한 진실한 노력을 보이는 조직'에서 '과학과 정치가 혼합된 조직'으로 변모했다고 여기에 참여하고 있는 한 핵심 인사는 언급했다.[2] 그리고 어떤 과학정책 분석가들은 기후변화가 과학에서 정치적 이슈로 변화되는 과정을 다음과 같이 묘사하고 있다. "과거 학문은 정치와는 상관없이 과학 지식의 산물을 논의하는 경향이 있었다. (중략) 과학은 사회와 정치 세계를 조절하는 활동에 깊이 관여하는 인간의 도구다. (중략) 기후변화는 더 이상 환경 논쟁의 목록에 들어 있는 간단한 문제 중 하나로 다루어질 수 없다. 오히려 이것은 세계 질서의 변화를 보여주는 중심 이슈가 됐다."[3] 이러한 생각은 과학자와 정치가들이 지구의 기후변화와 같은 합리적인 과학 문제를 정치적 도구로 사용하는 것을 표면적으로 정당화시킨다. 이 정치적 도구를 통해 비록 제한적이기는 하지만 새로운 세계 정부의 형태(예를 들면 IPCC)를 만들고 다른 주권 국가에 대해 국가 환경정책을 결정하기도 한다. 나는 과학의 역할을 이처럼 급진적인 관점에서 보는 과학자는 아마 없을 것으로 믿는다.

과열된 정치만 아니면 기후변화는 아주 매력적이고 중요한 과학적 주제다. 기후 역학과 기후 역사는 대단히 복잡한 주제다. 그리고 몇십 년 동안의 집중적인 연구에도 불구하고 과학자들은 극한 기상(허리케인, 토네이도, 가뭄), 엘니뇨 현상, 역사적인 기후 순환, 기온변화 경향과 같은 근본적인 현상을 여전히 만족스럽게 설명하지 못한다. 이 모든 문제에서 과학적 불확실성이 너무 크다. 그래서 당연히 유능한 과학자들 사이에서도 알려진 것이 무엇이고 알려지지 않을 것이 무엇인지에 대한 해석은 일치하지 않는다. 하지만 IPCC에 의해 활성화된 정치적 분위기에서 기후변화에 대한 타당성 있는 과학적 견해 차이는 정치판에서 발생하는 시끄러움 때문에 의미를 상실했다. 유명한 과학잡지에 실린 새로운 연구 결과조차도 가끔 파벌주의 편집자들의 입장을 수반하기도 한다. 이 정치화된 과학 저널리즘은 과학자들과 대중을 혼란시킬 뿐만 아니라 전통적인 학문 토론을 통해 객관적으로 진실을 추구하는 것을 방해한다.

근래에 와서 기후변화에 관한 논쟁은 선진국에서 국내 정치를 곤란하게 할 뿐만 아니라, 국가 간의 정치적 관계와 선진국과 개발도상국 사이의 정치적 관계에 영향을 주고 있다. 교토 기후변화 의정서에 대해서 미국과 유럽 그리고 개발도상국 사이에 발생한 심각한 불화가 그 예에 해당한다. 이를 아래에서 논의하겠다.

어떤 점에서 지구온난화는 환경비관론의 마지막 상징이 됐다. 환경저술가인 빌 매키벤(Bill McKibben)은 다음과 같이 말한다. "만약 우리가 향후 50년에 걸쳐 고민해야 할 하나의 문제를 꼭 집어내야 한다면 우리는 당연히 이산화탄소라고 말할 것이다."[4] 하지만 나를 포함한 다른 저술가들은 이산화탄소보다는 가난에 대해서 고민하는 것이 더 현명할 것이라고 믿는다.

가난과 부, 그리고 기후

기후변화는 이 책의 주제인 가난과 부, 그리고 환경과 어떤 관련이 있을까? 과학적인 관점에서 보면 화석연료(석탄, 석유, 천연가스)는 지구온난화 논쟁의 주범이고, 이것은 부유한 나라와 가난한 나라 두 곳 모두에서 주 에너지원이 되고 있다는 사실과 관련이 있다. 정치적 관점에서 보면 선진국과 개발도상국의 환경정책에서 나타나는 차이점에서 이 책의 주제와 관련성이 있다. 선진국 정부는 대체로 인간의 화석연료 사용이 지구온난화의 주요 원인이라는 IPCC의 입장을 받아들여 왔다. 그리고 1997년 선진국은 지구온난화에 대한 예방책으로 화석연료 사용을 과감하게 줄여야 한다는 교토의정서의 국제적인 합의를 이뤄냈다.[5] 반대로 개발도상국은 대부분 지구온난화를 주요 이슈로 인정하지 않았고, 내가 알기로는 교토의정서를 따르지도 않았다. 그래서 선진국과 개발도상국은 화석연료 사용에 관련된 환경정책에서 상반된 견해를 갖게 됐다.

왜 지구온난화와 같은 아주 기본적인 과학 주제에 대해 부유한 나라와 가난한 나라의 정치적 견해 차이가 발생하게 됐는가? 이것은 어떻게 해결될 수 있을까? 이러한 질문에 대해 해답을 얻기 위해 지구온난화에 대한 과학과 정치를 보다 자세히 살펴보자. 우선 과학부터 보자.

기초 화학과 온실 효과

지구온난화에 대한 논쟁은 화석연료가 연소될 때 대기 중으로 배출되는 가스 상태의 물질인 이산화탄소에 초점이 맞춰져 있다. 환경주의자들은 대개 이산화탄소를 오염물질로 분류한다. 예를 들어 이산화탄소에 관해 시에라클럽(Sierra Club)은 다음과 같이 주장했다(전문은 서론에 게재했다). "우리는 이산화탄소라는 오염물질로 지구를 가득 채워 질식시키고 있다."[6] 이 문장에서 오염물질이라는 단어는 잘못 사용됐다. 왜냐하면 이산화탄소는 과학적으로나 법적으로 오염물질이 아니기 때문이다.[7] 이산화탄소는 비록 지구 대기 중에 적은 양으로 존재하지만 지구 생명을 유지하고 온도를 조절하는 데 매우 중요한 역할을 하고 있다.

기초 화학을 공부했던 사람들은 이산화탄소(CO_2)가 화석연료의 연소 과정에서 발생하는 두 가지 주요 산물 중 하나라는 것을 기억할 것이다. 나머지 하나는 물(H_2O)이다. 또한, 이산화탄소는 우리 몸에서 음식물을 산화시켜 화학에너지를 얻을 때 배출된다. 이산화탄소는 발전소, 가정의 가스 스토브나 히터, 제조 설비나 자동차, 그리고 그 외어느 곳에서 연소가 일어나든 간에 일반적으로 대기 중으로 배출된다. 지구온난화 논쟁에서 핵심이 되는 과학 주제는 화석연료 연소로 발생한 대기 중 이산화탄소가 지구 기후에 영향을 주는 정도다.

이산화탄소와 수증기가 대기 중에 존재할 때 이를 '온실가스'라 부른다. 온실의 유리 덮개가 내부열이 빠져나가는 것을 막아 온실 내부를 따뜻하게 하는 것과 같은 방법으로 지구열을 가두어 놓기 때문에 온실가스라는 이름이 붙여진 것이다. 〈그림 9〉는 온실효과가 어떻게 일어나는지를 도식적으로 보여준다. 원래 대기 중에 자연현상으로 존재하는 온실가스들은 이렇게 지구에 열을 잡아두면서 중요한 역할을 한다. 사실 온실가스가 없다면, 지구는 너무 추워서 생명이 유지될 수 없다.[8] 지구상의 모든 물은 얼음으로 변하고 생명체는 존재하지 못하게 된다.[9] 이산화탄소는 이런 온실효과의 역할 이외에도 식물의 생리현상에 필수적이다. 이산화탄소가 없다면 모든 식물은 죽게 된다.

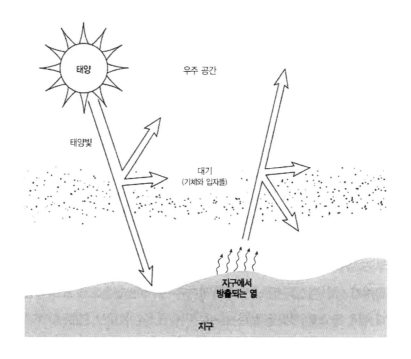

그림 9 온실가스의 역할.

대기를 통해 지구로 들어온 태양빛(에너지)의 일부는 지표면을 따뜻하게 하고, 일부는 대기를 따뜻하게 하고, 나머지는 우주로 다시 반사되어 나간다. 데워진 지표면은 열(적외선)을 방출하는데, 대부분이 대기를 통해 우주로 빠져나가지만, 일부는 대기 중 온실가스, 즉 수증기, 이산화탄소, 메탄, 그리고 다른 기체들에 의해 지구로 되돌려 보내진다. 대기 중 미세 입자(에어로졸)는 지구와 대기를 가열하고 냉각시키면서 더 복잡한 영향을 일으킨다.

이산화탄소와 기후변화 추리소설

이산화탄소와 수증기, 그리고 몇몇 다른 기체를 포함한 여러 종류의 온실가스는 지구 대기에 원래부터 존재하며 수천 년 동안 있어 왔다. 하지만 새로운 것은 산업화 이후, 인류의 화석연료 연소는 원래 대기에 자연 상태로 존재하는 양 이상으로 이산화탄소를 증가시켜왔다는 것이다. 〈그림 10〉은 지난 30년 동안 측정한 이산화탄소 농도가 대기 중에서 계속 증가하고 있음을 보여주고 있다.[10] 산업화 이전의 대기 중 이산화탄소 농도는 287ppm이었으나, 1998년에는 367ppm으

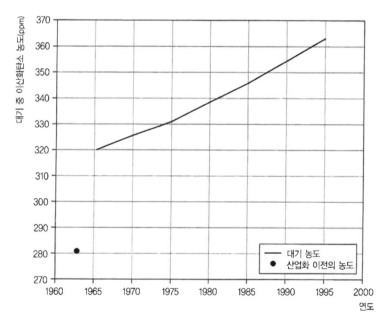

그림 10 지구 대기 중 이산화탄소의 농도(1965~1996). 대기 중 이산화탄소의 농도는
산업화 이전 280ppm에서 지금의 363ppm으로 증가했다.
출처: World Resources Institute, World Resources 1998~1999
(New York: Oxford University Press, 1998).

로 28% 증가했다.[11]

　이러한 사실은 논쟁의 대상이 아니다. 대기 중 이산화탄소가 대략 3분의 1 정도 증가했다고 보여주는 측정에 의문을 가질 과학자는 거의 없다. 또한 대부분의 과학자들은 이산화탄소가 증가한 모든 원인이 인간에게 있다는 사실에 의문을 가지지 않는다. 하지만 언론은 이 두 가지 사실을 인류가 지구온난화를 일으킨다는 증거로 계속 주장하고 있다. 경험에 기초한 과학적 분석으로는 이산화탄소와 지구온난화의 명백한 관계를 규명할 수 없다는 점에서 이러한 주장은 설득력이 약하다. 지구온난화에 관한 보다 현실적인 과학 논쟁은 인간 활동으로 인해 대기 중에 늘어난 이산화탄소에 관한 것이 아니라 늘어난 이산화탄소가 현재 또는 미래 기후에 미치는 영향의 정도에 관한 것이다.

　1896년 스웨덴의 화학자 스반테 아레니우스(Svante Arrhenius)가 처음 제안한 온실효과 이론에 따르면, 물리학의 첫 번째 원리로도 대기에 증가된 이산화탄소가 일부 여분의 열을 분명히 발생시킨다는 것을 알 수 있다.[12] 하지만 첫 번째 원리만으로는 얼마나 많은 열이 발생하는지를 알 수 없다. 그리고 첫 번째 원리는 이산화탄소만이 온도 상승에 기여하는지, 또는 그 이외의 인자들이 온도 상승에 얼마나 기여하는지에 관해서는 언급이 없다. 게다가 가장 중요한 것은 지구 기후는 자연적 원인으로 끊임없이 변하고 있으며 대부분은 이를 이해하지 못하고 있다는 것이다. 그래서 문제의 핵심은 작을 수도 클 수도 있는 자연에 의한 온도 상승과, 매우 작을 것으로 추측되는 인간에 의한 온도 상승을 구별할 수 있는가에 있다. 달리 표현하면 인간에 의해 증가된 대기 중 이산화탄소가 자연적 원인으로 끊임없이 변하는 지구 온도에 감지될 정도로 영향을 줄 수 있느냐가 문제라는 것이다. 또한 증가된 이산화탄소로 인한 온도 상승이 감지되지 않는다고 하여 실제로 중요하지 않을 수 있는가도 문제다.

기후 사이클, 과거와 현재

지구온난화는 최근에 발생한 일이 아니라는 것을 기억하자. 지구의 오랜 역사를 보면 기후 사이클은 예외이기보다는 규칙이다. 100만 년 전부터 기록해온 지구 온도에 관한 연구 결과들은 〈그림 11〉과 같이

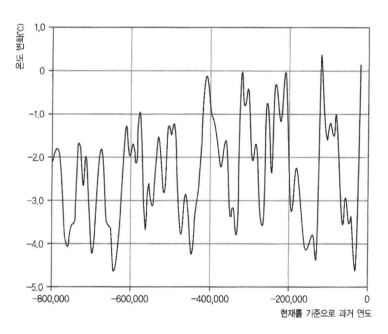

그림 11   지난 80만 년 동안 지구 온도 변화 추이. 여러 연구 자료에 기초하여
해저 플랑크톤 화석 내의 산소 동위원소의 비율로 온도를 추정했다.

출처: T.J. Crowley, "Remembrance of Things Past" Greenhouse Lessons for the Geologic
Record, Consequences 2 (1996): 3–12.

여러 번의 기후 사이클을 보인다.[13] 이 사이클의 원인은 태양 에너지 방출의 주기적 변화와 지구 기울기와 궤도의 변이 같은 여러 가지 복합적인 것으로 해석될 수 있다. 하지만 현재 과학은 이러한 원인들을 제대로 규명하지 못하고 있다. 우리가 확실히 알고 있는 것은 기후 사이클은 인간이 지구에 출현하기 훨씬 오래전부터 발생했고 온난화와 냉각화 현상은 미래에도 계속될 것이라는 것이다.

지구는 지금 온난기에 있다. 온도계 기록을 통해 우리는 지표면의 공기가 1860년대부터 지금까지 약 0.6℃ 상승했다는 것을 알 수 있다.[14] 하지만 관찰된 온난화는 그 기간 동안의 화석연료 사용 증가와 매우 잘 일치하는 것은 아니다. 온도 그래프에서 보면 관찰된 온난화의 절반 정도가 1940년 이전에 발생한 반면, 화석연료 연소에서 발생한 온실가스 양은 2차 세계대전과 전후 경기 상승으로 인한 급격한 산업 팽창의 결과로 빠르게 증가했다. 인간에 의해 증가된 이산화탄소의 80%가 1940년 이후에 발생했다.[15] 1940~1980년까지 화석연료 연소가 빠르게 증가했지만, 〈그림 12〉를 보면 놀랍게도 온실가스로 인해 예상했던 지구 표면의 온난화 경향이 가속화되기보다는 오히려 약간 냉각된 경향을 보이고 있다.[16] 1970년대에는 지구의 냉각화 기간이 길어지면서 몇몇 과학자들은 새로운 빙하기 가능성에 관심을 가졌다. 그리고 이 관심은 유명한 미국 국립과학위원회(U.S National Academy of Sciences)에서 나온 것을 비롯하여 여러 출판물로 발표됐다.[17] 심지어 지금도 물리학자 프리먼 다이슨(Freeman Dyson)은 "새로운 빙하시대의 시작은 온난화와 관련된 어떤 것보다도 더 심각한 재난을 불러일으킬 것이다"라고 주장한다.[18]

지구 냉각화 경향은 1980년 이후로 계속되지 않았다. 하지만 온난화 경향이 뚜렷하게 나타난 것도 아니었다. 1980년 이후 지표면과 마찬가지로 대류권에서도 정확한 온도 측정이 이루어졌다. 하지만 결과는 일치하지 않았다. 1980년 이후의 지표 공기온도는 분명히 온난화(0.25~0.4℃)를 나타냈지만, 대류권 온도는 온난화라 보기에는 너무 미약했다.[19]

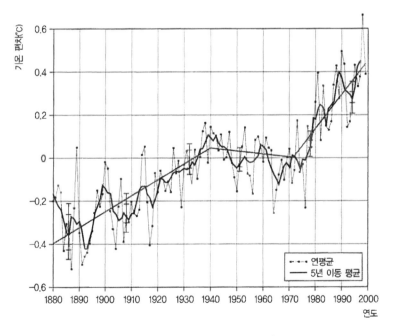

그림 12   지표 공기의 온도(1880~2000).

출처: J.R. Hansen, R. Ruedy, J. Glascoe, and M. Sato, "GISS Analysis of surface Temperature Change" Journal of Geophysical Research 104(30)(1999): 997.

온도 기록

간단히 말하면 기록은 다음과 같다. 1860~1940년 사이에 지표면 온도는 약 0.4℃ 상승했다. 1940년 이후 60년 동안 지표면 온도는 처음 40년은 약 0.1℃ 떨어졌고 그 후 20년은 0.3℃ 상승했다. 그리고 마지막 20년 동안 대류권 온도 측정이 가능하게 됐으며 측정 결과는 변동이 없었다.

이처럼 실제 온도 기록은 언론 매체와 환경 도서에서 널리 보고되는 '지구가 지난 세기 점점 따뜻해졌다'는 주장을 지지해주지 못한다.

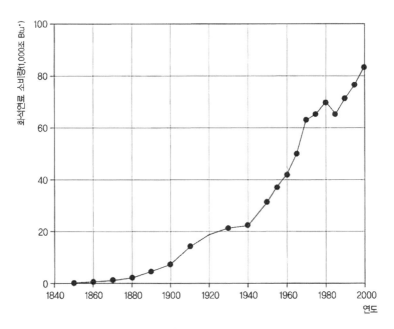

그림 13 미국에서 화석연료(석탄, 석유, 천연가스) 사용 추이(1850~2000).

출처: Energy Information Administration, U.S. Department of Energy Annual Energy Review (Washington, DC, 2000), tables F1a and F1b.

그리고 지난 20년 동안 지표면과 대류권에서 관찰된 온도 추세의 불일치를 설명하지 못한다. 이를 검토한 미국 국립과학위원회는 의도적으로 불일치를 경시하기 위해 '아마 적어도 일부는 현실'[20]이라는 애매모호한 표현을 하고 있다. 여기에는 여러 가지 설명이 가능하다. 첫 번째는 큰 도시의 중심부는 온실가스와 관계없이 지표 온도를 상승시키는 인공적인 가열 공간(열섬)을 만들어 낸다는 것이다. 이것이 왜 지표면은 가열되고 대류권은 변화가 없는지를 설명해준다. 어떤 분석에서는 열섬 효과는 너무 작아서 불일치를 충분히 설명할 수 없다는 결론을 내렸다.[21] 두 번째는 1991년 피나투보산(Mount Pinatubo)에서 있었던 것처럼 화산이 폭발하면 여기서 배출되는 검댕(그을음)과 먼지는 태양열을 차단하여 대류권을 냉각시킬 수 있다. 이러한 냉각은 대류권뿐만 아니라 지표면 온도에도 영향을 주었어야 했다. 우리를 더욱 혼란스럽게 만드는 것은 1930년 이후 미국에는 대도시 지역이 존재함에도 불구하고 지표면 냉각이 지구 전체에서 일어난 냉각 수준을 초과했고 지표 온도는 1930년대 수준에 머물렀다는 사실이다.[22]

근래에 지표면 온도가 10년에 0.1℃이상으로 증가하는 속도 때문에 지구 생태계가 심각하게 위협받고 있다는 주장이 자주 제기되고 있다. 그럴 수도 있지만 과거의 기후변화도 지금처럼 빨리 일어났던 기록이 자주 있다. 예를 들어 약 1만 4700년 전 그린란드의 온도는 20년이 채 안 되는 기간 동안 5℃ 상승했다. 이것은 대부분 비관주의 학자들이 온실가스에 의해 이번 100년 동안 발생할 것으로 예측하고 있는 온난화의 3배에 해당한다.[23]

역사적 사실

지표면이 데워지는 속도가 어떻든 간에 지구의 기후는 변화하지 않는 것이 원래 지구의 모습이고, 지금의 기후변화가 인간에 의해 발생한 것이 틀림없으며 이것을 인간이 바로잡아야 한다는 일반적 견해는 정당성이 거의 없다. 사실 기후변화와 주기적 변동은 지구 역사에서 계속 발생해왔다. 수백만 년 동안 지구 가열과 냉각이 되풀이됨에 따라 빙원이 규칙적으로 커졌다가 작아졌다 했다.[24] 가장 최근의 빙하시대인 약 5만 년 전에 빙원은 북미, 북유럽, 북아시아 대부분을 덮었다. 그리고 1만 2000년 전에 빙하시대의 종말과 지금까지 지속되고 있는 간빙기의 도래를 알리면서 온난화가 시작됐다. 간빙기에 있었던 온난화는 5000~6000년 사이(기후 최적기, The Climate Optimum)에 최고조에 달했으며, 이때는 지구의 얼음이 빠르게 녹고 기온은 오늘날보다 더 높았다. 간빙기는 약 1만 년 동안 지속되는 걸로 추정된다. 그래서 다음 빙하기가 곧 다가올 것이며 이것은 앞으로 500~1000년 안에 일어날 것으로 예상된다.[25]

지금의 간빙기 내에서 규모가 작은 사이클이 나타나고 있다. 최근 1000년 동안 지구에서는 온난화와 냉각화가 반복되면서 몇 차례 주기 변화가 발생했다. 약 1000~1300년에 걸친 특이한 온난기가 적어도 지구에 부분적으로 발생했고, 이를 중간 온난기(Medieval Warm Period)라 한다.[26] 이 기간 동안 나타난 북반구의 따뜻해진 기후는 스칸디나비아인들이 그린란드와 아이슬란드로 이주하게 만들었고 중간 온난기가 막 끝날 무렵에는 북미 대륙에도 정착할 수 있게 했다. 그들은 수백 년 동안 그린란드와 아이슬란드에 정착해 살았으나 약 1450년 이후로 기후가 점점 추워지면서 마침내 그곳을 떠나게 됐다. 1800년 대까지 지속된 한랭기는 소빙하기(Little Ice Age)라 한다.[27] 이 추운 기간 동안 농업 생산성은 떨어졌고, 아이슬란드에서 발생한 감자 기근과 같은 대규모 농작물 실패가 적어도 많은 유럽인들이 북미로 집단 이주하게 하는데 어느 정도 영향을 미쳤다.

인류와 지구온난화가 서로 관련되어 있다는 증거로 종종 인용되는 경험적 사실이 최근의 간접 연구(나무의 나이테 기록과 같은)를 통해 밝혀지고 있다. 그리고 이 사실은 지난 20세기 동안 과거 400~600년까지의 어떤 시기보다 지구가 온난화됐음을 말해준다.[28] 이것은 1400~1880년에 특별히 추웠기(위에서 언급한 소빙하기) 때문에 그리 놀랄 만한 일이 아니다.

지난 세기에 관찰한 지표면 온난화에 대한 모든 또는 대부분의 현상에 대한 가능성 있는 설명은 지구가 600년 전에 시작된 소빙하기 시대의 냉각 사이클에서 벗어나는 과정에 있다는 것이다. 지금의 온난화는 다음 빙하 시대가 도래할 것으로 예상되는 시점까지 수세기 동안 지속되거나, 최근 1000년 동안 경험한 것처럼 온난기가 한랭기로 전환됨으로써 중단될 수도 있다.

인간의 기여도

지구온난화에 관한 과장된 설명은 지금의 지구 온도 증가는 인간 활동에 기인함은 의심할 여지가 없다는 것이 과학적으로 입증된 사실이라는 인상을 준다. 하지만 지금까지 결코 입증된 것이 없었다. 인간의 화석연료 사용이 장래 지구온난화에 영향을 줄 가능성은 있지만 이미 그렇게 되고 있다는 확실한 과학적 근거는 없다. 실제로 경험적 관찰로 인간의 영향을 입증하는 것은 어려우며 이것은 쉽게 해결될 문제가 아니다. 자연 현상으로 기후변화가 크게 일어나고 있는데, 인간 활동에 의해 일어나는 매우 작은 규모의 온난화를 정량적으로 규명해야 하기 때문이다. 신호가 너무 약해서 적당한 기간에 실험 조절로 규명할 방법이 없다. 이것은 건초더미에서 바늘 찾기 식이다.

기후변화를 규명하는 것은 과학 외에 어떤 방법도 없다. 기후과학에서 몇 가지를 보충하는 방법으로 연구가 진행되고 있다. 고기후학자들은 지구의 과거 기후변화를 면밀히 조사했고, 수천 년 심지어는 수백만 년 전 지구의 기후 역사에 관한 흥미롭고 새로운 정보를 찾아내고 있다. 고지구사는 지구 기후의 진화를 명확하게 묘사하는 데 도움을 줄 것이고, 나아가서는 이 시대에 우리가 경험하고 있는 기후변화를 규명해줄 것이다.[29] 그러한 지식은 지구 기후를 위해 미래가 어떻게 되어야 하는지를 이해하는 데 꼭 필요하다. 하지만 현 시점에서, "우리는 미래 기후를 예견할 수 있기 전에 당연히 이해해야 하는 진실의 표면에 흠집만 내고 있는 정도다."[30]

컴퓨터 모델링

몇몇 기후학자들은 기후에 대한 제한된 경험 지식을 가지고 컴퓨터 모델링 기술을 사용하여 미래에 일어날 가능성이 있는 기후변화를 예측하려고 한다. 지구 기후모델에는 주로 물리학과 화학의 1차 원리에 근거하여 지구 대기와 해양 시스템에 대한 수리적 시뮬레이션을 사용한다. 그러한 모델은 다음과 같은 가상 질문에 대하여 수치적인 해답을 내놓도록 설계되어 있다.

> 만약 화석연료 사용이 대기 중에 이산화탄소를 증가시킨다면, 예를
> 들어 산업화 이전의 이산화탄소 양에 비해 2배 정도로 늘어난다면,
> 지구는 얼마나 더 따뜻해질까?

고성능 컴퓨터를 이용하여 지구 대기에 작용하는 가열과 냉각을 일
으키는 힘의 여러 가지 가정된 값에 대하여 지구 기후모델을 실행한
다. 가정된 일련의 값을 '시나리오'라 부른다. 이 계산에 포함되는 주
요 가열원은 인간의 화석연료 사용으로 발생되는 이산화탄소다. 각각
의 가정된 시나리오에서 모델은 이러한 외부 가열원에 대해 대기온도
값을 계산한다. 몇 개의 시나리오를 적용시키면 모델은 화석연료 사
용 수준에 따라 가정된 입력값에 따라 지구 온도가 미래에 어떻게 변
할 것인지 일련의 이론적 예측을 얻어낸다. 모델에 의한 컴퓨터 계산
이 곧 미래에 대한 예측을 의미하는 것은 아니라는 사실을 우리는 알
아야 한다. 그 계산 결과는 단지 컴퓨터에 입력한 여러 가지 가정된
초기 조건에 대해 일어날 가능성이 있는 결과를 수학적으로 유도하여
추정한 것에 불과하다. 그러한 모델 결과는 기후학자에게는 미래의
기후에 영향을 줄 수 있는 요인을 더 잘 이해하도록 도움을 주는 도구
에 불과하다.

유엔 산하 IPCC에 참석한 과학자들이 주기적으로 컴퓨터 모델링
연구에서 얻은 이론적인 예측 결과를 검토한다. 여기서 강조되어야
할 사실은 IPCC의 활동이 정치적으로 잘못 이용되고 있는 것과는 별

개로 이 조직의 후원을 받아 아주 훌륭한 기상학 연구가 이루어져 왔으며 앞으로도 계속될 것이라는 점이다. 1996년 보고서에서 IPCC는 2,100년까지 대기 중의 이산화탄소가 2배 증가하면 지표면 온도는 1.8℃ 증가하는 것이 '가장 가능성이 크다'는 결론을 내렸다. 입력 자료와 모델 자체의 불확실성 때문에 이 결과 또한 낮게는 1.5℃에서 높게는 4.5℃의까지의 온도 범위를 가진다. 2001년에 나온 IPCC 보고서에는 좀 더 다양한 가정을 입력하여 예측한 결과, 지구 온도 상승의 가장 가능성이 큰 값은 주어지지 않았으나 1990~2100년 사이에 예측된 범위는 낮게는 1.4℃에서 높게는 5.8℃로, 그 이전의 보고서보다 그 범위가 다소 넓어졌다.[31] 예측값의 범위가 확대된 것은 현 세기동안 화석연료 사용 증가에 관한 가정을 추정하는 모델 간의 차이와 모델에 사용된 기후물리학의 차이에 의한 것이다.

IPCC의 이러한 예측들은 기후 모델링의 최고 수준을 보여준다. 하지만 모든 컴퓨터 모델처럼 기후 모델 역시 상당한 한계가 있다. 한 가지 한계는 현재 사용되고 있는 모델들은 1세기 이상 장기간에 걸쳐 일어나는 기후의 자연 변이를 시뮬레이션할 수 없다는 것이다. 또한 온도 상승으로 인한 수증기의 증가가 다시 온도 상승에 영향을 주는 '피드백' 효과를 모델에 따라 다루는 방법에서 차이가 있다. 현재 사용되고 있는 모든 모델들의 주요한 결점은 그들이 단지 점진적인 기후변화밖에 예측할 수 없다는 것이다. 중요한 기후변화는 점진적인 것보다 급격한 변화로부터 발생한다. 간단한 예로 대기 온도는 점진적으로 감소하여 어는점 아래로 떨어지는 동안 갑자기 서리가 생겨 식물 잎에 피해를 주고 죽게 만드는 것을 볼 수 있다.

2001년 IPCC 보고서가 "지난 50년 동안 관찰된 온난화의 대부분이 인간의 활동에서 발생했다는 새롭고 더욱 확실한 증거가 있다"라고 강력하게 주장했지만, 어떤 결정적 증거도 인간이 기후에 영향을 미친다고 명확하게 지적하지 못했다. 보고서에서 입증된 가장 확실한 것은 "1990년대는 측정기기로 기록하기 시작한 1861년 이후로 가장 따뜻했던 10년이었다"는 것이다. 하지만 이러한 진술은 지표면온도 기록만을 언급하고 위성사진에 의한 대류권 기록과의 차이는 설명하지 못한다. 위성사진에서는 대류권의 온도가 1980년 이후 거의 증가하지 않은 것으로 나타나있다. 이 점에 대해 최근 국립과학위원회의 보고서는 "모델은 일반적으로 하층에서 중간층까지의 대류권 온도가 지표면보다 더 빠르게 증가하는 것으로 예측하고 있다"라고 지적하면서 모델을 비난했다.[32] 비슷하게, 라마나단(Ramanathan)과 그의 동료들은 지구 온실가스의 온난화 힘이 지표면보다 대류권에서 40% 정도 더 큰 것으로 예상된다고 말한다.[33] 이처럼 모델 결과들은 관찰 기록과 일치하지 않는 것으로 나타난다. 또한 19세기 이전에는 어느 1년간의 온도 기록도 전혀 없기 때문에 "1998년이 지난 1000년 중 가장 따뜻한 해였다"[34]라고 강하게 주장할 수는 없다. 현재 사용되고 있는 기후 모델의 많은 단점을 고려할 때, 정책 입안자들은 미래 지구온난화의 정량적 지표로서 모델을 이용하는 것에 매우 신중해야 한다.

복잡한 문제

초기 기후 모델들의 가장 중요한 문제점은 모델이 단지 온실가스에만 기초를 두고 있다는 것이다. 하지만 과학자들은 온실가스보다는 다른 요인들이 대기온도에 영향을 줄 수 있다는 것을 오래 전부터 알고 있었다. 그래서 다음과 같은 의문이 생긴다.

인간이 배출한 이산화탄소로 야기된 온도상승을 감소시키거나 역전시킬 수 있는 상쇄 요인은 있는가?

정답은 '그렇다'이다. 여러 가지 물리적 요인들이 이산화탄소에 의한 온난화 효과를 증가시킬 수도 감소시킬 수도 있다. 가장 중요한 것 중 하나가 에어로졸이다. 에어로졸은 작은 입자상 물질(황산염, 블랙 카본, 유기화합물 등)로 자동차, 화력발전소, 그리고 기타 산업 발생원을 포함한 다양한 인공 발생원과 해염입자와 사막의 먼지와 같은 자연 발생원에 의해서도 대기 중에 유입된다. 에어로졸은 온실가스가 아닌 오염물질의 산물이다. 기후에 미치는 에어로졸의 영향은 불확실성이 크고 현재로는 잘 규명되지 못하고 있다. 블랙카본과 같은 에어로졸은 보통 태양열을 흡수하여 대기온도를 증가시키는데 기여한다(상층에 있는 블랙카본은 지표면에 도달하는 태양 광선을 차단하여 지표면의 온도를 감소시키는 경우도 있지만). 황산염이나 유기화합물과 같은 에어로졸은 태양 광선을 지구로부터 멀리 반사하거나 흩어지게 하여 대기를 냉각시킨다.[35] 지금까지 밝혀진 증거로는 에어로졸이 지표면에는 냉각효과를 일으키고 대류권에는 온난효과를 일으키는 것을 보여주고 있다.[36]

현재로는 오염물질이 지구의 기후에 미치는 영향은 매우 불확실하다. 관련된 요인들을 시뮬레이션하기 어렵더라도 모델이 미래 기후의 지표로 사용되기 위해서는 이 요인들을 컴퓨터 모델에 충분히 반영할 필요가 있다. 기후 모델에 오염물질의 복잡한 영향을 반영할 수 있을 때 예측되는 지구온도는 지금까지 예측한 값보다 높을 수도, 낮을 수도, 또는 변화가 없을 수도 있다. 특히 에어로졸의 경우 입자들의 화학적 특성이나 위치하는 곳의 고도와 지리적 특성에 따라 예측값이 지금까지 예측된 것과 차이를 보일 것이다.

오염물질 외에 지표면 온도와 대기온도에 영향을 줄 수 있는 다른 물리적 요인들은 메탄(온실가스 일종), 화산 활동으로 인한 먼지, 구름 면적의 변화, 해양 순환의 양상, 그리고 대기와 해양 사이의 상호작용이 있다. 태양 방출 에너지의 변화는 지구온난화 경향의 또 다른 원인일 수 있으며, 이것은 지난 20세기의 온도 패턴과 밀접한 관련이 있다.[37] 이러한 모든 물리적 요인에 대한 연구가 진행되고 있지만 기후 현상이 갖는 복잡성 때문에 가까운 장래에 기후 모델의 타당성을 좌우할 불확실성이 크게 감소될 것 같지 않다.

복잡한 물리적 요인들에 대해 기후전문가인 벤저민 샌터(Benjamin Santer)와 그의 동료들은 "아직 풀리지 않은 기본적 관측의 불확실성이 있다. 이것은 온도 증감의 추이를 달리 할 수도 있다"[38]라고 말한다. 그리고 기후변화 연구의 선구자 중 한 사람인 제임스 한슨(James Hanson)은 다음과 같은 결론을 내렸다. "우리는 장기간 기후변화를 유발하는 힘에 관해 미래 기후변화를 충분히 규명할 만큼 정확하게 모른다. 잘 관측된 인간에 의한 온실가스는 강한 온난화를 유발하는 것으로 알려져 있으나, 잘 관측되지 않는 인간에 의한 대기의 에어로졸, 구름, 토지이용 형태 등은 온난화를 상쇄하는 냉각화를 유발한다."[39]

물리적 요인 외에도 기후현상 본래의 복잡성이 미래의 기후를 예측하는데 방해물로 존재한다. 미국 항공 우주국(NASA, National Aeronautics and Space Administration)의 기후학자인 데이비드 린드(David Rind)는 다음과 같이 논평한다. "기후는 날씨처럼 항상 복잡할 것이다. 다시 말하면 혼란의 와중에서 결정이 되고 이해는 가능하나 예측은 불가능한 것이 기후다."[40]

교토의정서와 새로운 기후 정책

컴퓨터 기후 모델의 과학적 한계가 인정됨에도 불구하고, IPCC가 정치가들과 정책 입안자들에게 제공한 컴퓨터 시뮬레이션 예측 결과는 기후변화의 모든 것을 단순화시키고 일반화시키는 싹쓸이효과를 가져온다. 여기에 관해 내부적인 빈정거림도 있다. 즉, 정치적 합의 과정이 정책 입안자들을 위해 작성한 IPCC 보고서의 핵심 부분을 차지하고 있더라도, IPCC가 제안한 결과들은 많은 정치 모임에서 과학적 사실을 대변하면서 아무런 비판 없이 받아들여졌고, 대부분의 선진국에서 기후변화 정책의 기초가 됐다. 모델을 근거로 한 IPCC의 이러한 예측은 1997년 교토의정서의 기초가 됐다. 교토의정서는 모든 산업국의 화석연료 사용 제한을 의무화했다. 비용이 많이 들고 규모가 크고 문제가 많은 국제 프로그램이 과학과 정치의 혼합 조직에서 나온 컴퓨터 결과에 따른 것이다.

기후의 복잡성과 시뮬레이션이 갖는 한계에 비추어 볼 때, 인간이 기후변화의 원인이라는 발표는 상당히 신중하게 이루어질 것이라고 사람들은 기대할 것이다. 특히 과학단체의 이름으로 발표되는 것은 더욱 그러하리라고 생각할 것이다. 그래서 1996년 IPCC의 요약보고서에서 "인간 활동으로 인해 상당한 기후변화가 일어난 것을 보여주는 충분한 증거가 있다"라고 주장한 것이 많은 과학자들을 혼란스럽게 하고 있다.[41] 2001년 IPCC 개정판에서는 앞에서 언급했듯이 "지난 50년 동안 관찰된 온난화의 대부분이 인간의 활동에 의한 것이라는 새롭고 더 확실한 증거가 있다"라고 주장하면서 한발 더 나아가고 있다. 하지만 대부분의 '새로운 증거'는 새로운 컴퓨터 시뮬레이션 결과이며, 지표면과 대기 사이의 관측 온도 값의 차이나 에어로졸과 다른 물질들이 일으킬 수 있는 커다란 불확실성은 설명하지 못한다. 미국 국립과학위원회의 보고서는 모델 시뮬레이션에 대해 다음과 같이 언급하고 있다.

> 기후 현상이란 원래 불확실성이 크고 그 원인물질(아마 에어로졸일 것으로 추측)도 과거 불확실하게 변화해왔기 때문에, 지난 20세기에 나타난 대기의 온실가스 증가와 관찰된 기후변화 사이의 명확한 인과관계를 규명할 수 없다. 관찰된 온난화 정도가 기후 모델의 시뮬레이션 결과로 나타난 자연의 변이보다 크다는 사실이 그것을 지지해준다. 하지만 모델 시뮬레이션은 10년에서 100년의 시간 단위로 발생하는 자연의 변이를 표현할 수 없기 때문에 증거가 될 수 없다.[42]

IPCC에서 나온 보고서들은 언론 매체와 환경 문헌에서 지구온난화를 대중화시키는 데 중심 역할을 했다. 더 중요한 것은 이 보고서들이 갖는 정치적 영향력이 엄청났다는 것이다. 1996년 IPCC의 보고서는 미국을 포함한 대부분의 산업국가에서 기후정책의 기본 원칙이 됐다. IPCC 보고서는 재앙으로 이어질 지구온난화를 피하기 위해서는 화석연료 사용을 크게 줄여야 한다고 충고하고 있다. 이 충고는 가까운 장래에 이산화탄소의 배출 삭감을 목표로 하는 국제협약인 1997년 교토의정서 채택 이면에 숨겨진 추진력이었다. 교토의정서는 2010년까지 이산화탄소의 배출삭감 목표에 도달하기 위해 화석연료 사용을 30%까지 감축할 것을 미국에 요구했다.

교토의정서 원문에는 미흡한 점이 많다. 첫째, 중국, 인도, 브라질을 포함한 개발도상국은 배출삭감 대상에서 제외됐다. 이들은 화석연료 의존율이 계속 증가하고 있으며, 벌써 선진국의 온실가스 배출량을 초과했다.

둘째, 이것은 삭감 목표를 달성하기 위해 지불해야 할 비용을 고려하지 않고 단기간에 화석연료 사용을 줄이도록 요구하고 있다. 교토의정서의 이러한 강압적 요구는 비용은 고려하지 않고 양적인 오염규제 목표만 세우는 환경법규와 매우 유사하다. 더 좋은 접근 방법은 화석연료 사용에 기술적 효율을 크게 증가시키고 온실가스를 거의 배출하지 않는 에너지 기술의 개발을 장려하는 경제적 유인책을 사용하는 것이다. 화석연료의 강압적 삭감은 선진국에서 경제적으로 심각한 결과를 초래하게 되고, 후진국도 결국 배출목표의 합류에 동의하게 되면 더 심각한 경제적인 어려움을 겪게 될 것이다. 그리고 삭감으로 얻는 혜택은 몇십 년 뒤에 오고 비용은 지금 지불해야 하는 것이다.

셋째, 교토의정서가 요구하는 화석연료 삭감량은 너무 적어서 효과를 거둘 수 없다는 것이다. 그것은 IPCC가 규정한 60~80% 삭감보다도 훨씬 적다. 그래서 이행되더라도 교토의정서가 요구하는 삭감량은 전 지구 온도에 거의 영향을 주지 않을 것이다.[43] 한 예측에 따르면, 교토의정서를 이행함으로써 약 2050년까지 지구가 0.06℃ 따뜻해지는 것을 막을 수 있다고 한다.[44]

교토의정서는 1997년에 미국(클린턴 정부)을 비롯한 많은 선진국이 서명했다.[45] 이 의정서는 각국 온실가스 배출량을 합해 지구 전체량의 55%를 차지하는 국가들이 비준할 때 법적 효력을 갖는다. 2002년 6월까지 일본과 유럽연합 15개국을 비롯한 73개국이 비준했다. 이 국가들의 총 배출량은 전체의 36%만 차지하기 때문에 55%를 달성하기 위해서는 적어도 러시아가 비준해야 한다. 그뿐만 아니라 이 조약은 미국이 비준하지 않으면 진정한 힘을 가질 수 없다. 부시 정부는 교토의정서에 반대하고 있으며 더군다나 상원의 동의도 요청하지 않고 있다.

미국은 초기 의정서에는 서명했지만 그 후 어떤 정부도 비준하려고 하지 않았다. 상원이 개발도상국의 참여가 확실하지 않은 어떠한 기후변화 조약도 원칙적으로 받아들이지 않을 것을 만장일치로 결정함으로써 클린턴 정부는 교토의정서를 상원에 의결 사항으로 제출하지 않았다.[46] 미국은 이미 유엔 기후변화협약에는 비준했다. 이 협약은 세계 모든 나라가 이산화탄소 수준을 '인간에 의한 기후 위협을 막을 수 있는 수준까지' 안정화시키는 내용을 포함하고 있다. 하지만 조약에서는 구체적인 수준이 명시되어 있지 않다. 실제로 이것은 알려져 있지도 않다.

새로운 부시 정부는 경제적인 이유로 교토의정서를 적극 반대했다. 대통령은 다음과 같은 입장을 표명했다. "교토의정서는 여러 가지 면에서 비현실적이다. 많은 국가들이 교토의정서의 목표치를 달성할 수 없을 것이며, 목표치 자체도 임의적이며 과학에 근거하지 않았다. 미국이 여기에 비준하게 되면 소비자 물가 상승이나 근로자 해고와 같은 경제적으로 부정적 영향이 발생하게 될 것이다."[47] 미국은 계속 의견을 달리했지만 165개국은 2001년 11월 교토의정서 수정안에 동의했다. 이 수정안은 국가 간 배출권 거래를 허용하고 대기 중 이산화탄소를 흡수하는 숲과 농지를 확장하는 국가에게 가점을 주도록 하여 배출을 줄이는 책임을 완화시켰다. 하지만 미국은 수정된 조약에도 비준하지 않았으며, 일부 환경단체들은 교토의정서의 원래 합의를 '더럽혔다'라고 비난했다.

경제학자 윌리엄 노드하우스(William Nordhaus)의 수정된 교토의정서로 인해 파생되는 경제적 효과를 평가하는 연구를 수행했다. 이 연구는 배출권 거래로 엄청난 자금이 이동함으로써 상당한 비용과 정치적 논쟁이 야기되는 반면 의정서의 목표 달성에서는 큰 진전이 없을 것이라고 지적하고 있다. 또한 이 연구는 미국이 이 조약에 참여하면 앞으로 몇십 년 동안 2조 3,000억 달러에 달하는 비용을 지불해야 할 것이라고 밝히고 있다. 이것은 다른 모든 나라가 지불해야 할 비용의 2배가 넘는다.[48] 미국이 교토의정서에 동참하기 꺼리는 것을 이해한다고 해서 미국의 기후변화 정책 전반에 동정을 보낼 필요는 없다.

비록 이산화탄소 배출에 대한 정치적 논쟁이 약화되지 않고 있지만 계속되는 기후변화 문제에서 과학의 위치는 점차 나아지고 있다. 과학은 이산화탄소가 지구온난화를 예측할 수 있는 지표라는 과거의 편협한 논점에서, 지구의 미래 기후는 복잡하고 서로 상쇄될 수 있는 요인들이 합쳐지고 계속 변화하면서 결정된다는 사실을 점점 더 많은 사람들이 인식하는 방향으로 나아가고 있다. 그리고 이 요인들의 많은 부분은 인간에 의해 조절되지 않을 뿐만 아니라 대부분은 모르고 있다. 지속적인 연구를 통해 기후와 기후변화에 관한 과학이 점점 발전할 것이고, 성숙된 과학은 선진국과 개발도상국의 필요성을 모두 고려하는 더 좋은 기후정책을 개발할 것이다.

지구온난화 무엇이 문제인가?

원인이 무엇이든 간에 지난 세기에 지표면의 기온이 상승됐다는 사실을 알고 있다. 미래에 지구온난화가 일어날지, 또 일어난다면 그 정도가 얼마일지 잘 모르더라도 다음과 같은 중요한 질문은 필요하다. 지구온난화는 얼마나 문제가 되나?

> 이번 세기에 만약 지구 평균온도가 약 2℃ 상승한다면 지구에 어떤
> 결과를 초래할까?

일부 환경주의자들은, 심각한 기상악화, 농작물 생산의 감소, 해안과 섬을 수몰시키는 해수면 상승, 그리고 질병의 만연과 같은 비참한 결과를 예견했다. 환경운동가들은 지구온난화의 가장 비관적인 예측이 사실일 경우를 가정하여 이러한 결과를 경고 수단('일종의 보험')으로 사용하는 것이라고 정당화하면서, 인류가 화석연료 사용을 감축하는 데 국제사회가 참여하도록 교토의정서보다 더욱 강력한 압력을 행사하고 있다. 다른 한편에서는 예방이 질병보다 더 심각한 문제가 될 것이라 반박하고 있다. 즉, 화석연료 사용을 줄이려는 정부의 제재로 인

한 사회경제적 피해가 온도상승 영향보다 더 심각할 것이고, 오히려 온도상승이 사회경제에 미치는 영향은 작거나 심지어 이로울 수 있다는 것이다.

인간의 활동이 기후에 미치는 영향에 대한 논쟁이 몇 십 년 동안 해결되지 못했지만, 온난화로 인해 심각한 문제가 일어나지 않을 것이라는 전망은 받아들여질 수 있다. 어쨌든 이미 세계는 더 따뜻해져 있다. 온도 변화가 미치는 영향에 관한 역사적 증거를 한번 보자. 지난 2500년 동안 지구의 온도는 3℃ 이상 변했고, 이 변화 중 어떤 부분은 IPCC가 예측한 점진적인 변화보다 훨씬 더 급격하게 일어났다.[49] 역사가 기록되면서부터 현재 논의되고 있는 지구온도 변화보다 그 폭이 훨씬 큰 기후대에서 인류는 생존하고 번영해왔다. 오늘날 사람들은 따뜻해진 기후를 더 선호하는 것이 분명하다. 정치적 규제 없이 환경 조건에 따라 인구이동이 가능한 몇몇 지역 중 하나인 미국에서는 추운 북동쪽에서 따뜻한 남동쪽으로 이동하는 인구가 반대 방향에 비해 훨씬 더 많다.

따뜻해진 기후로 인해 농작물의 손실을 예측한 사람들은 반대 결과를 얻을 수 있다. 역사적으로 기후가 따뜻한 시기는 문명 발달에 혜택을 주었고 추운 시기는 그렇지 못했다. 예를 들어 약 900~1300년까지 지속된 중세 온난기에는 아이슬란드와 그린란드에 바이킹이 정착했다. 반면 그 후에 나타난 소빙하기는 농업 실패, 식량 부족, 그리고 질병을 초래했다. 온도가 조금만 상승해도 서리가 생기지 않는 기간이 길어져 식물이 더 오래 성장할 수 있게 됨으로써 농부들은 혜택을 받는다. 특히 러시아와 캐나다 같은 추운 지역의 농민들에게는 확실히 이익을 가져다준다.[50] 농업경제학자들에게는 대기 중의 이산화탄소가 증가하면 식물성장이 촉진되고 온실 농업이 발달한다고 알려져 있다. 그래서 지구 전체에서 이산화탄소 농도가 증가하면 물 사용 효율이 증가할 뿐만 아니라 식물 생산성이 향상되는 것을 기대할 수 있다.[51] 이산화탄소 증가로 인해 따뜻해진 기후는 식물의 태양에너지 전환 능력을 향상시키기 때문에 지구온난화가 농업에 좋은 효과를 가져올 수 있다는 예측은 이치에 맞다. 이러한 이슈에 관한 경제적 측면의 여러 연구에서도 동일한 결론에 도달했다. 적당한 지구온난화는 국민총생산과 평균소득을 증가시켜(특히, 농업과 임업부문에서) 경제적으로 순이익을 창출해낼 가능성이 많다.[52] 물론 이러한 장래 예측은 매우 불확실할 수 있고, 예상치 못한 부정적 영향이 발생할 수 있다는 가능성을 배제할 수 없다.

온도가 더 따뜻해지면 강수량이 증가하고, 이로 인해 곤충의 서식지가 확대되어 말라리아, 뎅기열, 황열병 같은 곤충 매개 전염병이 확산될 것이라는 걱정이 고조되어 왔다.[53] 하지만 여기에 대해서는 명확한 증거가 없다. 이러한 병들은 지금보다 추웠던 19세기에 북미, 서유럽, 러시아에서는 흔한 전염병이었다. 전염병의 확산이 복잡한 문제이긴 하지만 이런 병의 주요 전염 매개체는 대체로 세계 여행을 하는 사람들과 사람이나 물건을 따라 이동하는 곤충이다. 미래의 질병을 방지하기 위해서는 추운 기후가 필요한 것이 아니라 지역별 해충 방제와 수질 및 공중위생 개선이 필요하다. 개발도상국들에서 가난이 사라지고 사람들의 생활수준이 개선되면 질병의 정도와 확산은 감소할 것으로 예상된다.[54] 곤충 매개 전염병 전문가인 폴 라이터(Paul

Reiter) 박사는 이렇게 말한다.

미국과 같은 선진국들이 계속 번영을 유지한다면 곤충 매개 전염병의 확산은 두려워할 필요가 없다. 이러한 전염병은 기후가 아닌 가난으로 인한 병이다. 기후야 어떻든 간에 개발도상국들은 현재 미국에서 당연한 것으로 여기는 방충망, 에어컨, 현대 의약, 그리고 쾌적한 설비를 갖출 때까지 이병에 대해 여전히 위험한 상태로 남게 될 것이다. 사회정책의 일환으로 최고의 예방책은 생활수준을 전반적으로 향상시키고, 특별히 보건기반시설을 개선하는 것이다.[55]

지구온난화를 주장하는 사람들이 말하는 가장 끔찍하고 널리 알려진 예측 중 하나는 해수면 상승이다. 온난화로 인하여 해수면이 상승하면 방글라데시와 같은 많은 섬과 해안 저지대가 수몰될 것이라는 예측이다.[56] 사실 해수면은 지금도 상승하고 있으며 이미 수천 년 동안 계속되어 왔다. 한때는 시베리아와 알래스카가 육지로 연결되어 인류가 아시아에서 북미까지 걸어서 이주할 만큼 해수면은 매우 낮았다. 최근 연구는 지난 3000년 동안 해수면은 1세기에 약 1~2cm 정도 상승했다고 보고하고 있다.[57] 20세기에 직접 관측된 기록을 분석한 일부 연구는 해수면이 더 빠른 속도인, 1세기에 약 10~25cm로 상승하고 있는 것으로 밝히고 있다.[58] 하지만 또 다른 연구들은 그 속도가 이것보다는 느리다고 결론짓고 있다.[59] 상승 정도가 얼마나 가속화됐던 간에 해수면 변화는 산업화 이전에도 발생했던 것이다.[60]

물론 문제는 현재 진행 중인 해수면 상승이 인간의 화석연료 사용과 어떤 관계가 있느냐이다. 이를 고찰해보기 전에 한발 뒤로 물러서서 지구 온도변화가 해수면 변화에 어떻게 관련되는지에 대해 과학은 무엇이라 답할지 알아보자. 이것은 앞의 문제보다 더 복잡하다. 한 요인은 해수가 따뜻해짐에 따라 팽창하여 수면이 상승한다는 것이고, 또 다른 요인은 온난화는 해수를 증발시키고 북극과 남극의 빙원에 강설량을 증가시켜 바닷물을 줄게 하여 수면을 낮춘다는 것이다. 이 두 가지 요인의 상대적 중요성은 잘 알려져 있지 않다. 남극의 서쪽 빙원이 약 2만 년 전 대빙하기 이후 계속해서 녹고 있으며, 이때부터 해수면이 계속 상승하고 있다는 것은 연구를 통해 잘 알려져 있다.[61] 다음 빙하기까지 이 빙원이 계속 녹는 것은 피할 수 없을 것이며, 이 빙원이 완전히 녹으면 해수면은 4.6~5.5m까지 상승할 것이다. 해수면의 자연 상승에 대한 다른 메커니즘이 제안됐는데 그것은 해저 지형의 구조적 변화다.[62] 이론적인 컴퓨터 기후모델들은 해수면 상승의 원인을 해수의 열 팽창으로 규정하고 있다. 그래서 앞으로 지구온도가 증가하면(인간 활동에 의한 것으로 가정) 해수면 상승이 더욱 가속화될 것으로 예측하고 있다. 하지만 이 모델들은 관련된 자연현상 전부를 적절하게 다룰 수 없기 때문에 해수면 상승에 대한 모델의 예측은 회의적으로 받아들여지고 있다.

방금 설명한 것과 같은 해수면 상승의 자연적 원인들은 지구 진화의 일부다. 자연적 원인들은 인간 활동과 어떤 관계도 없으며 인간은 여기에 대해 아무것도 할 수 없다. 문명이 지진이나 인간이 통제할 수 없는 다른 자연현상에 항상 순응해왔듯이 이러한 변화에도 항상 순응할 수밖에 없다. 이것은 자연의 변화에 순응하는 것이 때로는 고통스럽지 않다는 것을 말하려는 것이 아니다. 물론 지진과 토네이도에 순응하는 것은 매우 고통스럽다. 하지만 우리가 어떤 자연현상에 대해 할 수 있는 것이 아무것도 없다면 그것이 고통스럽건 그렇지 않건 거기에 순응하게 된다. 해수면 상승은 인간이 통제할 수 없는 현상일 가능성이 매우 크다.

방글라데시와 같이 취약한 저지대에 사는 불행한 홍수피해자들은 잦은 재난의 원인에 상관없이 인도주의적인 관점에서 국제사회의 도움을 받아야 한다. 그리고 그 도움은 무조건 이루어져 하며, 지구온난화나 빙하의 융해와 같은 복잡한 주제에 대한 정치적 또는 과학적 논쟁의 변화무쌍함과 연결되지 말아야 한다.

일부 환경주의자들의 또 다른 주장은 인간에 의한 지구온난화로 허리케인, 토네이도, 가뭄, 그리고 홍수와 같은 기후와 관련된 자연재난의 빈도와 심각성이 점점 증가하고 있다는 것이다. 하지만 실제 역사 기록은 이러한 주장을 뒷받침하고 있지 않다. 반대로 최근 여러 통계 분석은 허리케인, 태풍, 열대 폭풍, 홍수, 눈보라, 마른번개, 혹서, 지진과 같은 자연재난의 발생 빈도는 증가하지 않았다고 밝혔다.[63] 자연재난에 의한 손해비용은 보험 회사와 정부의 비상 대책기관이 당황할 정도로 증가하고 있다. 이것은 부유한 사회에서 해안가나 가파른 언덕, 그리고 삼림 지역과 같이 자연재난에 피해를 받기 쉬운 곳에 비싼 건물을 점점 많이 건설하기 때문이다.[64] 그러한 지역이 주거지로 가장 매력적일 뿐만 아니라, 재해 보험 대상이 더 넓은 사회에 확산되어 보상비에 비해 보험료가 비교적 싸기 때문에 사람들은 앞으로 계속 그렇게 할 것이다.

사회에는 선택권이 있다. 그래서 사람들은 원인이 무엇이든 상관없이 기후변화에 순응하는 것과, 정부가 기후변화는 인간에 의한 것으로 가정하고 이를 줄이기 위한 과감한 정책을 시행하는 것 중에서 무엇이 더 효과적인가를 물어볼 수 있다. 적어도 경제적 관점에서, 변화에 순응하는 것이 확실히 바람직할 것이다. 여러 분석에서 온난화로 인한 최악의 결과로 지불하는 모든 비용이 세계 총 생산의 약 2%에도 못미칠 것으로 예측했다.[65] 아마 이번 세기 동안 1인당 평균소득은 4배로 늘어날 것이기 때문에 이것으로 인한 잠재적인 손실은 실제로 매우 작을 것이다. 기후변화에 적응할 것을 강조한 보다 최근의 경제 연구는 지구온난화가 미국 경제에 미치는 전체적인 영향은 손실보다 이익이 될 것으로 예상했다. 순이익의 양은 경제규모의 약 0.2%로 많지는 않다.[66] 그러한 분석에는 통계의 불확실성을 고려해야 한다. 즉, 이익이나 손실이 예상 결과보다 훨씬 많거나 적게 바뀔 가능성은 어느 정도 있다.

반대로 화석연료 사용을 제한하는 정부 대책('보험' 정책)의 경제적 비용은 상당히 클 수 있다. 미국이 교토의정서에 합의할 경우 앞으로 몇십 년 동안 미국 경제는 총 2조 3,000억 달러의 비용 지불이 예상된다는 노드하우스의 연구를 앞에서 설명했다.[67] 미국 정부의 한 연구에서는 화석연료 사용을 줄일 수 있는 효과적인 방법은 탄소 세금과 국제적 배출권 거래제도의 조합이라고 제안했다.[68] 배출권 거래제도는 실제로 수정된 교토의정서에 포함되어 있다. 그러한 거래제도는 가난한 나라에서 사용되지 않을 배출할당량을 부유한 나라가 지불함으로써 엄청난 소득양도의 결과를 가져올 것이다. 부유한 국가들이 기꺼

이 그렇게 하리라고 추측하는 것은 합리적이지 못하다.[69]

한 경제학자 그룹은 세계 경제의 향후 성장과 그에 따른 화석연료 사용 증가를 예측할 때 발생할 수 있는 큰 불확실성을 고려하더라도 온실가스 감축에 들어가는 비용은 세계 총생산의 1% 안팎일 것이라고 추정하고 있다.[70] 반면 다른 경제학자 그룹은 5% 정도로 더 높게 평가하고 있다.[71] 만약 짧은 기간 동안 상당한 감축이 강제적으로 세계 경제에 가해지거나 혹은 그러한 감축을 가져오는데 경제적으로 가장 효과적인 계획이 실제 도입되지 않는다면, 비용은 훨씬 높을 것으로 예상된다. 이렇게 될 확률은 충분히 있다. 정치경제학자인 재코비(Jacoby), 프린(Prinn), 그리고 슈말린시(Schmalensee)는 이것을 더욱 강력하게 주장하고 있다. "만약 이산화탄소를 거의 또는 아예 배출하지 않는 에너지원이 재래식 화석연료에 비해 경쟁력을 갖지 못한다면, 세계 많은 국가들을 가난에 내버려두지 않고서는 지구온난화를 현저히 느리게 하는 것은 거의 불가능할 것이다."[72]

지구온난화에 대한 나의 최종결론은 무엇일까? 첫째, 얼마간의 지구온난화는 지난 1세기 이상 계속되어 왔으며, 적어도 원인의 일부는 자연발생적인 것이다. 그리고 과거에 기후변화가 발생했을 때 세계는 순응해왔다. 둘째, 만약 자연발생적 온난화에 인간 활동에 의한 온난화가 가중됐다는 것이 사실로 밝혀지면 그 양은 아마도 작을 것이며, 사회는 비교적 낮은 비용을 지불하거나 순이익을 보면서 잘 적응할 수 있다. 셋째, 선진산업국가들은 지금과 같은 불완전한 과학적 기반을 토대로 화석연료 사용 감축을 요구하는 비효율적인 교토의정서를 수용하지 않을 것이다. '사전 예방의 원칙'에 따르는 비용은 예상 가능한 이익을 훨씬 초과할 수 있다. 더 효과적인 것은 선진산업국가들의 정책과 행동일 것이다. 단기적으로는 보다 효율적인 화석연료(그리고 모든 자원) 사용 기술의 개발을, 장기적으로는 화석연료 사용이 필요 없는 기술의 개발을 가속화하는 것이 더 효과적이다.

마지막으로 선진국은 기후과학이 추구하는 것을 국제정치와 완전히 분리함으로써 장래에 이 중요한 과학이 주는 신뢰를 보장해야 한다. 부유한 국가는 강력한 기후 연구 프로그램을 계속 지원해야 한다. 이 프로그램은 기후의 장기변화에 영향을 주는 요인들에 대한 이론적 이해와 경험상의 데이터베이스를 향상시키며, 동시에 단기적 기상역학에 대한 이해를 높일 것이다. 이러한 연구는 온실가스에 관한 논쟁을 위해서도 필요할 뿐만 아니라, 그 원인이 무엇이던 간에 허리케인, 토네이도, 홍수와 같은 악기상을 극복하는 인간의 능력을 향상시킴으로써 인류에게 충분히 보답할 수 있을 것이다.

1 좀 더 정확하게 말하면 지구 표면 온도는 1860~1940년 사이에 약 0.4℃상승했고, 1940~1980년 사이에는 0.1℃ 하락했으며, 지난 20년 동안에는 약 0.3℃상승했다. 그러나 인공위성에서 관측된 온도를 보면 지난 20년 동안 지구 대기의 온도는 상승하지 않았다. 자세한 내용은 이 장을 참고.

2 P.N. Edwards, and S.H. Schneider, "Self-Governance and Peer Review in Science-for-Policy: The Case of the IPCC Second Assessment Report, in Changing the Atmosphere: Expert Knowledge and Environmental Governance, ed. C. Miller and P.N. Edwards (Cambridge, MA: MIT Press, 2001). IPCC는 부자연스럽게 결합된 단체다. 과학 단체는 창의적 연구를 전파하고 그에 대한 반응, 심의, 논쟁과 같은 세밀한 여과과정을 거친 후에 궁극적으로 연구 결과를 학계가 인정 또는 거부하는 데에 따라 지식을 만드는 역할을 한다. 과학 단체는 정치 단체가 하는 것처럼 협상과 표결을 통해 진실을 결정하는 것이 아니다. IPCC가 정책을 결정하는 과정은 과학 단체보다 정치 단체에 더 가깝다. John Ziman, Public Knowledge: An Essay Concerning the Social Dimension of Science (Cambridge, UK: Cambridge University Press, 1968)를 참고.

3 C.A. Miller and P.N. Edwards, introduction to Changing the Atmosphere.

4 B. McKibben, "A Special Moment in History," Atlantic Monthly (May 1998): 55.

5 Conference of the Parties 3 (COP-3), Kyoto Protocol to the United Nations Framework Convention on Climate Change (Kyoto, Japan: December 1997).

6 Sierra Club, Global Warming (March 1999), www.sierraclub.org/global warming.

7 일반적으로 통용되는 환경오염물질이라는 용어는 건강과 복지에 부정적인 결과를 가져오는 것으로 알려진 물질을 말한다. 이산화탄소는 그러한 부정적인 결과를 일으키지 않는다. 그래서 이것은 환경보호청(EPA)에서 오염물질로 규제하지도 않았다. 사실 이산화탄소는 모든 생명체에 반드시 필요한 유익한 물질이다.

8 온실 가스만 작용한다면 지구는 너무 뜨거워질 것이다. 물의 증발과 같은 자연

냉각 과정이 있기 때문에 온실 가스로 인한 가열 현상에 대해 균형을 잡아주고 우리가 생활하기에 좋은 지구 온도를 만든다.

9   Frank Shu, The Physical Universe: An Introduction to Astronomy (Herndon, VA: University science Books, 1982).

10 인용된 수치는 하와이 마우나로아(Mauna Loa)산에서 측정한 값이다. 주어진 기간 동안 다른 곳에서 측정한 값은 다소 차이가 있으나 전체적인 경향은 일치한다.

11 World Resources Institute, World Resources, 2000–2001 (Oxford: Oxford University Press, 2000), data table AC.3.

12 Svante Arrehenius, "On the Influence of Carbonic Acid in the Air upon the Temperature of the Ground," Philosophical Magazine 41 (1896): 237.

13 과학자들이 지구의 기후 역사를 연구하기 위해 사용하는 탁월한 방법 중 하나는 지구 빙하에 수천 m의 구멍을 뚫는 것이다. 나무의 나이테처럼, 빙하에 있는 연도별 얼음 층은 화산 폭발, 오염, 먼지 폭풍의 직접적인 증거와 얼음 속 물 분자에서 측정된 산소 동위원소 비율로 대기 온도의 간접적 증거를 제공한다. 빙하에 구멍을 내는 측정은 인류와 온도계가 존재하기 수백만 년 전의 자료를 제공한다.

14 J. Hansen, R. Ruedy, J. Glascoe, and M. Sato, "GISS Analysis of Surface Temperature Change," Journal of Geophysical Research 104 (1999): 30997.

15 R. Balling Jr., "Global Warming: Messy Models, Decent Data, and Pointless Policy," in The True State of the Planet, ed. R. Bailey (New York: Free Press, 1995), 87–107.

16 A. Henderson-Sellers and P.J. Robinson, Contemporary Climatology (New York: John Wiley, 1986). 이 기간 동안 냉각 경향은 석탄연소로 인한 황산 에어로졸(미세 입자)가 크게 증가하는 것에 의해 부분적으로 설명될 수 있다. 그러나 황산 에어로졸은 대기가 가열되고 냉각되는데 기여하는 여러 종류의 에러로졸 중 하나에 불과하다. 그래서 현재로서는 이것이 완전히 이해된 것이 아니다. 뿐만 아니라 다른 자연적 냉각 원인이 무시될 수 없다. 참고 자료: V. Ramanathan et al., "Aerosols, Climate, and the Hydrological Cycle," Science 294 (December 7, 2001): 2119. 이 장 뒷부분에 있는 에어로졸에 관한 논의를 참고.

17 National Academy of Sciences-National Research Council Committee, Understanding Climate Change: A Program for Action (Washington, DC: NAS-NRC, 1975); S.H. Schneider, The Genesis Strategy: Climate and Global Survival (New York: Plenum Press, 1976).

18 프리먼 다이슨(Freeman Dyson)과의 사적 교신 (May 14, 2001).

19 National Research Council, Reconciling Observations of Global Temperature Change (Washington, DC: National Academy Press, 2000).

20 상동.

21 J. Hansen, R. Ruedy, J. Glascoe, and M. Sato, "GISS Analysis of Surface Temperature Change."

22 J. Hansen et al., "A Closer Look at United States and Global Surface Temperature Change," Journal of Geophysical Research, 106(D20) (October 2001): 23947.

23 R.A. Kerr, "From Eastern Quakes to a Warming's Icy Clues," Science 283 (January 1, 1999): 29.

24 T.R. Naish, et al. (thirty-two coauthors), Nature 413 (October 18, 2001): 719.

25 C.A. Perry, and K.J. Hsu, Proceedings of the National Academy of Sciences (early edition) (September 2000).

26 Ray Bradely, "1000 Years of Climate Change," Science 288 (May 26, 2000): 1353; L.D. Keigwin, "The Little Ice Age and Medieval Warm Period in the Sargasso Sea," Science 274 (November 29, 1996): 1504.

27 Bradely, "1000 Years of Climate Change,"

28 K.R. Briffa, P.D. Johns, F.H. Schweingruber, and T.J. Osborn, "Influence of Volcanic Eruptions on Northern Hemisphere Summer Temperature over the Past 600 Years," Nature 393 (1998): 450; P.D. Johns, K.R. Briffa, T.P. Barnett, and S.F.B. Tett, "High-Resolution Paleoclimatic Records for the Last Millennium: Interpretation, Integration, and Comparison with General Circulation Model Control-Run Temperatures," Holocene 8 (1998): 455; M.E. Mann, R.S. Bradley, and M.K. Hughes, "Global-Scale Temperature Patterns and Climate Forcings over the Past Six Centuries," Nature 392 (1998): 779; J. Overpeck et al., "Arctic Environmental Changes of the Last Four Centuries," Science 278 (1997): 1251.

29 "PaleoClimate." Science 292 (April 27, 2001): 657에 게재된 7편의 논문.

30 J. Smith and J. Uppenbrink, introduction to "PaleoClimate," 657.

31 United Nations Intergovernmental Panel on Climate Change, Climate Change 2001: Summary for Policymakers (Cambridge, UK: Cambridge University Press, 2001).

32 National Research Council, Global Temperature Change.

33 Ramanathan et al., "Aerosols, Climate, and the Hydrological Cycles," 2119.

34 UN Intergovernmental Panel on Climate Change, Technical Summary of the

Working Group I Report (Geneva: IPCC, 2001).

35 J. Hansen, M. Sato, R. Ruedy, A. Lacis, and V. Onias, "Global Warming in the 21st Century: An Alternative Scenario," Proceedings of the National Academy of Sciences 97(18) (2000): 9875.

36 Ramanathan et al., "Aerosols, Climate, and the Hydrological Cycles."

37 Sallie Baliunas, testimony before Senate Committee on Environment and Public Works, 106th Cong., 2d sess., March 13, 2002.

38 B.D. Santer et al., "Uncertainties in Observationally Based Estimates of Temperature Change in the Free Atmosphere," Journal of Geophysical Research, 104 (March 27, 1999): 6305.

39 J. Hansen, "Climate Forcings in the Industrial Era," Proceedings of the National Academy of Sciences 95(22) (October 27, 1998).

40 D. Rind, "Complexity and Climate," Science 284 (April 2, 1999): 105.

41 UN Intergovernmental Panel on Climate Change, Climate Change 1995: Impacts, Adaptations and Mitigation: Summary for Policymakers (Cambridge, UK: Cambridge University Press, 1996).

42 Committee on the Science of Climate Change, NAS-NRC, Climate Change Science. An Analysis of Some Key Questions (Washington, DC: National Academy Press, 2001).

43 M. Parry, N. Arnell, M. Hulme, R. Nicholls, and M. Livermore, "Adapting to the Inevitable," Nature 395 (1998): 741; D. Malakoff, "Thirty Kyotos Needed to Control Warming," Science 278 (1997): 2048.

44 Baliunas, testimony before Senate Committee on Environment and Public Works.

45 Kyoto Protocol to the United Nations Frameworks Convention on Climate Change (Bonn, Germany: UNFCCC, December 1997).

46 네브라스카 주 상원의원 척 헤겔(Chuck Hegel)과 웨스트버지니아 주 상원위원 로버트 버드(Robert Byrd)의 제안으로 1997년 7월 만장일치(95-0)로 통과된 상원의 결정이다.

47 George W. Bush, President's address on global climate change, White House News Release, Office of Press Secretary, June 11, 2001.

48 W.D. Nordhaus, "Global Warming Economics," Science 294 (November 9, 2001): 1283.

49 L.D. Keigwin, "The Little Ice Age and Medieval Warm Period in the Sargasso

Sea."

50 W.D. Nordhaus, "To Slow or Not to Slow: The Economics of the Greenhouse Effect," Economics Journal 101 (July 1991): 920.

51 S.H. Wittwer, Food, Climate, and Carbon Dioxide (Boca Raton, FL: CRC Press, 1995).

52 R. Mendelsohn and J.E. Neumann, eds., The Impact of Climate Change on the United States Economy (Cambridge, UK: Cambridge University Press, 1999).

53 UN Intergovernmental Panel on Climate Change (IPCC), Summary for Policymakers(1995), 13.

54 G. Taubes, "Apocalypse Not," Science 278 (1997): 1004.

55 Paul Reiter, Global Warming and Vector-Borne Disease: Is Warmer Sicker? (briefing for the National Consumer Coalition). http://www.cei.org (July 28, 1998).

56 Meteorological Office, Department of the Environment, United Kingdom, Climate Change and Its Impacts (London: November 1998).

57 UN IPCC, "Changes in Sea Level," chapter 11 in Climate Change 2000: Summary for Policymakers (Cambridge, UK: Cambridge University Press, 2000).

58 UN IPCC, "Changes in Sea Level,"

59 J.L. Daly, Testing the Waters: A Report on Sea Levels (Arlington, VA: Greening Earth Society, 2000).

60 J.A. Dowdeswell et al., "The Mass Balance of Circum-Arctic Glaciers and Recent Climate Change," Quaternary Research 48 (1997): 1.

61 H. Conway, B.L. Hall, G.H. Denton, A.M. Gades, and E.D. Waddington, "Past and Future Grounding-Line Retreat of the West Antarctic Ice Sheet," Science 286 (1999): 280.

62 A. Trupin and J. Wahr, "Spectroscopic Analysis of Global Tide Gauge Sea-Level Data," Geophysical Journal International 100 (1990): 441.

63 이러한 연구는 다음 자료에 요약되어 있다. D. Ridenour, Don't Like the Weather? Don't Blame It on Global Warming, Policy Analysis no. 206 (Washington, DC: National Center for Public Policy Research, August 1998); G. Van der Vink et al., "Why the United Sates Is Becoming More Vulnerable to Natural Disasters," EOS: Transactions of the American Geophysical Union 79(44) (November 3, 1998): 533.

64 Van der Vink, "Why the United States Is Becoming More Vulnerable to Natural Disasters."

65 W.D. Nordhaus, "An Optimal Transition Path for Controlling Greenhouse Gases," Science 258 (November 20, 1992): 1315; S. Fankhauser, "The Economic Costs of Global Warming: A Survey," Global Environmental Change 4(December 1994):301–309.

66 Mendelsohn and Neumann, Impact of Climate Change.

67 Nordhaus, "Global Warming Economics."

68 Five-Laboratory Working Group, Scenarios of U. S. Carbon Reductions (Washington, DC: U. S. Department of Energy, 1997).

69 J. Kaiser, "Pollution Permits for Greenhouse Gases?" Science 282 (1998): 1024.

70 A.Z. Rose and G. Oladosu, "Greenhouse Gas Reduction Policy in the United States: Identifying Winners and Loses in an Expanded Permit Trading System," Energy Journal 23(1) (January 2002): 1–18.

71 W. Beckerman, Though Green-Colored Glasses (Washington, DC: Cato Institute, 1996), 113.

72 H. Jacoby, R. Prinn, and R. Schmalensee, "Kyoto's Unfinished Business," Foreign Affairs (July–August 1998): 54–66.

제7장
물, 풍요 속의 빈곤

미국 전 상원의원 폴 사이먼(Paul Simon)은 그의 저서 『물의 종말 (Tapped Out)』에서 "증가하는 인류의 물 수요량과 사용가능한 물 공급량 간의 불일치를 멈추게 할 어떤 일이 일어나지 않는다면, 인류는 유사 이래 가장 처절한 재난을 겪게 될 것이라고 말하는 것은 과장이 아니다"라고 기술하고 있다. "1인당 물 소비량이 세계 인구보다 2배 빠르게 증가하고 있다"라는 통계를 인용하면서, 사이먼은 "인류가 준비된 대재난으로 향해가고 있다는 것을 이해하기 위해 당신이 아인슈타인처럼 영리한 사람이 될 필요는 없다"라고 언급하고 있다.[1] 환경비관주의의 이 전형적인 예를 염두에 두면서 물에 관한 몇 가지 사실을 살펴보도록 하자.

물은 지구에서 가장 중요한 자원 중 하나다. 공기와 마찬가지로 물은 생명을 유지하는데 반드시 필요하다. 지구에는 음용수로 지표담수와 지하수 두 종류의 수원이 있다. 해수는 양은 무한하지만 비용이 많이 드는 염분 제거 과정을 거치지 않으면 마실 수 없다. 지표담수는 비, 눈, 진눈깨비와 같은 강우현상으로 만들어진다. 지표담수가 재생 가능한 자원인 것은 확실하지만 그 재생은 연간 강수량에 따른다. 그리고 강수량은 양이 제한되어 있을 뿐만 아니라 매년 변한다.

지하수는 더 복잡하다. 지하수는 암석이 갈라진 틈이나 암석과 토양 내 공간 등 거의 모든 지하에서 찾을 수 있으며, 이것은 보이지 않는 지하 호수로 생각할 수 있다. 그리고 그 호수의 수면을 '지하수위'라 부른다.[2] 지하 호수는 하나의 연못과 같은 것이 아니고, 여러 개의 대수층들이 서로 연결되어있는 것이다. 지하수는 재생 불가능한 것도 아니고 그렇다고 완전히 재생 가능한 것도 아니다. 비록 강수가 땅속으로 스며들어 지하수가 계속 보충된다 하더라도 그 속도는 매우 느리고, 때로는 인간이 지하수를 사용하기 위해 뽑아 올리는 속도보다도 훨씬 느릴 수 있다. 지하수를 지나치게 사용하면, 지하수는 고갈될 수 있을 뿐만 아니라 바다로부터 염수의 침입으로 인해 수질이 악화될 수 있다. 인간이 만든 쓰레기 매립장이나 화학물질 저장탱크와 같은 곳에서 나오는 오염물질도 지하수의 수질을 악화시킬 수 있다. 지하수를 오랫동안 사용하려면 주의해서 관리해야 하고 오염과 남용으로부터 보호해야 한다.

지표담수는 풍부하고 재생가능한 자원이다. 우리는 지표담수 전체 총량 중에서 겨우 일부분만이 사용하는 데, 한눈에 숫자만 보아도 지구 전체에 공급되는 지표담수 양은 아주 엄청나다는 것을 알 수 있다. 지구에 내리는 비와 눈의 총량은 연평균 약 57만 7,000km³이고 그

중 11만 9,000km³가 육지에 내린다.[3] 육지에 내린 강수량 중에서 약 7만 2,000km³는 증발하고 나머지 4만 7,000km³는 지면 유출수가 되거나 일부는 지하로 스며든다. 지면 유출수의 많은 부분은 인간이 접근할 수도 없거나 취수가 어렵다. 인간이 이용 가능한 양은 약 1만 2,500km³에 불과한 것으로 추정하고 있다.[4] 1900년에 약 580km³의 담수가 지구 전체에서 사용됐고 이것은 이용 가능한 양의 약 4.6%에 해당한다. 2000년에는 물 사용이 늘어 약 4,000km³가 지구 전체에서 사용됐으며,[5] 이것은 이용 가능한 양의 약 32%에 해당한다. 가장 최근 예측에 따르면 2025년에 지구 전체의 물 사용은 약 3,600~5,500km³ 정도가 될 것이라 하며, 이것은 현재 이용 가능한 양의 29~44%에 해당한다.[6]

이러한 숫자들이 세계가 물로 인한 대재난에 직면하고 있다는 상원 의원 사이먼의 비관적 결론을 지지해주는 것일까? 아마 그렇지 않을 것이다. 매년 지구에 공급되는 담수량은 21세기 지구에 거주할 것으로 예상되는 80~90억 명의 인구가 필요로 하는 적정량보다 많다.[7] 물론 사람들의 생각이 앞으로도 물에 대한 전통적인 개념에 머물러 있다면 물로 인해 참혹한 재난이 일어날 수 있다. 물은 공짜이며 무한정 공급되고, 우리가 세계의 물 공급량을 잘 다루든 그렇지 않든 물은 항상 있을 것이라고 계속 생각한다면 재난은 일어날 수 있다. 하지만 인류 문명에는 물을 더 이상 그런 식으로 생각하지 않는다는 것을 보여주는 증거가 있다. 물은 대체재가 없고 인류 문명이 물을 보호해야 한다는 사실을 지구 곳곳의 많은 사람들은 인식하고 있다.

물은 너무도 기본적인 자원이기 때문에 공급, 분배, 비용, 수질과 같은 많은 사회적 이슈를 내재하고 있다. 다른 자원과 마찬가지로 물 문제도 부유한 나라와 가난한 나라에서 차원을 달리한다. 부유한 나라에서 물 정책과 시행은 지금까지 얼마 동안 올바른 방향으로 추진되어왔다. 영국의 예를 보면, 정부는 '소중한 국가의 재산을 보호하기 위해' 지하수 관리를 국가의 우선순위에 두었다.[8] 대부분의 다른 부유한 나라도 물 관리 체계에 영국과 유사한 우선순위를 두었고 상당한 개선을 이룩하고 있다. 반대로, 가난한 나라에서는 물 공급과 수질문제가 악화됐고 어떤 경우에는 경제적·사회적 발전의 제한 요인이 됐다. 개발도상국의 국민들은 단지 30~40%만 비교적 깨끗한 물을 사용할 수 있고 이보다 더 낮은 비율의 사람만이 음용 가능한 물을 사용할 수 있는 것으로 추산하고 있다. 이러한 현상은 수자원보다 가난으로 인한 문제에 원인이 있다.

이 장에서 우리는 세 가지 주요한 물에 관한 이슈, 즉, 담수 자원의 분배, 물 사용의 효율성, 그리고 수질과 공중보건을 살펴볼 것이다.

담수 자원의 분배

전체적으로 담수 자원은 모든 사람들에게 충분히 공급될 수 있는 것 이상으로 존재한다. 하지만 불행하게도 담수 자원은 전 지구에 매우 고르지 않게 분포되어 있고, 대부분의 담수는 그것을 사용하기 원하는 사람들이 살고 있는 곳에 있지 않다. 어떤 국가는 엄청난 양의 담수 자원이 있는 반면, 또 다른 국가는 전혀 그렇지 못하다. 담수 공급량에 관한 유용한 측정치는 인구 1인당 연간 사용 가능한 양이며, 이 수치를 조사해 보면 나라마다 크게 다르다. 인구 밀도가 낮은 아이슬란드가 1인당 60만 6,500m³로 세계 최고의 물 풍요 국가이고, 그 뒤를 수리남(45만 3,000)과 가이아나(28만 2,000)가 따르고 있다. 1인당 연간 사용 가능한 양이 단지 11m³를 가진 쿠웨이트와 이집트(43), 아랍에미레이트(64)는 극도의 물 부족 국가다. 캐나다(9만 4,000), 노르웨이(8만 8,000), 러시아(2만 9,000), 스웨덴(2만), 미국(8,900)은 자체 물 공급으로는 적절하다. 이탈리아(2,800), 중국(2,200), 영국(1,200)은 물이 다소 부족하고 벨기에(822), 네덜란드(635), 이스라엘(289)은 좀 더 심각하다.[9] 사용 가능한 담수 자원이 연간 1인당 대략 1,000~1,600m³인 국가들은 물로 인한 스트레스를 받을 수 있고 시간과 장소에 따라서 물 부족으로 고통 받을 수 있다. 사용가능한 담수 자원이 연간 1인당 1,000m³ 이하인 국가에서는 그것이 사회 경제발전과 환경질에 대해 심각한 제한요소가 된다.[10] 세계 인구의 약 8%가 물로 인해 심하게 고통 받는 국가에서 살고 있는 것으로 추산된다.[11]

일부 물 부족 국가에서는 연간 담수 수요량이 매년 보충되는 양보다 훨씬 더 많다. 그러한 상황에서 물 부족은 만성적이고, 보통 내리는 강수량보다 적게 내리는 계절이 한 번이라도 있을 경우 피해가 심각하다. 이러한 지역의 국가들은 종종 회복이 불가능한 지하수 자원이나 지하수를 보충해주는 강물을 끌어다 사용하기도 하며, 때로는 이 두 수자원을 심각하게 고갈시키고 물고기 개체수에도 피해를 유발한다. 물 스트레스가 가장 큰 국가 중에서 쿠웨이트는 매년 이용할 수 있는 재생가능 수자원의 27배를 사용하고 있으며, 이집트는 20배, 아랍에미레이트는 14배를 사용한다. 그보다는 덜 심각하지만 여전히 물 스트레스가 심한 이스라엘은 이용할 수 있는 재생가능 수자원의

109%를 사용하며, 벨기에는 108%, 네덜란드는 78%를 사용한다. 노르웨이, 스웨덴, 캐나다와 같은 매우 물이 풍부한 국가들은 2% 이하, 중국과 같이 물 부족이 중간 정도인 국가들은 16%를 사용하며 영국은 17%, 미국은 19%, 이탈리아는 35%를 사용한다. 이러한 수치들은 근삿값이며, 각 국가들의 상황을 대략 비교하는 데 사용될 수 있다.

기수나 염수에 인접해 있는 국가들은 염분을 제거하는 담수화 기술을 사용함으로써 이론적으로 담수를 무한정 생산할 수 있다. 다단계 순간 증류법에서 고도의 전기투석과 역삼투에 이르기까지 다양한

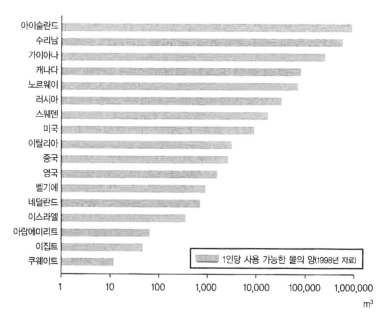

그림 14 주요 국가의 연간 1인당 사용가능한 물의 양. 단위가 1~100만 m³임을 주목.

출처: World Resources Institute, 1998~1999 World Resources

(Oxford, UK: Oxford University Press, 1998) table 12.1.

기술을 활용할 수 있다. 미국 정부가 15억 달러를 투자하여 수년 동안 연구개발했음에도 불구하고 현재 사용 가능한 담수화 기술은 비용과 에너지가 너무 많이 든다. 그래서 특수 용도를 목적으로 하는 소량의 물을 담수화하는 것을 제외하면 담수화는 에너지가 풍부한 부자 나라에서만 실용화되고 있다. 여기에 속하는 국가는 세계 담수화의 선두 주자인 사우디아라비아(하루 540만 m³), 그 다음으로 미국(하루 360만 m³), 아랍에미레이트(하루 220만 m³), 쿠웨이트(하루 160만 m³) 등이다.[12]

위에서 인용된 통계치는 지구 전체의 수자원이 풍부하더라도 물 부족이 발생하기 쉬운 일부 지역에 관련된 것이다. 하지만 다른 대부분의 자원처럼 물 부족으로 인한 영향도 부유한 나라와 가난한 나라 사이에 현저한 차이가 있다. 이것은 1987~1993년에 발생한 미국 캘리포니아주의 가뭄 기간에 겪은 경험으로 설명할 수 있다.[13] 캘리포니아주의 평균 강수량은 평년에는 미국 동부 지역의 4분의 1 정도에 지나지 않으나 평균 물소비량은 이보다 다소 높다. 가뭄이 발생한 해에는 강수량이 평년 수준보다 적어서 대부분의 주 저수지 수면이 용량의 3분의 1 이하로 떨어졌다. 이 기간 동안 캘리포니아주의 도시들은 물을 할당했고, 물 배분을 조절하는 주 정부는 물 은행을 세우고 생산성이 매우 높은 일부 채소 농장까지 폐쇄하면서 농업용수 공급을 과감히 줄였다. 가뭄에서 살아남기 위하여 많은 농부들은 이미 고갈된 지하수원으로부터 물을 끌어올렸다. 경제적으로나 환경적으로 입은 손실이 상당했지만, 결코 비상사태까지는 가지 않았고, 강수량이 평년 수준에 도달하자마자 캘리포니아주는 즉시 회복됐다.

이와는 대조적으로, 1999년 에티오피아에서는 몇 년 동안 강수량이 충분하지 못하자 비상사태가 발생했다. 식량과 의약품이 심각하게 부족해졌고, 영양결핍으로 허약해진 어린아이들 사이에서 말라리아, 홍역, 설사로 인한 사망이 놀라울 정도로 증가했으며 가축들이 대규모로 병들어 죽었다. 또한 2000년에 탄자니아에서 발생한 가뭄 비상사태에서도 300여만 명의 주민들이 굶주림과 아사에 직면했다. 비가 산발적으로 내려 농작물이 제대로 자라지 못했고 이것이 식량부족으로 이어졌다. 결국 이들은 국제비상식량 분배 프로그램에 의해 구제됐다.

많은 국가에서 예측 불허의 담수 공급량 부족이 가뭄으로 이어지지만, 국민들이 받는 고통의 근본적 원인은 가뭄 때문이 아닌 것이 분명하다. 그 고통의 원인은 가난이다. 가난한 나라는 충분한 재원도 없고 물 관리 전문기술도 부족하기 때문에 물 부족에 대하여 적절히 대처할 수 없다. 그러한 국가에 사는 영세 농민들은 만성적으로 식량재배 능력이 부족하거나 가끔 발생하는 가뭄 기간의 흉작에 대비하여 저장해둘 만큼 충분한 식량을 수확할 수도 없었다. 많은 가난한 나라에서 또 다른 문제점은 비상사태에 빠르게 대처할 수 있는 제도가 없다는 것이다.

역사를 통해 물 부족은 국가 간, 지역 간 많은 긴장과 분쟁의 원인이 됐다. 이러한 갈등은 물 공급원을 여러 국가가 공유할 때 (예를 들어 현재 지구상에서 두 개의 국가 또는 그 이상의 국가에 걸쳐있는 220여 개의 다국적 강에서의 물 공급) 특히 날카로워질 수 있다.[14] 물이 부족한 중동은 지난 1000년 동안 물 분쟁 지역이었으며 20세기 후반 이 지역에서 발생한 수많은 정치적 갈등이 물 때문에 더욱 악화되고 있다. 예를 들면 1960년대 시리아는 요르단강의 상류를 이스라엘로부터 먼 다른 곳으로 돌리기 위한 공사에 착수했다. 이스라엘은 이에 대해 군사적 행동으로 대응했다.[15] 1967년 이스라엘은 이 전쟁에서 요르단강 상류와 서안 지역의 지하수 관할권을 얻는데 성공했다. 2000년 현재 시리아와 이스라엘 간에 평화 협상의 주요 장애 중 하나는 두 나라 사이의 세밀한 국경에 대한 합의가 이루어지지 못한 점이다. 합의를 이루지 못한 곳은 작은 지역이지만 요르단강 상류를 지배하는 데 미치는 영향은 매우 크다.

다행스럽게도 세계 모든 국가들이 수자원을 공동으로 개발하는 협력이 참여 국가 모두에게 이익이 된다는 사실을 인식하게 됨으로써 분쟁이 점점 줄어들고 있다. 1992년 더블린에서 열린 국제물회의에서 다음과 같은 원칙이 공포됐다.

- 담수는 한정되고 손상되기 쉬운 자원이며, 생명과 발전 그리고 환경을 위해 반드시 필요하다.
- 물을 개발하고 관리하는 것은 사용자, 계획자, 정책 입안자 등 모든 단계의 관련자들이 반드시 함께 참여하여 이루어져야 한다.
- 여성들은 물을 공급하고, 관리하고, 보호하는데 중심 역할을 한다.
- 물은 모든 경쟁적 사용에서 경제적 가치를 가지고 있으며, 경제재로 인정되어야 한다.[16]

이 원칙들은 물 분쟁을 해결하는 데 실제 적용되고 있다. 좋은 예로 1994년 이스라엘과 요르단 사이에 이루어진 평화조약을 들 수 있다. 이 조약에는 요르단강 유역에 대한 많은 물 논쟁 이슈를 명쾌하게 해결했고 수자원 분배, 자료 공유, 요르단강의 부족한 수자원에 대한 공동 관리와 개발을 위한 종합적인 계획이 포함되어 있다. 이 조약에서 이루어진 합의에 의해 요르단에서는 물 공급이 증가할 것이라고 확신하게 됐고, 이 확신은 정부로 하여금 물에 관련된 많은 것을 변화시키도록 촉진했다. 이로 인한 주요 변화는 암만의 물 공급과 분배 체계의 민영화, 누수를 방지하기 위한 기술적 관망 시스템 개선, 실제 가치를 반영하기 위한 물값 체계 변경 등이었다.

이것은 수자원 부족보다 정치적 차이에 의해 자주 발생하는 세계 물 분쟁은 관련 국가들 사이에서 신중한 합의가 이루어지면 완화될 수 있다는 사실을 확신시켜준다. 하지만 티그리스강과 유프라테스강의 수질과 수량에 관한 시리아, 이라크, 터키 사이에서 계속되고 있는 물 분쟁은 아직도 해결해야 할 일이 많이 남아 있다. 우리가 내릴 수 있는 결론은 만약 '물로 인한 참사'가 발생한다면, 그 참사의 원인은 물 부족보다는 정치적 의지의 부족일 것이라는 사실이다.

물 사용의 효율성

인간의 힘으로는 지구의 고르지 못한 강수량 분포를 바꿀 수 없다는 사실을 인정한다면, 국지적이고 지역적인 물 부족 현상은 사용가능한 물의 고르지 못한 분포 때문이기도 하지만 인간의 물 사용이 자연의 강수 분포를 따르지 않는 것도 원인이 된다는 사실 또한 인정해야 한다. 사람들이 너무 많은 물을 사용한다는 문제에서 제외될 수 있는 곳은 지구상에서 극소수 지역에 불과하다. 좋은 소식은 이 문제가 광범위하게 인식되고 있고, 가난한 나라 또는 부유한 나라를 막론하고 세계 모든 나라들이 물 사용의 효율성을 높이기 위해 노력하고 있으며, 이로써 지구상에 새롭고 거대한 물 공급이 이루어질 것이라는 희망이 보인다는 사실이다. 그럼에도 불구하고 다른 자원 문제와 마찬가지로 물 사용의 비효율성 문제도 부유한 나라보다는 가난한 나라에서 훨씬 더 해결하기 어렵다는 것이 증명되고 있다.

물의 비효율적 사용은 보통 도시와 산업체에서 문제되는 것으로 알려져 있지만, 사실 이점에서 가장 큰 범죄자는 농업이다. 실제 미래세계의 물 공급 적절성에서 가장 큰 문제는 농업에서 찾아볼 수 있다. 전체적으로 보면 세계 물의 약 75%를 농업에서 끌어다 쓰고 있으며, 일부지역에서는 이보다 훨씬 더 높은 비율의 물을 사용하고 있다. 예를 들어 아프리카에서는 농업이 이 대륙의 물 약 88%를 사용한다.[17] 하지만 전 세계 농업에서 물 사용의 전반적인 효율은 겨우 40% 정도다.[18] 이것은 농업에 사용되는 물의 반 이상이 식량생산을 위한 것이 아님을 의미한다. 세계 물 경제를 농업이 지배하기 때문에 농업용 물 효율성을 조금이라도 개선한다면 커다란 영향을 미칠 수 있을 것이다. 그러한 개선은 추가적인 물 공급 없이도 농업 생산을 지속적으로 증가시키고 더 많은 물을 농업에서 도시와 산업으로 재분배하기 위해서 필수적이다.

관개는 농업 생산성을 위한 필수조건이다. 세계 경작지의 약 18%에서만 관개농업이 이루어지지만, 이곳에서 세계 작물의 약 40%[19]와 쌀과 밀의 3분의 2가 생산되고 있다.[20] 경작지에서 비효율적인 관개는 농업에서 발생하는 물 손실의 가장 큰 원인이다. 물은 누수 관개 파이프와 방수되지 않은 지하 수로를 지나면서 땅속으로 침투되고, 운하,

도랑, 관개 지면에서 증발된다. 이러한 손실은 물이 필요한 장소와 시간에 정확하게 공급될 수 있도록 하는 스프링클러와 물방울을 조금씩 떨어뜨리는 적하 방식과 같은 첨단 관개방식으로 전환함으로써 현저하게 줄일 수 있다. 전환과정이 느릴지라도 이러한 새로운 관개방식은 부유한 나라에서 점점 사용이 늘고 있다. 지난 1990년대 초반에 호주 농경지의 6%와 미국 캘리포니아주 농경지의 13%에 적하식 관개가 실시됐다.[21]

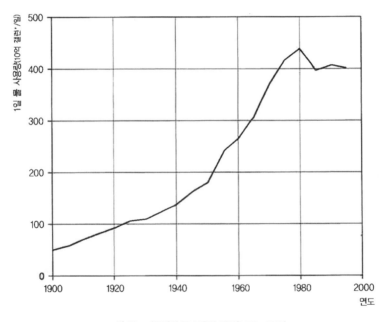

그림 15   미국에서 물 사용량 변화(1900~1995).

출처: 1900에서 1950년까지 Peter H. Gleick, The World's Water (Washington, DC: Island Press, 1998), 245, table 3. 1950에서 1995년까지 Wayne B. Solley, Robert R. Pierce, and Howard A. Perlman, Estimated Use of Water in the United States in 1995, U.S. Geological Survey circular 1200(Washington, DC, 1998).

물 사용의 효율을 증가시키는 데 주요 방해물은 농업 관개와 그 밖의 다른 용도에서도 물 값이 너무 싸다는 것이다. 이것은 가난한 나라뿐만 아니라 부유한 나라도 마찬가지다. 미국에서 농부들은 연방 수자원 개발 사업에서 발생한 실제 관개 비용의 5분의 1만을 지불한다.[22] 미국의 주요 농업 지역인 캘리포니아주에서 정부의 엄청난 보조금 지원으로 이루어지는 수자원 계획으로 농업용수의 비효율적인 사용이 계속 조장되고 있다. 캘리포니아주 중심 계곡의 농업 지역에서는 1,214m³(1acre-foot)당 9달러 정도로 적은 비용의 물 값을 지불하고 있는 반면, 산타바버라와 같은 해안 도시 거주자들은 비상시 사용하기 위해 해수 담수화 공장을 지어 물을 생산하는 데 1,214m³당 2,000달러 정도의 많은 비용을 지불해야 한다. 다른 서부지역 주들처럼 캘리포니아에서도 매우 싼 가격의 농업용수는 물을 많이 소비하는 여러 가지 값싼 작물을 생산하도록 조장한다. 네 가지 농작물(쌀, 목화, 알팔파, 목초)이 캘리포니아주의 농업용수 57%를 사용하는 반면 농업 수입세의 17%만을 지불한다.[23] 캘리포니아주에서 축산용 목초를 관개하는 데에 로스앤젤레스 지역의 1,300만 거주자에게 충분히 공급할 수 있는 양의 물이 사용된다. 하지만 목초 관개에서 오는 경제적 효과는 로스앤젤레스 지역에서 얻어지는 3,000억 달러의 0.03%에 불과하다. 같은 양의 물이 사용되지만 경제적 효과는 너무 다르다.[24]

국가보조금 때문에 싼 가격의 물을 사용할 수 있을 때, 물리적 효율(예를 들어 관망 개선을 통한 누수방지)이나 경제적 효율을 개선할 수 있는 동기는 거의 없다. 물값을 낮게 책정하는 것은 농촌뿐만 아니라 도시에서도 물을 낭비하게 한다. 역설적으로 저가의 물값은 오히려 물 부족을 유발할 수 있다. 물값이 싸면 낭비가 심해져 가난한 사람들은 물 공급을 아예 받지 못하든가 겨우 남겨진 물로 살아가고, 부유한 사람들은 싸구려 인식 때문에 엄청 비싼 가격을 지불하고 공공 수도 대신 상업용 물을 사용한다. 개발도상국가에서 저가의 물값 책정이 만연하고 있다. 예를 들어 인도네시아와 파키스탄의 도시 거주자들이 지불하는 수돗물 값은 독일의 시민들이 지불하는 것의 약 5%에 지나지 않는다. 그리고 개발도상국에서는 도시에 물을 공급하는 상수시설에서 40~60%의 누수가 발생하고 있다.[25] 미국에서도 일부 도시에서는 심지어 물 사용을 계량기로 측정하지도 않으며, 그래서 가정에서 물을 효율적으로 사용하도록 하는 아무런 동기도 부여하지 않고 있다. 지하수를 사용하는 미국 남서부 사막지역에서는 보조금으로 생산되는 값싼 물로 사막에 꽃을 피우고, 비가 많이 오는 동북부 지역처럼 도시에 무성한 녹색 잔디를 키우면서 지하 대수층을 위험할 정도로 고갈시키고 있다. 상수관망에서 누수가 계속되고 수도꼭지에서 물이 새고 있어도 싼 가격의 물이 계속 공급되는 한 소비자들은 별 관심을 기울이지 않을 것이다.

그러나 물은 반드시 계속 공급되지 않는다. 어떤 지역에서는 만성적으로 물이 부족하기도 하고(앞에서 통계 자료를 제시), 또 어떤 지역에서는 비가 오지 않은 기간이 길어지면 물 부족 사태가 발생한다. 만약 정부가 물값을 인위적으로 낮게 유지해 소비자들이 물을 계속 비효율적으로 사용한다면 물 부족은 피할 수 없는 결과다. 그리고 다음에는 물을 할당해서 배급하든지, 아니면 물 수요를 강압적으로 억제해야 한다. 그러한 상황에서 정부는 공급과 수요의 차를 줄이거나 없애기 위해 어떤 대가를 치르더라도 추가적으로 물을 공급할 수 없을 것이다.

물은 경제재라기보다 당연히 있어야 하는 것으로 보는 전통적인 사고가 대부분 사회에서 깊게 뿌리박혀 있고, 세계 대부분의 국가에서 정부가 물값 보조 정책을 유지함으로써 이러한 생각을 더욱 고착시켰다. 하지만 1992년 더블린 국제물회의에서 공포된 원칙에서 입증된 것처럼 현재 물을 바라보는 생각이 변하고 있다. 원칙 중 하나는 '물은 모든 경쟁적 사용에서 경제적 가치를 가지고, 경제재로써 인정되어야만 한다'는 것이다. 물의 시장 가격에서 나타나는 최근 경향은 사용의 효율성을 증대시키고 있다. 예를 들어 미국 23개의 도시의 조사에서 10% 물값 상승은 물 소비를 3.8∼12.6% 감소시킬 것으로 예측됐다.[26] 농업 분야에서도 비슷한 예측이 나타나고 있다. 미국 캘리포니아주도 1,214m³(1acre-foot)당 17달러인 물 값을 10% 올릴 경우 물 사용이 20% 감소할 것으로 추정했다.[27]

물 사용 효율성을 계속 증가시키기 위해서 정부는 중앙집권적인 할당 계획에서 벗어나, 모든 사용자에 대해 물의 실제 가치를 반영하는 방향으로 물값 정책을 끌어나갈 필요가 있다. 경제학자들은 시장경제 구조를 도입하면 물 사용의 효율성이 증대될 것으로 믿고 있다. 예를 들어 농민들에게 사용하고 남는 물을 다른 곳에 팔 수 있도록 하면 이윤이 높은 작물 생산에만 물을 사용하고 효율성도 높아질 것이다. 좋은 소식은 물 정책에서 시장경제 도입이 미국뿐만 아니라 전 세계적으로 점점 긍정적으로 고려되고 실행에 옮기는 사례가 계속 증가하고 있다는 것이다. 또한 물 사용의 효율성이 계속해서 증대될 것이라는 만족스러운 예측도 좋은 소식이다.

새로운 물 정책과 가격 동향은 미국에서 이미 물 사용 효율성에 중요한 긍정적인 영향을 미치고 있다. 1950~1975년에 미국에서 총 취수량은 매년 약 2.8%씩 증가했다. 이 증가율이 계속된다면 미국의 물 사용은 25년에 2배로 증가하게 된다. 그렇게 2배씩 증가하면 얼마 가지 않아 미국은 심각한 물 부족 현상이 일어나게 될 것이다. 하지만 미국은 인구증가에도 불구하고 전체 물 소비량은 1970년대 후반에 안정 상태로 접어들었고 그 이후로 감소하고 있다. 1995년의 미국의 총 물 소비량은 1990년보다 2%, 1980년보다 10% 감소했다. 물 사용의 효율성 척도에 가장 중요한 1인당 사용량은 미국에서 1980~1995년 사이에 20%이상 감소했다.[28]

물 사용에서 나타난 이러한 효율성 개선은 미국이 물이 풍부하지 않고 비교적 적당한 나라이지만 국가 전체로 보면 물 부족 문제가 없다는 것을 보여준다. 물 전문가 피터 글릭(Peter Gleick)은 다음과 같은 사항이 실행된다면 미국은 앞으로 새로운 수자원 개발은 크게 줄일 수 있을 것이라고 주장하고 있다.

• 현명한 물 보전과 수요 관리 프로그램의 실행.

• 효과적인 새로운 시설의 설치.

• 수요자들 간에 물이 거래될 수 있도록 적절한 경제적·제도적 인센티브 적용.[29]

미국에서 물 사용 효율성이 계속 증가하는 것을 나타내는 기록은,

부유한 사회는 그들의 귀중한 자원을 지속시키려는 의지와 능력을 가지고 있다는 사실을 입증해준다. 그리고 계속되는 기술혁신과 시장경제의 신뢰에 대한 합리적인 기대와 더불어 모든 분야에서 물 공급의 낙관적인 미래가 보장된다.

적절한 물 공급을 개발하고 관리하는데 시장의 힘이 중요한 역할을 하지만 한 가지 명심해야 할 것이 있다. 시장이 정말로 중요하지만 인간 사회에서 물이 지닌 가치의 모든 것을 전통적인 화폐의 개념만으로 따질 수는 없다는 견해 또한 중요하다는 것을 명심해야 한다. 예를

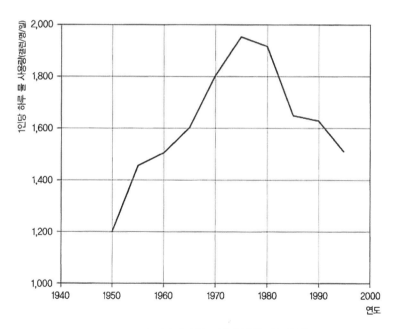

그림 16 미국에서 일인당 물 사용량 변화(1950~1995).

출처: Wayne B. Solley, Robert R. Pierce, and Howard A. Perlman, Estimated Use of Water in the United States in 1995, U.S. Geological Survey circular 1200(Washington, DC, 1998).

들어 생태계 보호와 미래의 생태계 순환을 위해 반드시 필요한 물에 대한 투자가 당장 눈앞에서 과학적이고 경제적인 이익을 보장할 확신이 없더라도 부유한 사회는 그러한 투자를 선택해야 할 수도 있다. 그러한 정책이 부유한 민주사회가 할 수 있는 사회적 선택을 구현하는 것이다. 가난으로 고통 받는 사회는 그러한 선택을 할 수 있는 여유가 없다.

수질과 공중보건

앞서 기술했듯이 가난한 나라에서 많은 사람들이 겪는 주요 문제는 물을 이용하기가 어렵다는 것이다. 더 심각한 문제는 기본적인 위생 상태가 이루어지지 않고 있다는 것이다. 세계보건기구(WHO)에 따르면 1990년에 26억 명에게 기본적인 공중위생 설비가 부족했고, 13억 명은 깨끗한 물을 마실 수 없었다.[30] 개발도상국에서 위생설비의 부족은 끊임없이 심각한 건강문제를 야기했다. 매년 2억 5,000만 건의 물과 관련된 질병이 발생하여 적어도 500만 명에서 1,000만 명까지 목숨을 잃고 있다.[31] 개발도상국은 공중보건에 관한 기록이 많이 부족하기 때문에 이러한 숫자들은 아마 실제적인 상황보다는 낮게 추정됐을 것이다. 물에 의해 사망에 이르는 주요 병으로는 설사와 주혈흡충병(Schistosomiasis)이 있다. 물 관련 질병의 주원인은 사람과 동물의 배설물로 오염된 물을 먹는 것이다. 또 다른 무서운 수인성 전염병인 콜레라는 기본적인 위생설비 부족으로 라틴아메리카, 아프리카, 아시아의 가난한 지역에서 다시 번성하고 있다.

수인성 전염병 때문에 오늘날 세계는 매년 수천억 달러의 대가를 치르고 있다. 문제는 의학 또는 환경과학의 한계에 있는 것이 아니다. 인류는 이 모든 질병을 제어하고 박멸할 충분한 지식을 가지고 있다. 문제는 수십억 명에 이르는 불행한 인류가 갇혀있는 빈곤의 악순환이다. 그들은 지독한 가난에서 겨우 생존하면서 매일 나쁜 건강 상태에서 병마와 싸우면서 살아가고 있다. 교육도 받지 못했고 일정한 직업도 없기 때문에 기본적인 위생설비를 갖거나 의료서비스를 받을 여유가 없다. 그리고 그들 대부분은 공공기관으로부터 거의 도움을 받을 수 없다. 왜냐하면 공공기관은 재원이 너무 부족해서 최소한의 서비스를 제공할 수 없으며 많은 경우 기술이 부족하거나 정치적으로 부패했기 때문이다.

그래서 개발도상국에서의 물 문제는 실제로는 물 문제가 아니다. 환경문제나 보건문제 모두 가난의 결과다. 상원의원 사이먼이 걱정하는 것처럼 세계가 엄청난 물 재난을 향해 나아가고 있는 것은 아니다. 대신에 지금까지 인류문명이 경험하지 못했던 풍요의 시대 한가운데에서 세계는 가난의 대재난을 향해 나아가고 있다. 그 풍요를 교육과 기본적인 자유와 함께 가난한 이들과 나누면 그들이 겪고 있는 물 문제는 대부분 해결될 것이다.

그러나 물과 관련된 모든 환경문제가 가난이라는 단어 하나로 설명될 수 있는 것은 아니다. 한 예로 구소련과 동유럽 국가들의 낡은 상수시설은 지난 70년 동안 지속되어온 관료적인 공산주의의 유산이다. 러시아는 수자원이 충분하지만 인구의 반이 안전한 식수를 공급받을 수 없고, 먹는 물의 4분의 1이 잘못 관리되는 상수관망 때문에 누수되고 있다. 폴란드, 불가리아, 슬로바키아에서는 관리하는 하천 구간의

50%이상이 최악의 수질등급을 나타낸다. 도시 하수의 20%이상이 아무런 처리도 없이 직접 강으로 버려지고 있다. 처리되는 경우도 적절하지 못해 대도시 하류에서는 강물이 하수와 거의 비슷하다. 게다가 공산주의 시대에 이루어진 무자비한 도시 개발과 농업과 공업의 낡은 생산 기술은 많은 수체에 다량의 오염물질을 배출하게 만들었다. 1980년대 후반에 폴란드에서는 어떤 강물도 마실 수 없는 상태였다.[32]

서방세계에서 몇십 년에 걸쳐 순차적으로 해결한 많은 수질문제들을 동유럽에서는 보통 수준의 수질 정도라도 달성하려면 동시에 그것도 대규모로 해결해야 한다. 시장경제로 전환하는 동안 견뎌야 하는 정치적, 사회적, 제도적인 엄청난 어려움으로 인해 문제가 훨씬 더 힘들게 됐다. 그렇다 하더라도 이러한 국가들은 현재 수질 개선 계획, 폐수 관리, 재정적 지원을 위해 실질적이고 실현 가능한 전략을 개발하는 방향으로 첫 걸음을 내디뎠다.

이러한 국가에서는 기술적인 노하우나 정치적인 의지는 부족하지 않다. 물론 문제는 정화하는 데 많은 비용이 든다는 것이다. 적극적인 활동을 위해 현재 필요한 것은 중앙집권화된 관료조직에 의해 수립된 '5개년 계획'이 아니라 실질적인 돈이다. 문제의 핵심은 수질에 투자할 자금이 부족하다는 것이다. 한 평가에 따르면 연간 국내 총 생산의 20~40%를 투자해야 한다. 이것은 거의 실현 불가능하다.[33] 결국 문제의 핵심은 향후 몇십 년 안에 서구 수준의 수질로 개선하기 위해 해외에서 충분한 자금을 유치할 수 있느냐 하는 것이다.

전망과 기대

대부분의 개발도상국들이 선진국에 비해 수질 기준치에 큰 차이가 있다라고 말하기는 어려울 것이다. 미국과 다른 선진국에서 심각한 수질문제는 거의 찾아보기 힘들고 미래에는 수질 기준치가 꾸준히 강화되면서 더욱 더 찾아보기 힘들 것이다. 지난 20세기 동안 미국에서 수질 정화 시스템이 널리 보급됐고 대체로 양질의 식수가 공급됐다. 그렇지만 급속한 산업화 시기에는 다양한 수질오염 문제가 발생했다. 제2차 세계대전 기간과 그 후에 산업 생산의 엄청난 증가와 함께 미국의 강과 호수의 수질오염은 크게 증가했다. 1960년대 말경에는 곳곳에 수질오염이 발생했다. 오대호 중 하나인 이리호가 유명한 예다. 호숫가 수영장과 낚시터는 1970년경에 거의 폐쇄됐고, 유입 지류인 쿠야후가강은 엄청난 산업 및 생활 쓰레기를 호수로 끌어들였으며 1969년에는 이 쓰레기에서 화재가 발생하기도 했다. 또 다른 예로는 포토맥강이 있다. 미국의 수도인 워싱턴 DC의 처리되지 않은 생활하수가 여러 해 동안 이 강으로 흘러들었고, 이로 인해 강이 대서양과 만나는 하구에는 가을에 날아와 겨울을 보내는 새들이 15년 동안 자취를 감췄다.

1972년에 미국에서 최초로 획기적인 수질 보전법이 국회에서 통과됐다. 청정수질법(Clean Water Act)라는 이 법이 통과된 이후 몇 년 동안 미국은 수질 개선에 1,000억 달러 이상을 투자했으며 이로써 엄청난 수질개선이 이뤄졌다. 1972년 조사에서는 공공 수역의 30~40%만이 낚시와 수영에 안전한 수질이었다. 하지만 1998년에는 60~70%의 공공수역이 안전했다. 1972년에 습지의 감소는 매년 약 1,862km²로 추산됐으나 21세기가 시작되는 지금은 그때에 비해 단지 4분의 1 정도다. 1982년 이후 경작지의 침식으로 인한 토양유실은 3분의 1 이하로 감소했다. 그 결과 하천과 강, 호수에 도달하는 토사와 영양물질 그리고 각종 오염물질이 크게 줄었다. 1972년에는 하수처리 인구가 겨우 8,500만 명 정도였지만 지금까지 1만 4,000여 개의 새로운 하수처리장이 추가로 건설되어 하수처리 인구가 1억 7,300만 명으로 늘어났다. 미국 전 지역에 걸쳐 이러한 하수처리장이 세워졌을 뿐만 아니라 전국에 동일한 하수처리 기준을 적용하고 있다. 산업시설에서 배출되는 일반 오염물질의 배출량은 연간 4,500만 kg 이상 감소했고 유독성 오염물질은 약 1,000천만 kg가량 감소했다. 그리고 1998년에는 미국 인구의 89%가 식수 수질기준에 부합하는 수돗물을 공급받았다.[34]

미국을 비롯한 부유한 국가들이 단지 몇십 년 안에 성취한 이 놀라운 수질개선 업적은 전 세계 모든 인류에게 좋은 물을 제공할 수 있는 낙관적인 토대를 마련했다. 세계 담수 공급량은 90억 명 이상이 건강한 삶을 누릴 수 있을 정도로 풍부하다. 향후 몇십 년 동안 기술혁신을 통하여 수질개선과 효율적인 물 사용 모두 크게 향상될 것이다. 동시에 새로운 제도가 마련되어 물의 실질적인 사회적, 경제적 가치가 점차 반영될 것이다.

그러나 진정한 발전을 위해서는 다른 조건이 필요하다. 첫째, 지방자치단체들이 앞으로 물 수요 계획을 수립할 때 좀 더 현실적일 필요가 있다. 과거처럼 최대 필요량에 기준을 둘 것이 아니라 실제로 이용 가능한 양을 염두에 두고 계획을 세워야 한다. 둘째, 수자원의 공평한 개발과 분배를 위해 국제 협력 프로그램을 보다 확대해 나가는 것이 반드시 필요하다. 셋째, 아마 가장 중요한 것은 세계의 물 문제를 해결하기 위해 향후 몇 십 년에 걸쳐 정부와 민간 차원에서 보다 많은 재원과 인력을 투자하는 것이다.

미국은 지금까지 수량과 수질이 크게 개선됐지만, 매우 부유한 나라에서 이루어지는 개선은 끊임없이 증가하는 국민들의 기대와 국가 우선순위 측면에서 아직 충분하지 못하다. 미국인들이 원하고 있으며 또 이루어져야 하는 수질 수준에 도달하기 위해서는 해결해야 할 많은 문제들이 남아 있다. 대부분의 해안 수역은 보호하고 복원해야 한다. 습지의 감소는 1970~1980년대보다 크게 줄었지만 앞으로 더욱 느리게 진행되도록 해야 한다. 강, 호수, 하구, 그리고 전 유역의 수질이 모두 목표수질을 만족할 정도로 개선돼야 한다. 현재 공중보건과 야생 생물의 서식지를 위협하고 있는 화학물질과 미생물에 의한 상수원 오염도 앞으로 더욱 줄어들어야 한다.

대부분의 미국인들에게는 이러한 목표들이 반드시 필요한 의무 사항으로 받아들여지고 있다. 하지만 세계 곳곳의 가난한 나라에 사는 수십억 명을 괴롭히는 소름끼치는 물 여건을 생각하면 이 목표들은 멀리 떨어져 있고 도무지 이해가 안 되며 완벽주의자들이나 생각할 수 있는 것이라고 판단될 것이다. 전체적으로 보면 물 문제는 결국 부유한 나라와 가난한 나라가 갖는 환경에 대한 인식과 우선순위에서 나타나고 있는 커다란 차이를 잘 드러내고 있다. 또한 물 문제는 국가가 경제적으로 부강해지면서 환경에 대한 국민들의 기대가 어떻게 계속 증가하는지를 보여준다. 그리고 그것이 바로 나아가야 할 방향이다. 그럼에도 불구하고 부유한 사회에서 널리 퍼져 있는 환경 재앙에 관한 과장된 이야기들은 부와 가난의 차이가 갖는 중요성에 대해 사람들을 무감각하게 만들고 있다. 만약 이 과장된 이야기가 지금 이 세계가 직면하고 있는 정말로 중요한 환경문제인 가난을 인류로 하여금 외면하게 만든다면 그것은 너무나 불행한 일이다.

1 Paul Simon, Tapped Out (New York: Welcome Rain Publishers, 1998).

2 지하 수위란 우물을 팠을 때 수면의 높이를 말한다.

3 Peter H. Gleick, The World's Water, 2000-2001 (Washington, DC: Island Press, 2000), 22.

4 S.L. Postel, G.C. Daily, and P.R. Ehrlich, "Human Appropriation of Renewable Fresh Water," Science 271 (February 9, 1996): 785.

5 I.A. Shiklomanov, Assessment of Water Resources and Water Availability in the World, report for the Comprehensive Global Freshwater Assessment of the United Nations (St. Peterburg, Russia: State Hydrological Institute, 1996), quoted by Gleick, The World's Water (Washington, DC: Island Press, 1998).

6 Gleick, The World's Water, 2000-2001, table 3.15.

7 United Nations, World Population Prospects: The 1998 Revision (New York: UN Population Division, Dept. of Economic and Social Affairs, 2000).

8 R.A. Downing, Groundwater: Our Hidden Asset, Earthwise Series (Keyworth, Nottingham, UK: British Geological Survey, 1998).

9 World Resources Institute, World Resources, 1998-1999 (Washington DC, 1998), 304, table 12.1.

10 M.W. Rosengrant, Dealing with Water Scarcity in the Next Century, 2020 Vision Brief 21 (Washington, DC: International Food Policy Research Institute, 1995).

11 United Nations, Comprehensive Assessment of the Freshwater Resources of the World (New York: UN Commission on Sustainable Development, February 1997).

12 Gleick, The World's Water, 2000-2001, fig. 5. 3 and table 20.

13 T.L. Anderson, "Water Options for the Blue Planet," in The True State of the Planet, ed. Ronald Bailey (New York: Free Press, 1995), chapter 8.

14 Centre for Natural Resources, United Nations, Registry of International Rivers (New York: Pergamon Press, 1978).

15 M. Falkenmark, "Fresh Waters as a Factor in Strategic Policy and Action," in Global Resources and International Conflict: Environmental Factors in Strategic Policy and Action, ed., A.H. Westing (New York: Oxford University Press, 1986), 85, cited by Gleick, The World's Water (1998), 108.

16 International Conference on the Water and the Environment, Dublin(June 1992).

17 M. Xie, U. Kuffner, and G. Le Moigne, Using Water Efficiently, World Bank Technical Paper 205 (Washington DC: World Bank, 1993).

18 S. Postel, Last Oasis: Facing Water Scarcity (New York: W.M. Norton, 1992, 1997).

19 Gleick, The World's Water, 2000-2001, 80.

20 M.W. Rosengrant, Dealing with water Scarcity in the Next Century, 2020 Vision Brief 21 (Washington, DC: International Food Policy Research Institute, 2000).

21 R.L. Suyder, M.A. Plas, and J.I. Grieshop, "Irrigation Methods Used in California: Grower Survey," Journal of Irrigation and Drainage Engineering 122 (July-August 1996): 259; Peter H. Glerick, "Crop Shifting in California: Increasing Farmer Revenue, Decreasing Farm Water Use," in Sustainable Use of Water: California Success Stories, ed. L. Owens-Viani, A.K. Wong, and P.H. Gleik (Oakland: Pacific Institute, 1999), 149.

22 S. Postel, "Increasing Water Efficiency," in State of the World, 1986, ed. World Watch Institute (New York: W.W. Norton, 1986).

23 Gleick, The World's Water (1998), 24.

24 M. Reisner, Cadillac Desert: the American West and Its Disapearing Water (New York: Penguin Books, 1986; rev. ed., 1993).

25 World Commission on Water for the 21st Century, World Water Vision (The Hauge, The Netherlands, March 2000).

26 B.R. Beattie and H.S. Foster Jr., "Can Price Tame the Inflationary Tiger?" Journal of the American Water Works Association, 72 (August 1980): 444.

27 D.B. Gardner, "Water Pricing and Rent Seeking in California Agriculture," in Water Rights: Scare Resource Allocation, Bureaucracy, and the Environment, ed. T. Anderson (Cambridge, MA: Ballinger Press, 1983), 83.

28 U.S. Geological Survey, Estimated Use of Water in the United States in 1995, Circular 1200 (Washington, DC, 1995).

29 Gleick, The World's Water (1998), 19.

30 World Health Organization, Water Supply and Sanitation Sector Monitoring Report: Sector Status as of 1994, rpt. WHO/EOS/96.15 (Geneva, 1996).

31 L. Nash, "Water Quality and Health," in Water in Crisis: A Guide to the World's Fresh Water Resources, ed. P.H. Gleick (New York: Oxford University Press, 1993).

32 International Institute for Applied Systems Analysis (IIASA), "Good to the Last Drop?" Options (summer 1996): 6.

33 상동.

34 U.S. Environmental Protection Agency and U. S. Department of Agriculture, United States Clean Water Action Plan, (Washington, DC, 1998).

제8장
누가 더러운 공기를 숨 쉬고 있나?

당신이 숨 쉬는 공기는 깨끗해지고 있는가 아니면 더러워지고 있는가? 만약 당신이 로스앤젤레스에 산다면 당신이 숨 쉬는 공기는 더욱 깨끗해지고 있다. 한때 세계 스모그의 중심지였던 로스앤젤레스 지역은 지금의 공기가 지난 반세기 동안보다 깨끗하다. 오늘날 로스앤젤레스 시민들과 방문객들은 파란 하늘을 만끽할 수 있고 멀리 아름다운 샌게이브리얼 계곡을 바라볼 수 있다.

만약 당신이 멕시코시티에 살고 있다면 그렇지 않다. 그곳의 공기는 점점 더러워지고 있다. 반세기 전만해도 이 도시의 멋진 광경이었던 화산 정상에 쌓인 눈을 지금은 어렴풋이, 그것도 매우 드물게 볼 수 있다. 개발도상국의 다른 도시들과 마찬가지로 멕시코시티도 폭발적인 성장과 급속한 산업화를 겪었으며, 이것들이 합쳐져 이 도시를 세계 최악의 대기오염 지역으로 만들었다.

이 이야기가 두 도시에만 국한된 것인가? 아니면 이 비교를 부유한 나라의 도시는 대기질이 개선되고 개발도상국의 도시는 대기질이 악화되는 것으로 일반화시킬 수 있는가? 부유한 나라에서는 실제로 대기질이 좋아지고 있는 것인가, 아니면 단지 만들어낸 주장일 뿐인가? 산업화와 대기오염이 역사적으로 어떻게 함께해 왔는지 안다면 가난한 나라들이 발전해 가는 과정에서 대기질를 개선해 나갈 것으로 낙관할 수 있는가? 아니면 이들은 계속 대기질을 악화시킬 것인가?

가난한 사람들의 공기

사람들은 대기오염을 현대 산업의 발달과 함께 높은 공장 굴뚝에서 내뿜는 연기 덩어리라는 근래 현상으로 생각하는 경향이 있다. 하지만 대기오염은 불의 사용만큼이나 오랜 역사를 가지고 있다. 인류가 난방과 요리를 위해 환기가 되지 않는 동굴과 오두막에서 나무를 태우기 시작했을 때, 그들은 그을음과 연기를 들이마시는 것이 불쾌하고 건강에 좋지 않다는 것을 체험했다. 그리고 기록에 따르면 중세 도시의 공기는 나무 연소, 먼지, 동물 배설물, 쓰레기, 하수, 그리고 제련 공장과 가죽공장 같은 초기 산업체에서 나오는 폐가스로 인해 뿌옇고 불쾌했다.

오늘날에도 개발도상국에는 여전히 산업화 이전의 상태가 남아있다. 이런 국가의 매우 가난한 사람들은 환기가 되지 않는 오두막에 살면서 연소 효율이 떨어지는 스토브에다 요리와 난방을 위해 나무, 석탄, 숯, 거름, 농작물 찌꺼기를 뚜껑도 없는 화로에 태우고 있다. 이 모든 것이 혼합되어 발암물질을 포함한 치명적인 실내공기를 만들어 낸다. 세계에서 10억에 이르는 사람들이 세계보건기구(WHO)가 제시한 기준보다 100배나 높은 실내공기오염에 노출되어 있다고 추정하고 있다.[1] 이들 대부분은 거의 하루 종일 실내에서 보내는 여성과 아이들이다. 또한 WHO는 인도와 아프리카 사하라 사막 이남에서만 매년 100만 명의 어린이들이 실내공기오염으로 인해 질병, 특히 급성 호흡기 질환으로 죽는 것으로 추정하고 있다. 전 세계적으로 볼 때 질병으로 죽는 15세 이하 어린이들의 60%가 급성 호흡기 질환으로 사망하고 있다.

가장 보편적인 대기오염물질의 하나는 검댕과 같은 미세먼지다. 흡입할 때 검댕에 함유되어 있는 작은 입자가 폐 깊숙이 침투하여 폐포를 자극하고 병을 감염시킬 뿐만 아니라 때로는 암을 유발한다. 미세먼지에 대한 노출이 도시에만 국한되는 것으로 생각하기 쉬운데 그렇지 않다. WHO에 따르면 미세먼지에 노출되어 있는 전 지구의 약 5분의 3은 개발도상국의 가난한 시골지역이며, 이곳에서는 실내공기오염으로 인한 노출은 더욱 심각하다. WHO에 따르면 이러한 노출로 인해 매년 세계적으로 300만 명이 죽는다. 이처럼 대기오염은 적합하지 못한 영양·물·건강관리·주거로 인한 위험성과 함께 세계에서 매우 가난한 자들의 건강을 위협하고 있는 것 중 하나다. 저개발국가에서 전체 사망의 25%가 이런 것들이 적합하지 않기 때문에 발생한다.

국가가 발전하면서 초기 산업화 단계로 전환될 때, 환경질, 그중에서도 특히 대기질 악화는 불가피한 현상이다. 이러한 현상은 자동차, 트럭 그리고 제조 설비, 정유 공장, 발전소와 같은 새로운 대규모 오염원이 늘어나고 여기에 가정용 스토브나 벽난로와 같은 소규모 재래식 오염원이 여전히 사용되고 있기 때문에 나타난다. 매우 가난한 나라의 발전소는 오래되고 낡았으며 여전히 오염물질을 많이 발생시키는 연소 기술을 사용한다. 그 결과, 오늘날 가난한 나라에 사는 사람들은 200년 전 영국과 미국에서 산업화를 시작하던 도시에서 발생했던 대기오염을 경험하고 있다. 그리고 산업화에 필요한 에너지를 충분히 제공하는 자연 자원은 그 자체가 환경적으로 축복이 될 수 있고 아닐 수도 있다. 예를 들어, 중국 전역에서 사용되고 지금도 사용량이 계속 증가하는 석탄은 수백만의 가난한 중국 가정에 난방을 제공하고 있다. 이들에게 석탄이 없다면 겨울에는 추위에 떨어야만 한다. 하지만 지금 중국 곳곳에서 전력생산과 산업 공정에서 연소되는 석탄은 세계에서 가장 심각한 실내외 대기오염을 유발하고 있다. 가을과 겨울이 되면 많은 베이징 시민들은 석탄에서 발생하는 대기오염으로 인해 호흡기 문제를 겪게 되며, 방문객들은 그 지역에 온지 며칠 되지도 않아 기침을 하거나 기관지염을 앓게 된다. 겨울 동안 베이징 대기의 먼지(총 부유입자) 농도는 WHO 기준보다 10배 정도 높은 $800mg/m^3$에 달한다.[2] 이보다 훨씬 낮은 $10mg/m^3$ 정도의 먼지 농도에도 장기간 노출되면 인간의 예상 수명이 현격히 줄어든다고 WHO가 지적하는 것을 보면, 이렇게 극도로 오염된 상황은 어떨지 짐작해볼 수 있다.[3]

중국 사람들은 유해한 물질이 섞여 있는 공기를 마시며 사는 것을 어떻게 생각할까? 일반적인 대답은 이렇다. 경제학 교수인 젠빙은 중국의 발전 상태와 관련하여 신문기자 마크 허츠가드에게 다음과 같이 말했다. "중국의 가장 중요한 목표는 경제발전이다. 환경보다도, 인권보다도, 또는 서방 정부나 언론이 비난하는 어떤 다른 문제보다도 더 중요하다. (중략) 우리가 얼마나 많은 오염을 내뿜든, 얼마나 많은 나무를 자르거나 댐을 건설하든, 그것은 어느 누구의 일이 아닌 우리 자신의 일이다." 그는 여기에 한 마디 덧붙였다. "우리는 이것들에 익숙해져 있다. 나는 수년 동안 여기에 살아 왔기 때문에, 몸도 이러한 공기에 이미 익숙해져 있다."[4] 물론 젠빙 교수는 베이징의 더러운 공기를 마시는 일을 즐긴다고 주장하지 않았다. 하지만 그곳에서 오염은 단순한 삶의 일부다. 오염은 환영받지는 않지만 부로 가는 긴 여정에서 국가의 경제발전을 위해서 피할 수 없는 산물로 정당화되고 있다.

대기오염은 라틴아메리카도 매우 심각하여 그곳에서 수백 가지의 만성 호흡기 질환을 유발하고 있다. 멕시코시티에는 거의 일년 내내 폐와 눈에 통증을 느끼게 하고 농작물에 피해를 주는 스모그가 만연해 있다. 단속이 허술한 산업 설비가 그 지역 오염의 큰 몫을 차지하지만 그래도 주범은 350만 대의 자동차다. 이 자동차 대부분은 구형 모델로 미국이나 다른 선진국의 자동차에는 장착이 의무화 있는 촉매장치와 다른 대기오염 저감장치가 없다. 멕시코시티는 엄청난 속도로 성장해 왔다. 과밀한 주택, 붐비는 도로, 급속히 늘어나는 공장, 부족한 대중교통 수단을 가진 도시에 1,900만의 인구가 살고 있다. 하지만 이러한 현상 자체는 제3세계의 도시에서 흔히 볼 수 있는 것이다. 멕시코시티만이 가지는 특징은 높은 산으로 둘러싸인 너비 110km 정도인 고산 분지 지형에 뜨거운 태양이 내리쬐고 있다는 점이다. 사방을 둘러싸고 있는 산은 바람이 정기적으로 대기오염물질을 정화하는 것을 차단하며, 도시 내에 정체성 기단(공기 덩어리)을 자주 형성하고, 기온역전 현상을 유발하여 바람의 흐름과 오염물질의 확산을 방해한다.

그 결과 멕시코시티는 세계에서 대기오염이 가장 심한 지역 중 하나가 됐다. 아마 최악인 곳으로도 증명이 가능할 것이다.

100만 명 이상의 멕시코시티 시민들이 영구적인 호흡곤란, 두통, 기침, 눈병으로 고통 받고 있다. 가끔 바람이 불어와 도시 외곽의 공장과 농경지로부터 연기와 먼지를 도시 내부로 운반하고, 이것이 이미 높은 농도로 존재하고 있는 오존이나 먼지와 결합하여 기록적인 오염 수준에까지 이르게 한다. 이때 시민들의 고통은 더욱 가중된다. 이러한 위기 상황이 자주 발생하는데 이 기간에는 학교에서 실외 활동을 취소하고, 공장 가동을 과감하게 줄이고, 개인 승용차의 절반은 도로 운행이 금지된다. 1998년에 자주 발생했던 마른번개는 멕시코시티의 대기오염을 더욱 악화시켰고, 수백만 시민들은 급성호흡 증후군에 걸려 병원 응급실에서 치료를 받았다.

1970년대에 멕시코시티에서 몇몇 환경보호법이 공포됐지만 대기정화 정책이 처음 시행된 1989년까지 산업체와 자동차에 대한 오염물질 배출규제는 거의 이루어지지 않았다. 여러 가지 대기오염 감축 프로그램을 실행하고 몇 년이 지난 후에 효과가 나타나기 시작했다. 오존 농도를 경계 수준이내에 유지하는 데 효과가 있었지만 대기오염은 일반적으로 계속 증가하고 있으며 시민들의 호흡기 질환의 원인은 여전히 남아 있다.[5]

그러면 왜 멕시코라는 나라는 국가 수도의 공기를 정화하는데 더이상 진전을 이루지 못했을까? 한 가지 확실한 요인은 도시의 지형이 매우 나쁘다는 것이다. 더 중요한 것은 국가에 다시 불어 닥친 경제위기로 인해 멕시코의 현대화가 전체적으로 지연됐고, 환경개선은 특히 어렵게 됐다. 멕시코시티의 교통체계는 1,900만 인구가 사는 도시에 적합하지 않고, 산업 활동에 대한 환경규제는 미약하고 구속력이 없다. 또한 오래된 차량들은 오염제어장치를 거의 장착하지 않고 있으며 모니터링이 충분히 이루어지지 않고 있다. 적어도 이러한 문제들의 원인 중 하나는 환경을 우선시하는 멕시코 정부의 지원이 부족했기 때문이다. 멕시코 환경문제의 근본적인 원인은 그 나라가 대물림하고 있는 가난이라는 유산이다.

부유한 사람들의 공기

부유한 나라의 사람들은 오늘날 대체로 깨끗한 공기를 마시고 있다. 하지만 항상 그랬었던 것은 아니었다. 대기오염의 역사는 산업혁명이 일어나기 오래전인 중세시대까지 거슬러 올라간다. 중세시대에도 소규모이긴 하지만 석탄을 태워 도시에 매연과 유황 냄새를 뿜어냈다. 미국도 독립 이전에 이미 석탄을 사용했다. 당시 대장간에서 석탄을 사용했고 농부들은 자신의 밭에서 발견한 석탄 덩어리를 팔았다. 최악의 대기오염이 나타나게 된 것은 영국에서 18세기 말 석탄을 사용하는 공장과 가정이 급속히 늘어난 산업혁명 시기였다. 영국에서 산업화가 진행되는 중소 도시에는 연기와 갈색 연무(옅은 안개), 그리고 칙칙하고 짙은 안개가 곳곳에 상존했고 생활의 일부가 됐다. 광부들과 공장근로자들 그리고 그 가족들은 일상이 되어 버린 환경오염으로 인하여 심한 스트레스를 받게 됐지만 그로부터 피할 수 있는 방법은 없었다. 많은 사람들은 오염을 자신들의 생계를 보장해주는 산업화로 인한 피할 수 없는 현상으로 받아들였다.

당시 소설가 찰스 디킨스(Charles Dickens)는 그렇게 받아들이지 않았다. 1854년에 발표된 그의 소설 『시련의 시기(Hard Times)』에서 디킨스는 빅토리아 시대의 산업사회를 냉혹한 눈으로 묘사하고 있다.[6] 디킨스가 살던 시대의 실제 산업도시를 모델로 한 코크타운(Coketown)이라는 소설 속의 도시를 그는 다음과 같이 묘사하고 있다.

> 그곳은 붉은 벽돌로 만들어진 도시였다. 그 벽돌은 어쩌면 연기와 재로 인해 붉게 변했을 지도 모른다. 그러나 있는 그대로 보면, 야만인의 얼굴에 붉은색과 검은색을 부자연스럽게 칠한 듯한 도시였다. 도시 안에는 기계와 높은 굴뚝만이 있고, 그곳에서 나오는 연기는 뱀처럼 끝이 보이지 않을 정도로 길게 뻗어 있었다. 그 도시에는 검은 운하가 있었다. 그리고 역겨운 냄새가 나는 자줏빛으로 염색된 물이 흐르는 강이 있었다. 그 도시에는 수많은 빌딩으로 가득한데, 빌딩의 창문은 하루 종일 흔들리고 덜커덕거리며, 그 안에는 스팀엔진의 피스톤이 우울한 코끼리의 머리처럼 아래위로 반복해서 움직이고 있었다.

코크타운의 기업가인 조시아 바운더비(Josiah Bounderby)는 냉소적으로 오염은 목적이 있는 것이라고 설명하고 있다. "먼저, 우리 도시의 연기를 보자. 그것은 우리가 먹는 고기이며 마시는 물이다. 그것은 모든 점에서 세계에서 가장 건강한 것이고, 특히 폐를 위해서도 그렇다." 하지만 19세기 영국의 코크타운에서 칙칙하고 짙은 안개가 살인 안개가 됐을 때, 그 연기는 결코 건강에 좋지 않았다.

미국의 산업화는 19세기 후반에서 20세기 초반에 급속히 이루어졌다. 석탄이 나무를 대신하게 됐고 국가의 경제 성장을 이끌어 가는 주 연료가 됐다. 석탄을 태워 검은 연기가 나오는 높은 굴뚝은 새로운 산업 시대의 주요 상징물이 됐다. 그리고 살인 안개는 미국에서도 나타났다. 1948년 10월 29일, 칙칙하고 역한 냄새가 나는 안개가 미국 펜실베이니아 주의 작은 산업 도시 도노라에 깔렸다. 6,000여 명의 주민들이 호흡곤란으로 병원에 실려 갔고, 그중 17명이 사망했다. 이들은 대기오염으로 희생된 최초의 미국인이 됐다. 안개 속 살인 성분은 아연 제련 공장에서 배출된 이산화황(SO_2)이었고, 계절적인 기온역전 현상으로 이 물질이 지면 가까이 정체하게 된 것이다. 같은 해 초에는 살인 안개가 영국 런던을 온통 뒤덮어 600여 명이 사망했다. 런던에서는 이보다 더 참혹한 사건을 여러 번 경험했다. 1956년에는 스모그로 1,000여 명이 죽었고 1962년에는 750여 명이 죽었다. 살인 안개가 직접적인 원인인 사망자는 몇 명인지 정확히 밝혀지지 않았지만, 사건이 계속 누적되면서 산업국가에서 사회 전반에 걸쳐 깨끗한 공기를 유지하려는 운동을 촉진하는 효과를 가져왔다.

석탄연소가 대규모로 이루어지면서 대기오염물질의 배출이 급격히 증가했다. 특히 이산화황(SO_2), 이산화질소(NO_2) 그리고 미세먼지가 심했다. 이산화황은 석탄연소 과정에서 배출되는 주요 오염물질 중 하나로 도노라, 런던과 그 외의 지역에서 발생한 대기오염 사건의 주범이었다. 이산화황은 석탄에서 연소되어 열을 발생시키는 탄소물질에서 배출되는 것이 아니고 불순물로 존재하는 황에서 비롯된다. 일부 역청탄에는 6% 정도나 함유되어 있다. 산업에서 석탄연소가 20세기의 국가 성장을 반영하듯이, 1900~1970년 사이에 미국에서 이산화황의 연간 배출량은 1,000만 톤에서 3,000만 톤으로 3배 증가했다.[7]

또 다른 주요 오염물질은 질소산화물(NOx)이다. 이것은 연료가 타면서 나오는 것이 아니고 대기의 자연 성분인 질소가 산화하여 발생한다. 질소산화물은 공기 중에서 일어나는 모든 연소의 부산물이다. 이 부산물은 자동차 엔진, 산업용 보일러, 주방용 가스레인지에서도 발생한다. 산소와 질소가 화학적으로 반응하기에 충분히 높은 온도에서 연소가 일어날 때 반드시 이 물질이 발생한다. 미국에서는 1900년에 200만톤 이상의 질소산화물이 대기로 배출됐다. 당시 자동차는 미국 전역에 8,000대뿐이었기 때문에 이 양의 대부분은 나무와 석탄의 연소에서 발생한 것이다. 그러나 오늘날 미국에서는 자동차가 1억 7,000만 대로 증가하여 현재 연간 2,500만 톤씩 배출되는 질소산화물의 절반 이상이 차에서 나오고 있다.

질소산화물의 공중보건학적 중요성은 다음 두 가지에 기인한다. 첫째, 질소산화물은 저농도에 짧은 시간 노출되어도 목과 폐를 자극하며, 오랜 시간 노출되면 폐기종과 같은 병을 유발하거나 바이러스와 박테리아 감염에 대한 폐의 저항력을 떨어뜨린다.[8] 둘째, 질소산화물은 로스앤젤레스나 멕시코시티 같은 따뜻하고 태양빛이 강한 지역에서 나타나는 광화학 스모그를 형성하는 주요 원인 물질 중 하나다. 로스앤젤레스에서 눈에 통증을 유발하는 스모그가 처음으로 알려진 사건은 1943년 여름에 발생했으나, 1956년이 될 때까지도 캘리포니아의 과학자들은 광화학 스모그의 성질과 원인을 밝혀내지 못했다.[9] 간단하게 말해서, 광화학 스모그는 질소산화물과 휘발성 유기화합물의

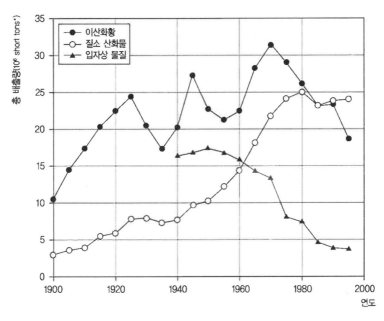

그림 17 미국의 대기오염물질 배출 추이(1900~1995).

출처: US Environmental Protection Agency, National Air Pollution Emission Trends, 1900~1996, report EPA–454/R–97–011(Washington DC: EPA, 1997년 12월).

혼합물이 태양으로부터 오는 자외선이 있는 곳에서 화학반응을 일으킬 때 생성된다.

산업화 초기에 미국인들은 대기오염을 새로운 도시 생활에서 피할 수 없는 부작용으로 생각하고 참아냈다. 당시 많은 도시 거주자들은 산업화와 더불어 이주한 사람들로, 다른 곳은 매우 가난하다는 것을 잘 알고 있었고 산업체의 일자리가 주는 새로운 번영에 박수갈채를 보냈다. 경제 공황이 일어났던 1930년대 오하이오 주의 철강도시에서 어린 시절을 보낸 나는 제철 공장위로 석탄 연기가 곳곳에 회색빛

구름이 되어 피어오르는 것을 사람들이 환영했던 것을 기억한다. 우리는 매연 때문에 숨이 막히고 일요일에 교회 갈 때 입는 깔끔한 옷이 금방 더럽혀져도, 연기는 공장이 잘 돌아가고 우리 아버지들이 그곳에서 일할 수 있고, 그래서 우리가 집과 먹을 음식을 얻을 수 있다는 것을 의미했다. 강이 쓰레기로 덮여 물이 거의 보이지 않았다. 그러나 가까이에 숲과 시내가 있었고 하늘을 나는 새를 볼 수 있었기에 나는 신경 쓰지 않았다. 100년 전 영국에서 그랬던 것처럼, 나에게도 오염

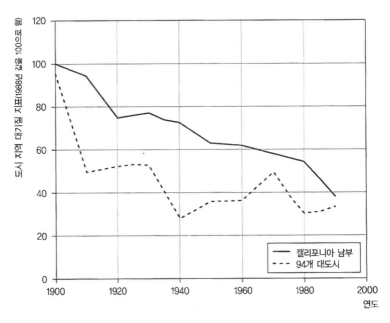

그림 18   도시의 대기질 개선(1988~1997). 그림 17의 대기질 지표는 미국의 94개 대도시와 캘리포니아 남부 지역에서 매년 EPA 대기오염 기준치(PSI: Pollutant Standards Index)를 위반한 날짜이다. 1998년 값과 비교하여 백분율로 나타냈다.

출처: US Environmental Protection Agency, National Air Quality and Emission Trends Report, 1997, report EPA-454/R-98-011(Washington DC: EPA, 1998년 12월).

은 산업화로 인한 경제적 혜택에 비해 치러야 할 매우 작은 비용처럼 보였다.

그러나 많은 도시 지도자들에게는 오염이 번영의 대가로 치러야할 작은 비용으로 보이지 않았다. 그들은 20세기가 시작되기 훨씬 이전에도 대기오염을 산업화의 부산물로 인정하지 않았다. 이미 1881년에 시카고와 신시내티에서는 미국에서 처음으로 대기오염 규제법을 통과시킴으로써 용광로와 기관차에서 주로 나오는 연기와 검댕을 규제하려고 노력했다. 20세기가 시작될 무렵에 벌써 미국의 몇몇 군(County) 단위의 지방자치단체에서는 오염 규제법을 제정하기 시작했다. 하지만 주(state) 정부는 반세기가 지나서야 오염 규제를 심각하게 고려하게 됐다. 1952년 오리건주는 미국의 주 가운데 첫 번째로 대기오염을 법적으로 규제했고, 곧 다른 주들도 뒤따랐다. 이때 제정된 법은 일반적으로 연기와 분진의 규제를 목적으로 하고 있다.[10]

미국 연방 정부는 1963년에 청정대기법(Clean Air Act)을 제정함으로써 처음으로 대기오염 규제에 큰 관심을 보이기 시작했다. 이때 제정된 초기 청정대기법은 비교적 약한 법률로, 대기오염 연구를 재정적으로 지원하고 주 정부 내에서 또는 주 정부 간에 이루어지는 프로그램에 도움을 주는 정도였다. 미국에서 대기오염 규제를 위한 역사적 이정표가 된 해는 1970년이다. 이때 청정대기법이 강력한 법으로 개정됐고, 연방 환경보호청(USEPA)이 설립되어 전국에 적용되는 대기 기준치와 자동차·트럭·버스에 적용되는 대기오염 배출 기준치를 정하는 권한이 주어졌다. 1970년 이 법에서는 대기오염 규제를 위한 다음의 세 가지 기본원칙을 정했고, 이것은 지금도 핵심 요소가 되고 있다.

- 인간의 건강 보호를 대기 기준의 제1 목표로 한다.
- 이용 가능한 최고의 기술을 의무화한다.
- 허용 기준을 법으로 정한다.

1990년에 통과된 청정대기법 개정안은 EPA의 규제 권한을 더욱 강화했으며 독성이 우려되는 많은 오염물질을 처음으로 지정했다.

1970년에 제정한 청정대기법과 이후 개정안은 민간 부문에서 이룩한 괄목할 만한 기술 진보로 미국 전역에서 오염물질 배출을 크게 줄여 획기적인 대기질 개선을 이뤄냈다. EPA의 자료에 따르면 여섯 가지 주요 오염물질[11]에 대한 미국의 총 배출량은 1970년 이후 매년 감소하여 1999년에는 1970년에 비해 31% 감소했다. 이 획기적인 대기질 개선은 관련 요소들이 반대 방향으로 진행되는 기간에 일어났다. 즉, 미국의 인구가 33%, 차량 주행거리가 140%, 총 국내 생산이 147%, 전력 생산용 석탄 사용이 3배 정도 증가했지만 대기질은 현저히 좋아졌다.[12] 1990년대에 관측한 모든 해의 대기질이 1980년대 어떤 해보다 좋았다. 특히 1990년대에는 고농도 오염을 일으키기에 적합한 기상 조건이 발생했음에도 대기질은 꾸준히 개선되는 경향을 보였다.

도노라에서 사람들의 생명을 앗아간 물질인 이산화황의 미국 내 총 배출은 1972년에 3,200만 톤으로 최고치를 기록했으나, 그 이후 꾸준히 감소하여 1980~1999년 사이에는 28%나 줄어드는 기록을 보였다.

놀랍게도 1999년에 이산화황의 배출량은 1,900만 톤으로 감소했으며 이는 1915년의 배출 수준에 가까운 양이다.[13]

자동차가 늘어남으로써 질소산화물의 배출은 1900~1980년 사이에 10배 가까이 증가했다. 1970년대에 제정한 미국 연방 정부의 배출 기준에 따르게 되어 질소산화물의 총 배출량은 1980년경에 한풀 꺾이고 그 후로 일정하게 유지됐다. 질소산화물의 총 배출량이 실제로 줄어들지 않는 이유는 현재 규제하지 않는 비도로 주행용 디젤차(대부분 건설용 장비)의 증가 때문이다. 하지만 지난 20년 동안 도심 지역을 중심으로 관측한 이산화질소의 농도는 25% 감소했고, 과거에 이산화질소의 미국 대기질 기준치를 위반했던 모든 곳이 현재 그 기준을 넘지 않는다.

앞에서 지적한 것처럼 미세먼지(예를 들어 검댕)는 세계에서 가장 위험한 대기오염물질 중 하나로, 베이징에서 $800\mu g/m^3$에 달하는 고농도를 기록하고 있다. 그리고 전 세계적으로 수백만 명이 미세먼지 때문에 사망하고 있으며 이런 일의 거의 대부분은 개발도상국에서 일어나고 있다. 미국에서 미세먼지의 감소는 오염 규제 노력의 커다란 성공 사례 중 하나가 됐다. 1940년 이전의 자료는 없지만, 규제가 없었던 시기에 미국의 미세먼지 농도는 아마 지금의 베이징과 비슷할 정도로 높았을 것으로 추정하고 있다. 미세먼지의 배출은 1950년대 최고에 달했고, 1980년대 중반까지 꾸준히 감소하여 그 후로 비교적 안정을 유지하고 있다. 미세먼지[14]의 미국 총 배출량은 1950년에 약 1,700만 톤에서 오늘날 400만 톤 이하로 감소했다.[15]

1990년에 개정된 청정대기법에서는 처음으로 EPA가 인체에 유독한 물질로 분류한 많은 종류의 저농도 대기오염물질을 규제하도록 요구했다. EPA는 독성 대기오염물질을 고농도 노출 시 인체에 암이나 그 밖의 건강상 치명적인 영향을 유발하는 물질로 정의하고 있다. 저농도 독성 대기오염물질의 목록에는 가솔린에서 생성되는 벤젠, 드라이클리닝 시설에서 배출되는 퍼클로로에틸렌, 몇몇 산업체에서 용매로 사용하는 메틸렌클로라이드를 비롯한 188가지가 포함되어 있다. 이러한 물질들에 대한 데이터베이스는 아직 시험 단계이지만 EPA는 유독성 물질의 총 배출량이 1990~1996년 사이에 약 23% 감소한 것으로 추정하고 있다.

이처럼 괄목할 만한 대기질 개선이 이루어진 것은 미국 국민들이 연방과 주의 환경 규제를 강력하게 그리고 계속 지지해왔기 때문에 가능했다. 실제로 대도시에서 연기와 스모그 농도가 감소하자 많은 사람들은 청명하고 푸른 하늘과 멀리 보이는 아름다운 경치에 만족하게 됐다. 그러나 대기질을 개선하는 데는 많은 비용이 필요했다. 청정대기법을 준수하기 위해서 미국은 1970~1990년 사이에 5,000억 달러 이상을 지불했다. 심미적인 기쁨 자체만을 위해서는 오염을 줄이는 데 이처럼 엄청난 비용을 지불하는 것이 정당화될 수 없다. 사실 주요 혜택은 바로 국민 건강과 직결되고 혜택의 일부는 농업과 생태계로 이어진다. 이러한 혜택이 엄청난 예산이 드는 정부의 규제 명령을 정치적으로 정당화해 준다. 이러한 혜택이 5,000억 달러의 가치가 있다는 것을 우리가 어떻게 알 수 있을지 궁금해 할 것이다. 어쩌면 5조 달러 또는 50억 달러의 가치가 있을 수도 있다. 그 혜택이 실제로 얼마의 가치가 있는지를 어떻게 결정할 수 있을까?

이러한 질문을 하는 것은 마치 사회경제적인 문제가 가득하고 정치적으로 복잡하게 얽혀있는 곳에 들어가는 것과 같다. 그리고 그곳은 비용편익 분석이라는 이름으로 통한다. 표면상으로 이것은 매우 단순하게 들린다. 비용편익 분석은 정부의 규제 시행으로 나타나는 사회복지 측면에서의 변화를 측정하는 정치적 도구다. 하지만 실제로 그러한 측정을 하기는 매우 어렵다. 예를 들어 대기 중 미세먼지 감소로 나타나는 만성 기관지염 감소를 돈으로 환산하는 데 어떤 잣대를 사용할 수 있을까? 또한 가솔린에서 납을 제거함으로써 납으로 인한 어린이 지능 장애 현상을 줄이는 것은 어떻게 돈으로 환산할 수 있나? 이러한 평가는 이론적으로나 현실적으로 상당히 어렵다. 비용편익 분석을 옹호하는 사람들은, 이것이 재원이 한정된 곳에서 정치적 결정을 해야 할 때 무엇을 얻고 무엇을 포기해야 하는지를 더욱 신중하게 생각할 수 있도록 양측 모두에 힘을 주는 결정원칙이 될 수 있다고 주장한다.[16] 그리고 실제로 각각 공화당과 민주당의 대통령이었던 로널드 레이건과 빌 클린턴은 규제 적용에 필요한 비용의 정당성을 찾기 위해 예산이 많이 드는 규제에 대해서는 모든 정부기관이 비용편익 분석을 실시할 것을 의무화하는 행정 명령을 내렸다.

EPA는 자체 비용편익 분석을 통해 1970~1990년 사이에 청정대기법으로부터 얻은 이익은 사용된 비용 5,000억 달러를 충분히 넘어 약 14조 달러의 가치가 있었다고 주장한다.[17] EPA의 이러한 이익 평가는 청정대기법을 시행하지 않았을 경우 발생했을 것으로 확신할 수 있는 모든 피해(높은 대기오염 농도로 인한 조기 사망, 만성 기관지염, 낮은 농업 생산량)의 가치를 달러로 환산한 것이다. 이 중 약 3분의 2는 대기 중 미세먼지 감소로 인한 사망률 저하에 따른 것이다.

EPA 분석은 두 곳으로부터 각각 다른 이유 때문에 비난받았다. 첫 번째는, EPA가 청정대기법의 이익은 과대평가하고 비용은 과소평가하여 수치가 잘못 계산됐다는 것이다. 한 연구에서는 이익 측면에서 EPA가 사람 수명이 1년 연장되는데 연방항공청(Federal Aviation Administration), 소비자제품안전위원회(Consumer Product Safety Commission), 미국고속도로안전청(National Highway Traffic Safety Administration)에서 사용하는 값보다 약 100배 높은 값을 적용했다는 결론 내렸다.[18] 오염 감소로 인한 이익 계산의 대부분은 생명 연장 관련된 것이기 때문에 EPA가 분석한 이익은 상당히 과대평가됐음을 의미한다.

환경과 직업 보건 관련 규제에 의해 발생하는 국가의 경제적 생산성 감소는 청정대기법의 추가 비용이 될 수 있다. 특정 연구에서 일반적으로 이러한 손실을 무시하는 것은 놀랄 일이 아니다. 한 유명한 연구는 1973~1985년 사이에 환경 규제로 인해 국가의 GNP가 약 2.6%까지 감소했다고 결론짓고 있다.[19] 또 다른 연구에서는 규제로 인하여 미국 제조업의 생산성이 1974~1986년 사이에 11% 하락했다고 규명했다.[20] 반대로 캘리포니아 남부 지역에 있는 정유 공장에 관한 연구는 엄격한 환경 규제가 시행됐던 기간인 1987~1992년 사이에 생산성이 증가했다고 밝혔다.

그러면 청정대기법에 관련된 총 비용은 얼마인가? 한 연구에서는 EPA가 제시한 5,000억 달러라는 직접 비용보다 3~7배 더 많은 1조 5,000억에서 3조 5,000억 달러에 이르는 것으로 추정하고 있다.[21] 이 연구에서는 EPA가 추정한 대기오염 감소로 인한 생명 연장 효과에 대해 문제를 제기하면서, 전체 이익은 EPA가 예측한 9조 1,000억 달러보다 훨씬 적은 10~50억 달러 정도일 것이라고 결론지었다.[22] 이 수치는 분명 청정대기법으로 인한 비용이 이익을 초과했음을 나타내며, 이러한 견해는 정부의 입장과 반대된다.

이처럼 경제적 비용편익 분석을 기반으로 한 결론에서 총계가 일치하지 않기 때문에 이러한 연구는 논쟁의 수렁에 빠진다. 이러한 연구는 자료와 방법이 불확실할 뿐만 아니라, 정치적 목적에 의해서도 색깔이 달라진다. 또한 인간의 삶을 돈의 가치로 평가하는 일은 보험과 건강 산업에서 실제로 항상 있지만, 이러한 평가를 절대 널리 인정되는 평가라고는 할 수 없다.[23] 또 한 가지 복잡하게 만드는 것은 비용과 이익은 관련 당사자들에게 공평하게 분배되지 않는 경향이 있다는 것이다. 그리고 규제 프로그램의 대안을 선택하여 비용과 이익을 정확하게 예측하는 것은 절대 불가능하다.

좀 더 근본적인 다른 종류의 비판도 있다. 그것은 EPA가 수행한 비용편익 분석이 애당초 필요하지 않았다는 주장이다. 이 관점에 따르면 환경 이익과 가치는 본래부터 정량적이지 않기 때문에 이를 계량화하려는 시도 자체가 잘못됐다는 것이다. 환경윤리학자인 마크 사고프(Mark Sagoff)는 이를 다음과 같이 표현했다. "환경 안전과 보건을 위한 정책뿐만 아니라 자연생태계·서식지·물·땅·공기의 보전에 관련된 환경문제들은 도덕적이고 심미적인 원리에 관한 것이지 경제 원리로 다루는 것이 아니다."[24]

경제 원리에 도덕적이고 심미적인 원리를 추가하여 환경에 관련된 결정을 하려는 생각에 나는 전적으로 동의한다. 이것은 이 책에서 내가 주장하려는 바와 일치한다. 자유민주주의 국가에 사는 대부분의 부유한 사람들은 내심 환경주의자들이라고 나는 이 책에서 반복해서 주장하고 있다. 우리는 대부분 철학적 관점에서 환경을 생각하지 않을지라도 깨끗한 공기, 맑은 물, 아름다운 주변 환경에 가치를 두고, 건강한 환경을 이루고 유지하기 위해 비용이 얼마가 됐든지 간에 기꺼이 지불하려는 것이 사실이다. 부유한 나라에서 먼저 청정대기법을 통과시킨 것 자체가, 후에 눈부시게 푸른 하늘과 멋진 경치를 얻기 위해 비용이 얼마가 되더라도 지불하려는 것을 충분히 정당화하는 증거다.

산성비 문제

산성비는 화석연료가 연소할 때 배출되는 이산화황과 자동차 배기가스에 포함된 질소산화물이 대기 중의 수증기와 산소와 반응하여 생성된다. 이러한 물질들은 일단 대기로 방출되면 화학반응을 통해 황산이나 질산과 같이 물에 잘 용해되는 2차 오염물질로 전환될 수 있다. 반응 결과물인 산화합물은 바람에 의해 수백 km 이동할 수 있고 건식 또는 습식 산성물질로 들이나 숲, 물 위에 내려앉는다.

1970년대에 많은 환경과학자들은 산성비가 숲, 농작물, 어류, 건축물과 인간의 건강에 광범위한 피해를 입히는 등 생물상에 심각한 결과를 초래할 것이라고 걱정했다.[25] 그리고 연구를 통해 미국, 캐나다, 스칸디나비아, 중국 등 여러 곳에서 내리는 강우의 산도가 정상보다 높다는 것이 밝혀졌다. 스칸디나비아 반도의 호수에서는 유독성 미량 금속의 농도가 증가하고, 송어의 사망률이 높아졌으며, 미생물의 활성에 변화가 나타나는 등 생태계 피해가 관찰됐다. 비슷한 현상이 캐나다와 미국에 걸쳐있는 애디론댁 호수(Adirondack lakes)에서도 발견됐다.[26] 미국에서도 삼림 피해가 계속 보고됐으며 산성비가 그 원인 중 하나였다.[27]

앞서 언급한 것처럼, 산성비의 원인이 되는 황과 질소산화물의 배출은 산업이 팽창했던 지난 반세기 이상 동안 미국에서 증가했다. 1970년대에는 산성비에 대한 대중의 관심이 집중됐으며 언론매체는 세계에서 가장 심각한 환경문제 중 하나로 꼽았다. 앞에서 살펴본 것처럼 1970~1980년대에 미국 내 대기오염 규제를 강화함에 따라 황 배출은 감소하고 질소산화물 배출은 안정화됐다. 1995~1998년 미국 동부의 광범위한 지역에 걸쳐 강우에 함유된 황산염이 급격히 감소했다.[28] 산성비 문제가 얼마나 심각했으며, 미국 정부의 대기정화 정책으로 인한 오염물질 감소가 그것에 어떤 영향을 미쳤을까? 그래서 미래에는 어떻게 될 것인가?

산성비가 환경을 심각하게 위협한다는 주장은 1980년대에 10년 동안 정부의 공동 연구로 조사됐다.[29] 이 연구는 산성비를 이해하는 데 중요한 기여를 했다. 하지만 이 연구의 과학적 결과와 그 결과를 어떻게 해석하느냐에 대해서는 관점의 차이를 보였다. 예를 들어 이 연구에서는 산성비의 영향이 과거에 예측한 것보다 덜 심각할 것이라고 밝혔는데, 생태학자인 진 리킨스(Gene Likens)는 이러한 사실에 대해 이의를 제기하며 산성비는 과거에 예측된 것보다 실제로 더 큰 문제를 일으킨다고 주장한다.[30] 그는 산성비가 자연적 스트레스와 함께 가해져 피해가 발생한 전나무와 가문비나무의 연구 사례를 언급하면서, 일반적으로 대기오염이 자연 생태계에 미치는 실제적이고 잠재적인 영향은 인식할 수 있는 것보다 훨씬 복잡하다고 주장한다. 청정대기법의 1990년 개정안으로 인해 산성비가 줄었다는 것을 인정하지만, 리킨스는 그 정도 감소는 장기간에 걸쳐 생태계의 핵심적 구조와 기능에 미칠 수 있는 피해를 막을 수 있을 만큼 충분하지 못하다고 주장한다.[31]

이 연구 최초 책임자인 컬프(J.L. Kulp)는 다음과 같은 좀 더 낙관적인 예측을 내놓았다.

> 현재 수준의 산성비 영향은 긍정적인(예를 들어 농작물) 것에서 보통 정도의 부정적인(예를 들어 지표수) 범위를 갖는 것으로 나타났다. 현재 수준의 오염이 계속되어도 앞으로 반세기 동안 이러한 영향이 심각하게 악화된다는 증거는 없다. 실제로 지금 수준의 규제는 미국, 유럽, 일본에서 강우의 산성도를 꾸준히 줄여나갈 것이다. 그리고 마침내 새로운 오염 감축 기술이 등장하여, 미래의 석탄연소 설비는 과거에 비해 적은 비용으로 무시할 수 있을 정도의 산도를 생성하는 물질을 배출하게 될 것이다.[32]

산성비의 생태적·경제적 영향에 대해 과학자들 간의 의견 차이는 당연히 계속될 것이다. 왜냐하면 여기에는 정치적이나 경제적인 이해관계가 많이 얽혀 있고 아직 모르는 것이 많기 때문이다. 그러나 확실한 사실은 미국을 비롯한 부유한 국가들은 산성비 규제 정책을 지속적으로 시행해오고 있으며 산성비의 심각성을 크게 줄인 고비용 감축 프로그램을 계속 실시한다는 점이다. 가난한 나라는 부유한 나라와 동일한 환경 프로그램을 시행할 경제적 여유가 없기 때문에 이런 개선은 이루어질 수 없다.

오염을 수출하고 있는가

많은 환경주의자들은 부유한 나라가 대기오염을 줄이는 노력을 통해서 푸른 하늘을 다시 찾는 것이 아니라 가난한 나라에 오염을 수출해서 얻는 것이라고 믿는다.[33] 예를 들어 다국적 기업이 자국의 더욱 강화된 규제를 피해 환경기준이 낮은 개발도상국으로 오염 유발 제조 시설을 이전하는 것이 그 경우에 해당된다. 환경주의자들은 북미자유무역협정(NAFTA) 통과 후 멕시코에서 자동차 제조 시설이 확산되는 것을 다국적 기업들이 환경기준이 낮은 국가에서 제품을 생산하여 제조비용을 삭감하는 예로 자주 인용하고 있다.

그러나 사실은 전혀 다르다. 멕시코의 경우 적용되는 환경기준은 미국과 거의 동일하다. 과거 멕시코의 법 집행은 매우 허술했으나 상황이 변하고 있다. 기업의 목적에 관해서 미국의 정부 부처간 대책위원회는 다음과 같이 말했다. "미국 기업들, 특히 대형 제조 공장을 운영하고 있는 대부분 다국적 기업들은 규모가 크면 클수록 해외 자회사들이 미국에서 지켜야 하는 환경 기준치보다 높은 기준을 외국에서 지키고 있다."[34]

하여튼 환경기준을 지키는 데 드는 비용이 제조 시설 운영에 드는 비용의 주요 부분을 차지하는 경우는 거의 없다. 예를 들어 미국에서 산업체들이 오염 저감을 위해 사용하는 비용은 평균적으로 예산의 0.6% 정도이고, 오염을 가장 많이 유발하는 산업의 경우 1.5~2% 정도다.[35] 경제협력개발기구(OECD)에 속한 국가들도 직접적인 환경 비용은 생산비의 1~5% 정도다.[36] 지역에 따른 환경기준의 차이로 기업이 얻는 작은 이익은 새로운 설비 투자에 드는 많은 비용에 의해 모두 상쇄되기 마련이다. 이 문제에 대해 1990년에 이루어진 한 연구에서는 서로 다른 환경기준이 세계 무역 패턴에 중대한 영향을 미친다는 증거는 없다고 결론 내렸다.[37] 좀 더 최근 연구에서는 "선진국이 공해 산업을 외국으로 내보내는 것에 관해서 선진국 간의 이동이 선진국에서 후진국으로 이동하는 경우보다 많다"라는 결론 내렸다.[38] 또한 이 문제에 대한 또 다른 증거로 "환경적으로 아주 우수한 기업이 이윤을 적게 남긴다는 아무런 근거가 없다"라는 결론을 내렸다.[39] 또 다른 연구에서는 이렇게 밝혔다. "다국적 기업들이 오염을 배출하는 공장을 해외로 옮긴다고 해서 그들이 환경 의무를 피할 수는 없다. (중략) 지금은 시장의 힘이 어떤 경비 절약보다 제품의 환경 비용을 더 잘 보상해준다. 소비자가 있는 곳에 생산자가 있는 것이다."[40]

해외 생산 시설에 엄청난 투자를 하려는 주요 동기는 환경 규제를 피하려는 것이 아니고 에너지와 자원 소모를 줄여 생산 효율을 개선하고, 나아가서는 상품의 세계 경쟁력을 높이려는 것이다. 이러한 투자는 오염을 일으키는 산업에 집중되는 것이 아니고 평균적으로 오염을 덜 일으키는 노동집약형의 산업에 대해 주로 이루어지고 있다.[41] 이러한 목표를 달성하기 위해 외국 자동차 기업들은 멕시코에 최신식 제조 기술을 도입했고, 수천 명의 기술자들에게 일자리를 제공했다. 이러한 기회를 통한 경제성장을 이루지 못한다면 멕시코는 결코 환경 문제를 적절히 해결할 수 없다.

문제가 되는 경우도 물론 있다. 개발도상국의 현지 관리자가 허술한 환경 규제를 악용하여 별로 경비 절약이 되지 않는데도 공장이 강과 하늘과 들판을 오염시키도록 방치하는 사례가 있다. 많은 기업이 서로 치열한 경쟁을 벌이는 시장에서 그러한 불법 행위가 전혀 예상되지 않는 것은 아니지만, 그것은 도덕적인 측면에서도 용서받을 수 없을 뿐만 아니라 근시안적이고 열등한 기업 행위이기 때문에라도 용서받을 수 없다. 이런 상황에서 도덕과 경제가 충돌할 때, 이 투명한 세상에서 도덕과 경제의 힘은 앞으로 점점 같은 방향을 향해 나아갈 것이라는 사실을 인식하고 불법을 자제해야 한다. 개발도상국의 임금이 부유한 국가들보다 낮을지라도, 개발도상국의 제조 시설은 수백만 가정에 직장과 안정된 생활을 보장해주며, 많은 경우 그들의 생활수준을 그 지역에서 오랫동안 지속됐던 평균적인 생활수준 이상으로 올려놓는다. 가난에서 벗어나는 긴 여정에서 첫 번째 단계는 먹을 것을 해결하는 것이고, 그 다음 단계에 환경을 생각하는 것이다.

　경제발전도 환경 개선도 하루아침에 이루어지지 않는다. 제2차 세계대전 이후 선진산업국이 환경기준을 세우고 시행하는 데 많은 어려움을 겪으면서 지금까지 오는 데 40여 년이 걸렸다는 것을 기억해야 한다. 지금의 환경 상태는 많이 개선된 정도이며 물론 완벽하지는 않다. 세계 수준의 기업 경영자들이 일한다 하더라도 그곳의 환경기준이 갑자기 선진국과 비슷해질 것으로 기대하는 것은 현실성이 없다. 개발도상국 사람들이 오늘날 선진국에서 보장되는 환경 수준을 요구할 수 있는 정치적 의지와 경제적 수단을 가지려면 먼저 가난에서 벗어나야 하고 개인의 자유가 충분히 보장돼야 한다.

후기

1997년 12월 『샌프란시스코 클로니클(San Francisco Chronicle)』이라는 신문에는 "되찾은 로스앤젤레스의 푸른 하늘―50년 만에 가장 깨끗한 공기"라는 제목의 기사가 실렸다.[42] 이 기사는 다음과 같은 매력적인 문구로 시작됐다. "과거 로스앤젤레스의 공기는 지금처럼 깨끗했었다. 트루먼 대통령 시절에는 중절모로 머리 장식을 하고 다니던 멋진 도시였다. 그리고 당시에는 배우 보가트(Bogart)와 바콜(Bacall)이 함께 영화를 만들던 곳이었다." 누구나 당연히 보가트와 바콜의 영화에 대해 향수를 느낄 수 있겠지만, 그 향수는 그 후 50년 동안 로스앤젤레스의 하늘을 뒤덮었던 스모그로 퇴색됐다. 기사는 다음과 같이 이어졌다. "1970년에 로스앤젤레스에는 제1단계 오존 경보가 148번 울렸다. 제1단계 경보는 보통 공기의 색깔이 강에서 황톳물이 흐를 때와 비슷한 정도다. 노약자, 어린이, 병약자 들은 실내에서 머물도록 권고됐다. 1997년에는 1단계 경보가 한 번 발생했다." 로스앤젤레스 시민은 다음과 같이 이야기한다. "주변의 산들은 전부 어두움에 가려졌다. 10년 또는 15년 전에 산을 볼 수 있는 날은 거의 없었다. 그러나 지금은 산을 마치 확대경으로 보는 것 같다. 너무나 멋있다. 아주 완벽하게 멋지다."

이 기사의 도취된 어조에도 불구하고 대부분의 과학자들은 로스앤젤레스와 그 밖의 다른 지역에서 있었던 대기오염과의 전쟁에서 승리했다고 주장하지 않는다. 지난 10년 동안 상당한 진전이 이루어진 것은 확실하다. 이러한 진전은 환경과학의 발달, 산업기술의 혁신, 대기질에 대한 시민들의 관심의 증가로 더욱 박차가 가해졌다. 이 모든 것들이 더욱 강화되고 좀 더 많은 비용이 드는 정부의 여러 가지 대기 기준치와 규제를 시행 가능하게 한 것이다. 사실 대기질을 개선하려는 노력은 지금까지 세계적으로 부유한 민주 사회에서만 이루어져왔다. 시민들은 대기질을 개선하는 데 정치적으로 힘을 실어주었을 뿐만 아니라, 필요한 재원을 위해 공공 재원과 민간 자금을 투자할 수 있도록 해 주었다. 미국에서는 지난 30년 동안 적어도 1조 달러가 대기 정화에 투자됐다. 이 투자는 지금 미국 국민에게 더욱 좋아진 건강과 청명한 시야, 그리고 향상된 삶의 질로 되돌아오고 있다.

대기질 개선은 아직도 진행 중에 있다. 그동안 많은 것이 달성됐는데 앞으로 얼마나 더 많은 것이 이루어져야 할까? 언제 우리의 대기가 충분히 깨끗해질까? 이 질문에 답하기 위해 필요한 지식을 제공하는 데 과학이 중요한 역할을 할 수 있지만, 이 질문이 과학적이지 않기 때문에 과학은 이 질문에 답할 수 없다. 이것은 사회적 기대와 경제에 관한 질문이다. 아마도 부유한 사회에서 대기가 충분히 깨끗한 상황은 결코 달성되지 않을 것이다. 왜냐하면 사람들이 사회적·환경적 기대치가 계속 증가하기 때문이다. 미국이나 다른 선진국에서 부가 계속 증가함에 따라 대기질 개선에 대한 국민의 요구도 계속 증가할 것이다.

반대로 개발도상국에서는 더욱 시급한 사회적·경제적 문제 때문에 대기질 개선을 위한 선진국과 비교될 만한 투자가 지금까지 이루어지지 않고 있다. 수많은 가난한 나라에서 볼 수 있는 아주 지독한 대기 상태가 이것을 증명해준다. 그러나 개발도상국도 지금보다 더욱 발전하고 국민들이 기본적인 자유를 폭넓게 즐길 때 그 나라도 공기가 깨끗해지리라는 것은 거의 확실하다. 왜냐하면 경제적으로 부유해져서 깨끗한 공기를 얻는 데 필요한 기술을 갖추게 되고, 더 중요한 것은 국민들이 깨끗한 공기를 원하게 될 것이기 때문이다.

1 World Health Organization, Press Release WHO/56. Meeting on Air Quality and Health, Geneva, September 14, 2000.

2 World Health Organization (WHO), Guidelines for Air Quality (Geneva: WHO, 2000).

3 상동, 42.

4 Mark Hertsgaard, Earth Odyssey (New York: Broadway Books. 1998).

5 Justino Regalado, "Air Pollution and Respiratory Health in Mexico City," RT Magazine (September 1, 2000).

6 Charles Dickens, Hard Times (1854; reprint London: Viking-Penguin, 1997).

7 U.S. Environmental Protection Agency (EPA), National Air Pollutant Emission Trends, 1900-1996, report EPA-454-R-97-011 (Research Triangle Park, NC: EPA, December 1997), fig, 3. 3.

8 World Health Organization, Guidelines for Air Quality.

9 A.J. Haagen-Smit, "Chemistry and Physiology of Los Angeles Smog," Industrial and Engineering Chemistry 44 (1952): 1342; idem, "Abatement Strategy for Photochemical Smog," in Photochemical Smog and Ozone Reactions, Advances in Chemistry Series no. 113, ed. American Chemical Society (Washington, DC: American Chemical Society, 1972).

10 U.S. Environmental Protection Agency, National Air Pollutant Emission Trends, 1900-1998, report EPA-454-R-00-002 (Research Triangle Park, NC: EPA, March 2000).

11 여섯 가지 주요 대기오염물질은 이산화황(SO_2), 이산화질소(NO_2), 미세먼지(PM), 오존(O_3), 일산화탄소(CO), 납(Pb)이다.

12 U.S. Environmental Protection Agency, Latest Findings on National Air Quality:

1999 Status and Trends, report EPA-454/F-00-002 (Research Triangle Park, NC: USEPA, August 2000); U. S. Department of Energy, Annual Energy Review (Washington, DC: D. O. E. Energy Information Administration, 1999), table 7.3.

13 EPA, National Air Pollutant Emission Trends.

14 PM-10은 흡입 시 폐 깊숙이 침투할 수 있는 지름 10µm 이하의 모든 입자를 말한다.

15 이것은 농업 활동에서 발생하는 먼지와 도로, 공사장, 광산에서 일시적으로 발생하는 먼지는 포함하지 않는다.

16 S. Farraw and M. Toman, Using Environmental Benefit-Cost Analysis to Improve Government Performance, Resources for the Future, discussion paper 99-11 (Washington, DC: Resources for the Future, December 1998).

17 EPA, Latest Findings on National Air Quality.

18 T.O. Tengs et al., "Five Hundred Live-Saving Interventions and Their Cost-Effectiveness," Risk Analysis 15 (June 1995): 369.

19 D.W. Jorgenson and P.J. Wilcoxen, "Environmental Regulation and U.S. economic Growth," Rand Journal of Economics 21(2) (summer 1990): 314.

20 J.C Robinson, "The Impact of Environmental and Occupational Regulation on Productivity of United States Manufacturing," Yale Journal on Regulation 12 (summer, 1995): 387.

21 C.S. Marxsen. "The Environmental Propaganda Agency," The Independent Review 5(1) (2000): 65에서 예를 찾아볼 수 있음.

22 상동, 69.

23 미국 법정은 종종 판결 과정에서 특별한 사람의 생명을 화폐의 가치로 환산한다. 예를 들면 자동차 사고, 비행기 추락, 우발적인 작업장 사고와 관련된 경우이다. 일반적인 보상범위는 최저 40만 달러(공장 사고로 인해 사망했을 경우)에서 최고 260만 달러(여객기 PanAm 103 폭격으로 사망한 학생의 경우)다. 2001년 9·11 테러 희생자 가족들에게 손해배상을 지불하기 위해 창설한 연방 정부기금 이 사회에서는 희생자들의 재정적 필요, 미래에 돈을 벌 수 있는 능력, 부양가족의 수, 육체적 고통과 같은 요소들이 보상금 결정에 고려됐다. 참고자료: D.B. Henriques, "In Death's Shadow, Valuing Each Life," New York Times, December 30, 2001, "Week in Review" sec.

24 M. Sagoff, The Economy of the Earth (Cambridge, UK: Cambridge University Press, 1988).

25 G. Likens, E. Wright, R.F. Galloway, and T.J. Butler, "Acid Rain," Scientific American 241 (1979): 43.

26 J. Harte, "Acid Rain," in The Energy-Environmental Connection, ed. Jack M. Hollander (Washington, DC: Island Press, 1992); E. Cowling, "Acid Precipitation in Historical Conext," Environmental Science and Technology 16(1982): 110A.

27 A.H. Johnson and T.G. Siccama, "Acid Deposition and Forest Decline," Environmental Science and Technology 17(1983): 294a.

28 National Acid Precipitation Assessment Program, NAPAP Biennial Report to Congress: An Intergrated Assessment (Washington, DC: EPA, May 1998).

29 National Acid Precipitation Assessment Program, Acidic Deposition: State of Science and Technology, Final Report, ed. Patricia M. Irving (Washington, DC: U. S. Government Printing Office, 1991).

30 L. Roberts, "Learning from the Acid Rain Program," Science 251 (1991): 1302.

31 G.E. Likens, The Ecosystem Approach: Its Use and Abuse, Excellence in Ecology, ed. O. Kinne, bk. 3 (Oldendorf, Germany: Ecology Institute, 1992).

32 J.L. Kulp. "Acid Rain," in The State of Humanity, ed. J. Simon (Malden, MA: Blackwell, 1996), 523.

33 새로운 것은 아니지만, 세계 무역이 증가되고 NAFTA(North American Free Trade Agreement), GATT(General Agreement on Tariffs and Trade), WTO(World Trade Organization, 1996년에 GATT를 대신함)와 같은 국가 간 무역협정의 발전과 함께 이러한 관심은 최근 몇 년간 고조되고 있다. 환경 단체와 자유무역 옹호자들 간에 심각한 불화가 존재하고 있다. 대부분의 환경 단체는 동일한 환경기준이 모든 국가 간 무역협정에 포함되어야 한다고 믿고 있는 반면, 자유무역 옹호자들은 부유한 국가의 환경기준을 가난한 국가에 적용하는 것은 가난한 국가들이 비싼 환경오염 저감 수단을 감당할 수 없어 부유한 국가에 수출할 수 없기 때문에 보호 무역주의를 형성하는데 일조할 것이라고 믿고 있다.

34 Interagency Task Force, Review of U.S.-Mexico Environmental Issues (Washington, DC: Office of the U. S. Trade Representative, October 1991), 194.

35 United States Census Bureau, Pollution-Abatement Costs and Expenditures: 1994, report MA200(94)-1 (Washington, DC, May 1996).

36 Organization for Economic Cooperation and Development (OECD), The Effect of Government Environmental Policy on Costs and Competitiveness: Iron and Steel Sector, report DSTI/SI/SC (97) 46 (Paris: OECD, 1997).

37 J. Tobey, "The Impact of Domestic Environmental Policies on Patterns of World Trade: An Empirical Test," Kyklos 43 (1990): 191.

38 R. Repetto, Jobs, Competitiveness and Environmental Regulation: What Are the Real Issues? (Washington, DC: World resources Institute, May 1995).

39 상동.

40 H. Nordstrom and S. Vaughan, Trade and Environmental (Geneva: World Trade Organization, 1999).

41 상동.

42 Glenn Martin, San Francisco Chronicle (December 30, 1997), 1.

제9장
화석연료, 범죄자인가 램프의 요정인가?

미국 TV에서는 "석유가 만들어지려면 수만 년이 걸리지만 그것을 다 써버리는 데는 단지 150년이 걸릴 뿐이다"라는 광고가 등장한다. 광고에 등장하는 주인공은 전직 TV 뉴스 앵커다. 광고주는 옥수수로 만든 에탄올, 합성 휘발유 대체연료 또는 혼합연료 등을 생산하는 농업 관련 대기업들이다. 정부 보조금으로 대체연료를 생산하는 기업들이 세계 석유 부족 현상을 알리려는 것은 이해가 된다. 하지만 현실이 이 주장을 제대로 뒷받침해주는가? 우리는 정말로 '땅 속 유전이 완전히 마르도록 석유를 퍼내고' 있는 것인가?

언뜻 보면 그렇게도 보인다. 일단 세계 에너지 사용량이 매년 계속 증가해 왔고, 그 증가율은 개발도상국에서 유난히 높다. 앞에서 이야기한 TV 광고에서 주장하는 것처럼, '좋든 싫든, 화석연료는 유한한 것이다'. 따라서 지하에 많은 석유가 있다 하더라도 그것이 고갈되는 것은 당연한 일이 아닐까? 하지만 반드시 그런 것만은 아니다. 물론 석유 공급은 유한하다. 분명히 무한한 것은 아니다! 여기서 유한성은 중요한 문제가 아니다. 정말 중요한 문제는 이용 가능성과 경제성이다. 이 장에서 우리는 여러 종류의 화석 에너지를 검토하고, 가까운 장래에 이용 가능성이 심각하게 제한되어 가격이 폭등하게 될 것인지 따져보려고 한다.

오늘날 많은 사람들은 화석연료, 특히 석유가 점점 부족해지거나 심지어 고갈될 것이라고 믿는다. 이러한 현상은 크게 놀랄 일이 아니다. 왜냐하면 이러한 현상에 대해 언론이 끊임없이 보도하고 있을 뿐만 아니라 지난 몇십 년 동안 소비자들이 적어도 두 번의 에너지 파동을 겪었기 때문이다. 그러나 역사적인 증거들을 살펴보면 화석연료에 관한 매우 다른 사실을 알 수 있다. 화석연료가 점점 부족해지기보다는 오히려 계속 풍부해지고 있는 것이다. 연료를 채굴하고 생산하는 기술의 발전이 공급자들의 치열한 경쟁과 더불어 제2차 세계대전 이후 화석연료의 이용 가능성을 계속 증가시켜 왔다. 그 결과 화석연료의 소비자 가격이 지속적으로 하락했다. 사실 1970년대 이전에는 에너지가 너무나 싸서 소비자들이 집이나 자동차, 가정용 전자제품을 구입할 때 에너지 비용을 중요하게 고려하는 일은 거의 없었다.

그러다 첫 번째 에너지 파동이 발생했다. 중동에서 1973년 10월에 일어난 전쟁은 두 번에 걸친 석유가격 상승파동을 가져왔고, 이것은 당시 단순한 학문적 주제였던 에너지 문제를 언론의 주목 거리로 만들었다. 1973년 10월에서 1974년 1월 사이에 세계 석유 가격은 4배로 뛰어 올랐다. 기름을 사기 위해 주유소 앞에 길게 늘어선 줄은 미국 전역에서 쉽게 볼 수 있는 광경이었다. 괜한 걱정꾼들과 이 상황에 대해 정확하지 못한 언론매체들이 사람들로 하여금 세계 석유자원이 고갈 상태로 가고 있다고 믿도록 부추겼다.

그러나 정말 석유가 부족했던 것은 결코 아니었다. 1973~1974년에 발생한 석유 파동은 당시 세계 석유 생산의 대부분을 지배했던 석유 생산국들의 연합체인 OPEC(the Organization of Petroleum Exporting Countries)의 중동 회원국들이 정치적 힘을 과시하기 위해 연출한 일종의 쇼였다. 석유 생산량을 줄이고 세계 석유 유통 체계의 약점을 이용함으로써 그들은 인위적으로 세계적인 석유 부족 현상을 만들어 내어 가격과 이윤을 높일 수 있었던 것이다. 하지만 이들의 승리는 오래가지 못했다. 몇 년 뒤에 OPEC이 아닌 새로운 생산 경로가 등장하면서 전 세계 석유 시장에 대한 OPEC의 지배력이 약해지고 경쟁 관계가 유지됐다.[1] 석유 값은 곧 사상 최저 가격으로 떨어졌다.

2001년에는 새로운 형태의 에너지 파동이 일어나는데, 당시 번영의 극을 달리던 미국 캘리포니아주에 전기 부족 현상이 발생한 것이다. 이때 에너지 파동은 자원의 부족이나 외국의 석유 생산자들에 의해 일어난 것은 아니었다. 그것은 규제 폐지를 통해서 캘리포니아주의 전력 공급 시스템에 더욱 많은 경쟁을 유도해보겠다는 어설픈 시도의 결과였다. 공익기업체(수도, 가스, 전기 공급), 환경단체, 대규모 전기소비자, 그리고 규제 단속자들의 강력한 로비에 의해 주 의회에서 규제 폐지를 위해 만든 법률은 크게 손상을 입었다. 가장 문제가 됐던 것은 소매 전기에는 최고 한도 가격을 정하면서 도매 전기는 시장에 의해 자유롭게 가격이 정해지도록 한 조항이었다. 1990년대 말 캘리포니아주는 경제 호황으로 전기 수요량이 급격히 증가하고 있었다. 전력생산을 위한 연료가 부족했던 것은 아니었지만, 빠르게 증가하는 전기 수요량을 충당할 발전소를 갖추지 못하고 있었다. 그런데 전기 소매가격이 오르지 않았기 때문에 소비자들이 전기사용을 줄이도록 할 아무런 유인책이 없었다. 다른 시장 상품들과 마찬가지로 치솟는 가격에 대한 확실한 처방은 소비자의 수요가 그것을 따라가지 않는 것이다. 그래서 공익기업체들은 어쩔 수 없이 급상승한 도매가격으로 전기를 써야 했다. 이러한 상황에서 또 다른 부담으로 작용한 것은 천연가스 가격의 급격한 상승으로, 공익기업체들은 이것까지 전기 소비자에게 부담시킬 수 없었다. 이 예상치 못한 비용의 발생은 캘리포니아주에서 가장 큰 두 공익기업체의 자금을 악화시켰고 결국 둘 중 하나는 파산에 이르게 됐다. 결국 이 체계는 본질적으로 무너졌으며 전기 사용량이 유난히 많은 시간에는 으레 정전이 발생하게 됐다. 그러나 주 정부는 여전히 소매가를 올리지 않았으며, 대신 전기 파동이 정점에 달한 상태에서 세금으로 수십억 달러어치의 전기를 사고 또 장기 구매 계약까지 체결했다. 이것이 파기되지 않는 이상 앞으로 10년 동안 캘리포니아주의 전기 요금은 크게 오르게 될 것이다.

1973~1974년에 세계경제를 강타한 석유 파동은 결국 중동의 정치적 상황에 의한 것으로 밝혀졌고,[2] 2001년의 전기 파동은 캘리포니아주의 규제 정책의 실패인 것으로 쉽게 규명됐다. 두 상황 모두 에너지 시장에 대한 정부의 잘못된 대응으로 더욱 악화됐다. 또한 두 사건 모두 지구의 에너지 부존량과는 직접적인 상관이 없는데도 에너지 부족에 대한 공포심에 불을 붙이는 효과를 가져왔다. 오늘날 에너지에 대

한 기술과 경제적인 사실들이 훨씬 낙관적임에도 불구하고 이러한 공포심은 여전히 남아있다. 사실 수천 년 동안 문명사회를 지속시킬 수 있을 만한 막대한 양의 에너지 공급은 충분히 가능한 일이다.

하지만 자원 고갈 문제와는 별도로 환경주의자들은 에너지 사용의 증가가 환경에 미치는 영향에 대해 우려하고 있다. 대부분의 사람들은 부유한 소비자들이 에너지 낭비가 심하며, 이러한 낭비가 자원고갈뿐만 아니라 오염과 다른 환경적 피해를 조장한다고 믿고 있다. 그리고 심지어 세계 곳곳의 가난한 사람들이 풍족해짐에 따라 부자들의 낭비적인 에너지 소비 습관을 필연적으로 모방하게 될 것이고, 이것이 결국 세계의 환경문제를 더욱 악화시킬 것이라고 걱정한다.

이러한 걱정들이 과장됐다는 것이 여러 증거에 나타나있다. 이 장에서는 가난한 사람들과 부유한 사람들 그리고 환경의 입장에서 에너지 종류별로 검토해볼 것이다. 또한 부유한 사회에 사는 사람들은 삶에서 환경을 최우선으로 생각하고 있으며, 에너지 사용에 더욱 효율적(덜 낭비적)일 뿐 아니라, 전반적으로 환경에 더욱 관심을 기울이고 있다는 사실을 얘기할 것이다. 가난에서 벗어난 사람들이 분명히 부유한 사람들의 생활방식을 모방하게 될 것이지만, 그들은 이번 세기에 앞선 선진국을 따라서 자원을 효율적으로 사용하고 친환경적인 에너지를 선택할 수 있게 될 것이다.

나무

인간의 가장 오래된 에너지원인 나무에 관한 이야기부터 시작해보자. 나무는 화석연료가 아니지만 화석의 원료가 되기 때문에 순서상 여기서 다룬다. 오늘날 세계의 삼림은 연료로서의 가치보다 생태학적 가치(열대 우림)와 건축자재(인공 조림)로서의 가치가 더 크다.

태곳적부터 나무는 난방, 요리, 금속·도자기·유리 공예 등의 제작에 연료로 사용되어 왔다. 오늘날에도 여전히 세계에서 가장 가난한 사람들에게는 유일한 에너지원이다. 다른 많은 상황과 마찬가지로 이 경우에도 가난은 심각하고도 피할 수 없는 환경적 위해를 가져온다. 한 예로는 빈민들의 거주지에서 주로 사용하는 굴뚝 없는 난로에 요리나 난방을 위해서 뚜껑도 덮지 않고 나무를 태움으로써 발생하는 수많은 건강상의 위해를 들 수 있다. 호흡기에 암을 일으키는 성분이 다량 함유된 나무 연기는 통기가 되지 않는 난방 시설 근처의 실내에서 많은 시간을 보내는 여성과 아이들이 주로 마신다.[3]

나무는 500년 전 북아메리카 신대륙에 정착한 사람들에게도 주요 에너지 자원이었다. 그러나 일반적으로 믿고 있는 것과는 달리 유럽에서 온 초기 정착민들이 이 땅에서 인간의 손이 전혀 닿지 않은 원시림을 볼 수 있었던 것은 아니었다. 원주민들이 1492년 이전부터 이미 연료와 건축을 위해 산림을 베어왔으며,[4] 나무의 이러한 용도는 미국이 독립하기 이전에도 계속됐다. 후에 미국이 독립하고 서부를 개척해나감에 따라 매우 빠른 속도로 산림이 훼손됐는데, 이것은 부분적으로는 목재 공급을 위한 것이기도 했지만 대부분은 농사를 짓기 위한 땅을 개간할 목적이었다. 미국의 삼림면적은 유럽인들이 정착할 당시는 전체 국토의 40%였지만 300년이 지나면서 30%로 줄어들었다.[5]

대규모로 산림이 훼손되던 시기에 곳곳에서 '전국적인 나무 기근현상'이 임박했다는 우려의 목소리가 있었다.[6] 그러나 이러한 나무 부족 현상이 실제로 일어나지는 않았다. 미국의 삼림을 지킬 수 있었던 것은, 첫째, 국가 삼림 보호망을 포함한 정부의 현명한 보호정책 덕택이었다. 둘째, 철강이나 콘크리트와 같은 더욱 우수한 건축 자재의 등장을 들 수 있다. 셋째, 에너지원이 나무에서 화석연료로 전환되어 전국에서 늘어나는 수요를 충당했기 때문이다. 아마 가장 중요한 것은 생활이 점점 풍족해졌다는 것을 들 수 있는데, 이 사실이 결국 모든 것들을 가능하게 했다.

19세기 중반만 하더라도 나무는 전국 에너지 생산량의 90%를 차지했다. 그러나 산업화와 더불어 석탄이 이를 대체하게 됐다. 석탄은 산업화 과정에서 매우 널리 사용됐으며 종반에는 산업혁명의 주요 연료가 됐다. 미국에서 연료용 나무 사용은 1870년경에 가장 극에 달했으나 그 이후로는 점차 감소했다.[7] 1920년에 이르러 나무는 미국 에너지 생산량의 단지 10%만 차지하게 되고, 결국 미국에서 나무를 이용해 에너지를 생산하는 시대는 끝이 나게 된다.

이와는 대조적으로 미국에서 나무의 비연료 산업 용도는 19세기가 지나면서 증가했다. 철도건설이 활발히 진행되면서 나무의 최소 4분의 1이 철로 침목과 다리 건설에 사용됐다.[8] 그러나 20세기에 들어서면서 콘크리트와 철강이 대부분의 산업용 목재를 대체하게 됐고, 이것은 건축과 건물 구조에 엄청난 발전을 가져왔으며 고층 빌딩의 건설을 가능하게 하여 미국 도시들을 세계적으로 유명하게 만들었다. 1920년을 기점으로 미국에서 대규모로 산림을 훼손하는 시대는 마침내 끝이 났다. 오늘날 지속가능한 조림을 통해 생산되는 목재는 대부분 소형 건물과 주택 건설 그리고 종이 생산을 위해 사용되고 있다.

농업 역시 미국의 삼림을 보호하는데 기여했다. 20세기 초에 화석 연료를 이용한 새로운 농업용 기계들이 소개되면서 농부들은 더욱 효율적으로 곡물을 경작할 수 있게 됐고 적은 토지로도 많은 수확을 얻을 수 있게 됐다. 이에 대한 실례로 버몬트주를 들 수 있다. 1700년대에 버몬트주는 거의 모든 땅이 삼림으로 이루어져 있었으나, 1850년까지 농사를 목적으로 대규모로 삼림을 훼손하면서 산림면적이 35%로 감소했다. 사람들은 버몬트주가 황무지로 변할까 두려워했다.[9] 그러나 오늘날 버몬트주의 삼림은 계속 회복되고 있으며, 이제는 삼림면적이 77%에 가까워졌다.[10] 버몬트주는 또다시 아름다운 삼림이 펼쳐진 땅이 됐다.

1600~1920년 사이에 미국에서 총 3억 에이커가 넘는 삼림이 사라졌다. 삼림 훼손은 20세기 초에 안정되기 시작했고 1920년 이후에는 삼림 면적이 늘어나고 있다. 현재 미국의 삼림 총 면적은 7억 3,700만 에이커로 이는 1600년에 비해 4분의 3 정도 된다.[11] 과거 완전히 파괴됐던 삼림이 복원되고 국가 삼림 보호망에 포함되어 휴양지와 야생 동물 서식지, 자연림의 역할을 하고 있다. 1964년에 900만 에이커였던 국립야생보호구역이 1994년에는 1억 400만 에이커에 이르게 됐다.[12]

미국 삼림 면적의 3분의 2 정도는 상업적으로 사용이 가능한 목재용 삼림으로 분류된다. 1950년대 이후 지금까지 이곳에서 나무 성장률이 계속 증가하여 목재 생산을 위한 벌채율을 초과해왔다. 미국 전역에 걸쳐 다양한 종류의 침엽수와 활엽수들이 잘 자라고 있으며[13] 동시에 침엽수와 활엽수의 상업용 공급도 증가하고 있고,[14] 미국은 세계적인 목재 생산국의 자리를 지키면서 세계 공급량의 약 25%를 차지하고 있다.[15] 기업과 정부가 계속해서 효율적인 삼림관리 기술과 정책에 투자하고 있기 때문에 미국 내 목재 공급은 앞으로도 지속될 것이다. 삼림 전문가 더글러스 매클레리(Douglas W. MacCleery)는 현재의 미국 삼림 상태가 "100년 전보다 훨씬 더 좋다"라고 결론지었다.[16] 삼림의 복원과 성장에 관한 비슷한 예들이 많은 유럽 국가들에서도 나타나고 있다. 미국을 비롯한 다른 부유한 나라들도 삼림자원이 건강하고 지속가능한 상태에 도달했다는 것에는 의문의 여지가 없다.

그럼에도 불구하고 이 풍부한 삼림 자원을 어떻게 이용할 것인가에 대해서는 일반적인 합의가 이루어지지 않고 있다. 미국 연방 정부는 의견이 매우 다른 여러 집단(삼림 보호론자, 휴양지로 이용하려는 자, 상업적으로 판매하려는 자)의 연방정부 소유 목재 생산지에 대한 경쟁적이고 어쩌면 아예 양립할 수 없는 요구 사항들에 균형을 맞추어야 하는 어려운 문제에 직면해 있다. 미국 산림청의 실제적인 임무는 불확실한 정치 현실에 따라 변화되고 있다. 1970년에 산림청은 이 기관 소유의 토지로부터 얻는 생산품과 서비스의 지속가능한 관리와 다각적인 활용을 보장하는 입법적인 권한을 부여받았다. 부여받은 활용도는 휴양지, 방목, 목재 생산, 어업, 하천유역관리, 야생동물 보호 등을 포함하는 것이었다. 그러나 1999년 미국 농무성은 "생태적 지속가능성이 국유림이 지켜야 하는 기본적 책무에 대한 지표가 되어야 한다"라고 주장했다. 벌채는 이 지표에서 벗어난 것이며, 심지어 지속가능성을 고려한 벌채조차도 아마 허용되지 않을 것이다. 몇몇 보호 집단은 벌채는 미국 전역의 국유림에서 금지해야 하며 국유림은 주로 휴양용으로만 사용해야 한다고 주장하고 있다.[17] 삼림전문가 로저 세조(Roger

Sedjo)는 "생물 다양성 보존에 우선권을 주는 것은 광산, 방목, 벌채, 또는 그 외 다른 상업적인 활동을 포함하는 다각적인 활용을 위해 토지를 관리하고자 하는 산림청의 법적 권한에 대한 직접적인 반대를 의미하는 것이다. 그리고 이런 식으로의 전환이 보장될 수 있을지는 모르나, 새로운 법적 절차 없이 산림청이 무엇에 최우선 관리 목표를 두어야 할지는 명확하지 않다"라고 지적했다.[18]

결론은 이렇다. 부유한 나라에서 삼림자원 상태는 전체 삼림면적과 자원의 지속 가능성이라는 측면에서는 만족스러운 수준 이상이다. 하지만 공유림에 대한 지속가능성을 고려한 상업적 이용을 환경적으로나 경제적으로 건강하다고 보는 사람들과 생태계 보호가 지속적이든 아니든 간에 다른 어떤 용도보다 우선되어야 한다고 믿는 사람들 사이의 갈등은 아직 해결되지 않고 있다.

개발도상국에서는 이와 완전히 반대되는 상황이 벌어지고 있다. 삼림 파괴가 결코 멈춰지지 않고 있다. 선진국이 삼림 면적을 1%가량 복원했던 1980~1995년에 개발도상국은 자연림을 10%가량 훼손했다.[19] 브라질에서는 지난 30년 동안 자국 내 아마존 열대우림을 약 15% 파괴했다. 전체적으로는 개발도상국에서 발생한 열대우림 훼손의 약 3분의 2가 가난에 찌든 영세농에 의한 것이다. 그들은 생계를 위해 열대우림 주변으로 이동하여 농경지를 개간하기 위해 벌채를 한다. 그들 중 대부분은 농업기술이 미숙하여 결국 실패한다.[20] 이 가난한 농부들은 생태적인 문제에 무감각한 것이 아니고, 생존 투쟁에서 자신이 당장 살아남는 것이 자연 자원의 보존보다 더 중요하다고 생각한다. 삼림 훼손의 구체적인 원인은 지역별로도 다양하다. 아프리카에서는 그 원인이 주로 생계를 위해 농경지를 늘리려고 하는 데 있다. 전혀 훼손되지 않았던 삼림이 개간되어 관목이 자라게 되거나 토지 이용도가 달라진다. 아시아에서는 정부의 이주 정책, 대규모 식목 계획, 그리고 농민들에 의한 경작 방식의 변화가 원인으로 꼽힌다. 남미의 경우, 특히 브라질의 아마존 지역에서는 정부가 추진하는 목장이나 수력발전용 저수지, 그리고 주택 단지 개발과 같은 중앙 정부가 주도하는 계획에 의해 토지 용도가 변경되는 것이 원인이다.

상황이 개선될 수 있는 징후도 있다. 유엔에 따르면 개발도상국의 삼림 손실률이 10년 전부터 다소 감소하고 있다. 유엔의 자료는 연간 손실률이 1980~1990년에 비해 1990~1995년에는 12% 감소했음을 보여준다.[21] 또 브라질의 인공위성 자료에 따르면 1997~1998년에 아마존 우림 지역의 삼림 훼손율이 1988~1996년의 평균보다 약 15% 낮아졌다.[22]

삼림 훼손은 지금의 현상이 아니라 이미 수세기 전에도 있었다는 사실에 주목할 필요가 있다. 토착민들은 이미 오래전부터 다양한 방법으로 자연환경을 변형시켜왔다. 이처럼 수세기 동안 이루어진 삼림 파괴가 언제 중단될 수 있을지 누구도 알 수 없지만, 열대우림을 구하는데 필요한 조건을 지적해볼 수 있다. 자연 자원을 고갈시키지 않고도 생계의 안정성을 지지해줄 수 있는 효율적이고 환경 친화적인 농업 기술을 장려하는 것이 우선 필요하고 가장 중요하다. 영세 농민들이 벌채와 화전을 통한 목장이나 농경지 개간보다 고가의 경작 산림과 다년생 작물을 선호하도록 그들의 농업 생산력 강화를 지원하는 것 역시 시급하다.[23] 또한 원활한 유통이 이루어지는 안정적인 농산물

시장, 신용 대출의 이용 가능성을 높이는 것, 연중 사용이 가능한 도로 망 등도 매우 중요하다.[24] 그리고 그동안 삼림이 훼손된 토지에 대해 정부 보조금으로 농업을 장려해온 정책을 없애는 것 역시 중요하다.

경제성장 또한 삼림을 보호하는 데 결정적인 요인이 될 수 있다. 최근에 이루어진 삼림 개선을 보면 경제성장에 따른 교육과 투자기회의 증대가 현대적 관개시스템, 새로운 기술, 그리고 원활한 시장 접근과 같은 효율적인 농업기술의 적용을 자극하기 시작한 것을 알 수 있다. 대부분의 경우 효율적인 농업기술은 새로운 농지에 대한 수요와 주변의 산림을 훼손시키려는 동기를 감소시키거나 없앨 것이고, 심지어 상황이 좋아지면 기존의 농지를 다시 삼림으로 복원시킨다(실제로 부유한 나라들에서 일어나고 있듯이). 그뿐만 아니라 토지에 가해지는 부담을 줄이기 위해 농촌 경제의 비농업적인 부문 역시 기술혁신을 통하여 강화되도록 하여 토지와 노동 두 가지 모두 생산성을 높여야 한다. 브라질의 목재 회사가 지속가능한 관리와 친환경적 벌채를 통해 과거 무모하게 벌채했을 때보다 최소한 10% 더 많은 수익을 올린다는 것은 매우 긍정적인 징후다.[25] 특히 긍정적인 것은 열대우림은 환경 친화적 관광지로서, 의학과 약학 연구를 위한 살아있는 실험실로서, 그리고 가장 중요한 것으로는 다시 살아나려면 수백 년이 걸리는 자연의 보고로서 그것이 지닌 엄청난 잠재력을 통해서만 최고의 경제적 가치를 얻을 수 있다는 사실을 이들도 알게 됐다는 것이다.

이러한 희망적인 징후에도 불구하고 개발도상국에서 경제성장이 삼림 보호에 미치는 긍정적 영향에 관한 일반적인 생각에 주의를 기울일 필요가 있다. 불행히도 많은 경우 경제적 유인책이 오히려 잘못된 방향으로 작용하고 있다. 예를 들어 미얀마나 콩고에서는 여전히 대규모 벌목 작업으로 수익을 올리고 있다.[26] 브라질에서 숲을 베어내어 대규모 콩 농장을 만들고 있고,[27] 특히 아마존 지역에서는 신도시 건설을 위한 토지 개발과 인프라 구축을 위해 과욕에 찬 정부 개발 프로젝트가 빠르게 진행되고 있다.[28] 경제 개발은 지구의 소중한 열대우림을 보호하는 것과 함께하면서 달성될 수 있지만, 이 목표를 실현하기 위해서는 자원 보존 프로젝트에 대한 계획과 재정 지원 모두를 위한 국제 공동체의 막대한 투자가 필요하다. 전 세계적으로 그러한 경향은 올바른 방향으로 진행되고 있는 것으로 보인다. 이러한 사실은 선진국의 경우처럼 개발도상국도 부를 향해 가는 길과 삼림 보호를 따로 생각할 수 없다는 확신을 심어준다. 대가는 크지만 그만큼 가치가 있는 것이다.

여기서 중요한 문제는 시간이다. 모든 숲이 그래왔듯이 열대우림도 시간이 지나면 스스로 회복될 것이지만, 과학자들은 현재 숲에 관련된 생태계 역동성에 대해서는 단지 기초적인 지식만을 가지고 있을 뿐이다. 과학은 삼림 파괴가 진행됨으로써 생태계가 어느 정도까지 변화될 것인지에 관해 정확한 예측을 할 수 없다. 또한 과학은 그러한 변화로 인해 발생할 생물학적인 영향이나 생태계가 완전하게 복원되기까지 얼마나 많은 시간이 필요한지도 확실히 말해주지 못한다. 이러한 것들은 연구에서 매우 중요한 부분이다. 그러나 연구만으로는 충분치 않다. 선진국은 좀 더 심각한 위기의식을 가지고 개발도상국이 그 나라의 열대우림을 보호할 수 있도록 도와주는 정책과 활동을 추진해야 한다.

석탄

석탄은 세계적으로 가장 풍부한 화석연료다. 엄밀히 지질학상으로만 따진다면, 석탄은 매우 풍부해서(무려 1경 톤 이상),[29] 세계가 현재와 같은 속도로 석탄을 계속 소비하더라도 앞으로 2000년 동안 사용할 수 있을 것으로 추정하고 있다. 그러나 미래의 석탄 사용은 지질학적인 풍부도가 아니라 점점 증가하고 있는 환경 압력을 고려한 시장 수요에 의해 결정될 것이다.

한때 '검은 금'이라고 부르던 석탄은 실제로 산업혁명 때에는 에너지 자원의 중심이 됐다. 19세기에 영국과 미국에서 석탄은 쉽게 얻을 수 있었고, 무한히 풍부해 보였으며, 채굴과 운반, 사용이 편리했다. 나무보다 장점이 많았기 때문에 19세기 중반까지 에너지 자원으로 상당 부분 나무를 대체해왔다. 석탄은 유럽과 북미에서 제조업의 성장에 가장 중요한 촉매제 중 하나였다. 〈그림 19〉는 산업혁명 초기부터 지금까지의 미국의 석탄 사용의 추이를 보여준다(석유와 나무의 사용도 함께 제시됐다).[30]

그러나 석탄은 쇠퇴하게 됐다. 그것은 청정 연료가 아니다. 석탄 광산은 그 자체가 지저분하고 위험하며, 석탄을 태우는 것도 더럽고 오염이 심하다. 영국에 새로운 산업 도시들이 성장하면서 광산 주변에서 처참한 현상이 나타나기 시작했고, 모든 지역이 석탄을 태우는 공장에서 발생한 두터운 연기로 뒤덮이게 됐다. 하지만 이것은 그들이 원했던 오염이었다. 찰스 디킨스의 소설 『시련의 시기』에 등장하는 기업가가 공장에서 나오는 연기를 "세상에서 가장 건강한 것"이라 예찬했던 것을 기억해 보라.[31]

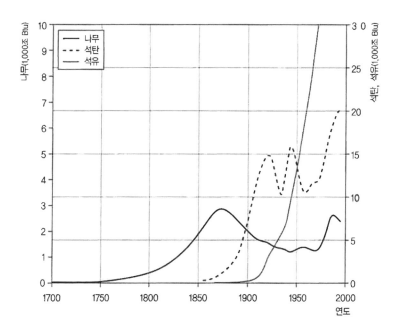

그림 19 1700년부터 현재까지 미국의 나무, 석탄, 석유 사용 추이.
1900년 이후 어떻게 석탄이 나무의 사용을 대체했는지를 보여준다.

출처: Energy Information Administration, Annual Energy Review
(Washington, DC: U.S. Department of Energy, 2000) tables F1a and F1b.

산업화 시기에 광부들과 공장 노동자들 그리고 그 가족들은 석탄
을 캐고 태우는 것으로부터 발생하는 시각적 불쾌함뿐 아니라, 더 중
요한 것으로 석탄 연기를 들여 마심으로써 발생하는 폐 질환 등 여러
가지 건강상의 위협에 시달렸다. 그럼에도 불구하고 석탄으로부터 발
생하는 오염은 결국 그들의 직업과 새로운 번영을 상징하는 것이었기
에 산업사회는 100년도 넘게 그것을 참아냈다. 제2차 세계대전 후 소
비자의 끝없는 수요가 수년 동안 지속되면서 거대한 산업 팽창이 이

루어졌고 이것이 미국을 비롯한 산업국가에서 부를 이뤄냈다. 그리고 이 풍요로움은 환경에 대한 새로운 관심거리를 만들어냈다. 사람들은 더 좋은 생활을 누리게 됐고, 주변 환경도 그들의 향상된 삶의 질과 어울릴 수 있길 원했다. 그래서 대기오염이 먼저 표적이 됐다. 오래전 곳곳에 만연했던 대기오염이 심각한 골칫거리가 되어버린 것이다.

새로운 관심의 주요 대상은 석탄을 이용한 발전소였는데, 그것으로부터 배출되는 매연이 국가의 넓은 부분을 차지하는 산업 중심부를 뒤덮었기 때문이다. 석탄으로부터 발생하는 대기오염물질을 제거하는 것이 1970년에 제정한 청정대기법과 1990년의 개정안 같은 미국 대기 규제법의 최우선 사항이 됐다. 1970년 이후 석탄을 이용하는 발전소의 굴뚝에 정부가 의무적으로 정화 장치를 설치하게 함으로써 석탄연소로 인한 황산화물과 먼지의 배출이 급격히 줄어들게 됐다(구체적인 수치는 제8장의 자료 참고). 지난 몇년간 미국의 도시 지역에서 이루어낸 대기오염 감축 성공은 공공 정책과 민간 투자가 폭넓게 결합한 결과이며, 이것은 주로 자동차 배기가스와 석탄연소로 인한 배출량을 줄이는 기술에 중점을 두었다. 오늘날 미국 대부분 도시의 공기는 지난 수세대 동안의 공기보다 훨씬 깨끗하고 건강하다.

개발도상국의 상황은 매우 다르다. 석탄에 의존하고 있는 가난한 나라의 국민들은 200년 전 영국과 미국의 신생 공업도시들에서 겪었던 것만큼이나 지독한 대기오염을 참아내는 경우가 종종 있다. 대부분의 지역에서 석탄을 이용하는 화력발전 설비는 오래되고, 여전히 낙후되고, 오염 발생이 많은 기술을 사용하고 있다. 앞에서 언급한 바와 같이, 중국은 특히 문제가 심각하다. 가을이나 겨울철에 베이징 시민들은 석탄에서 발생하는 대기오염물질로 호흡기 질환을 앓고, 방문객들은 기침이나 기관지염으로 고생한다.

　중국과 인도의 석탄 소비량을 합치면 전 세계 석탄 소비량의 34%를 차지한다. 여기에 비해 미국과 러시아는 합쳐서 단지 25%만을 사용할 뿐이다. 중국은 이미 세계에서 손꼽히는 석탄 생산국인 데다 석탄이 중국과 인도 모두 자국에서 생산되는 풍부한 자원이므로, 이 두 나라의 석탄 사용량의 엄청난 증가는 앞으로 몇십 년 동안 계속될 것이다. 세계 경제대국이 되기 위해 혼신의 노력을 다하는 중국의 성공 여부는 전력 공급에 달려 있으며 새로운 전력의 대부분은 석탄화력발전으로부터 나올 것이다. 중국과 인도 모두 가까운 장래에 값비싼 첨단 석탄연소 청정기술을 폭넓게 적용하도록 할 만큼 환경기준을 강화하거나 새로 엄격한 기준을 만들지 않을 것이므로, 이 석탄연소의 엄청난 증가는 지구촌에 중대한 환경문제를 가져올 것이다. 이 두 나라의 문제는 기술적이기보다는 다분히 정치적인 것이다. 왜냐하면 현재 서구에서 상용화되어 있는 고도의 전력생산 기술을 활용한다면 그들의 늘어나는 전력 수요량을 기술적으로 효율성이 높고 환경 친화적인 방법으로 생산할 수 있기 때문이다. 그러나 중국과 인도는 여전히 서구의 대기질 기준에 맞추기 위해서 부족한 국내 자본을 투자하는 것을 그들 나라는 도저히 감당할 수 없는, 부자 나라의 사치 정도로만 보고 있다. 중국 국가기획위원회의 리준펑은 『뉴욕 타임스』와의 인터뷰에서 "당신들이 베이징 사람들에게 지구온난화 때문에 차나 에어컨을 살 수 없다고 말해 보시오. 그러면 베이징도 워싱턴만큼이나 덥다고 답할 거요."라고 말했다.[32]

중국과 인도 모두 국민들이 기대하는 경제성장을 달성하기 위해서는 투자해야 할 곳이 수없이 많다. 수출 시장에서 선진국들과 경쟁하기 위해서는 현대적 산업 시설에도 투자해야 하고 고속도로나 철도와 같은 국가 인프라에도 투자해야 한다. 대부분의 개발도상국에서는 이런 종류의 투자는 환경 보호에 대한 투자보다 국가 우선순위에서 훨씬 더 앞선다. 중국을 비롯한 개발도상국의 정부 관리들은 선진국이 과거 산업발전의 혜택을 주로 받았고 대부분의 세계 환경오염에 여전히 책임이 있으므로, 개발도상국의 석탄연소 청정기술과 기타 에너지 기술의 발전을 위한 노력에 재정적 도움을 주어야 한다고 공공연히 제안하고 있다.

중국과 인도가 앞으로 몇십 년 동안 석탄연소 청정기술에 필요한 막대한 외국 투자를 유치할 수 있을 것이라 낙관할 수 있을까? 외국 투자에 대한 개방 정도를 계속 증가시키고 있는 중국은 분명히 그럴 수 있을지 모르나, 인도의 경우는 현재 걸림돌이 되고 있는 사회와 정부의 인프라가 완전히 고쳐져야 하기 때문에 그럴 확률이 낮다.[33] 두 경우 모두 석탄으로부터 환경적으로 깨끗한 전력을 생산하는 일이 가난에서 풍요로 가는 과정에서 해결해야 할 매우 중요한 과제다. 두 나라 모두 석탄으로부터 깨끗한 전력을 생산하는 것이 환경과 경제에 윈윈(win-win) 상황이 됨은 틀림없다. 이것은 실현 가능한 일이며 또한 막대한 이윤을 가져다준다. 그리고 두 나라의 거대한 국토와 인구, 예상되는 에너지 사용량을 고려할 때 다른 개발도상국에서와 마찬가지로 중국과 인도에서 깨끗한 석탄 사용을 정착시키는 것은 전 세계를 위해서도 윈윈 상황이 될 것이다.

석유

언론에서는 석유는 유한하며 언젠가는 고갈될 자원이라는 점을 계속 떠들어대고 있다. 1973년의 석유 파동 이후로 계속 되풀이되는 주제는 세계는 곧 석유를 다 써 버릴 것이라는 내용이었다. 실제로 석유 지질학자들은 주기적으로 석유의 심각한 부족을 예측해 왔고,[34] 미래의 공급에 대해서도 대체로 비관적이다.[35] 그러나 기록된 자료에 따르면, 지난 세기에 지구의 석유 소비는 계속해서 증가했지만 이용 가능한 공급량은 줄어들기보다 오히려 계속 늘어났다. 그리고 최근 몇 년 동안 석유 값은 사상 최저치로 떨어졌다. 공급량이 수요량보다 많다는 것을 의미하는 확실한 징조이다. 어떻게 계속 소모되면서도 이용 가능한 자원의 공급량은 증가할 수 있을까?

이용 가능한 공급량을 결정하는 것은 지하에 매장된 석유의 총량이 아니라, 시장에서 판매가 이루어지는 가격 선에서 실제로 채취가 가능한 양이다. 석유 탐사와 시추 기술이 연구개발을 통해 끊임없이 개선되고 있기 때문에 생산가는 계속 감소하고 있다. 이러한 기술 발전이 지질학적으로 멀고 복잡한 퇴적층에 석유가 매장되어 있더라도 채굴하는데 경제적 타산이 맞도록 해준다. 따라서 경제적으로 이용 가능한 석유(reserve, 매장량)는 지하에 묻힌 석유의 총량(resource, 원시 부존량)이 실제로 줄어들어도 증가할 수 있는 것이다. 세계의 석유 매장량은 실제로 세계의 석유 소비량에 비해서 더 빠르게 증가하고 있으며, 지금 최고 수준이다.[36] 〈그림 21〉은 1981~1993년까지 누적된 세계 석유 생산량과 석유 매장량에 관한 자료로, 이 기간에 3,790억 배럴의 매장량이 추가적으로 발견된 반면 2,540억 배럴이 소비됐음을 나타낸다.

만약 이러한 추세가 계속된다면 아마도 가까운 장래에 석유가 부족할 일은 없을 것이다.

그러나 석유 매장량이 증가하는 이러한 경향이 과연 계속될 것인 가? 21세기에는 수십억 대의 자동차가 도로를 질주하게 될 것이다. 특히 개발도상국에서 예상되는 것처럼 부가 증가하면 자동차는 급속히 증가할 것이다. 지구상에 증가하는 자동차 수가 석유 수요량을 생산 효율의 예상 증가율보다 많게 하거나, 값싼 공급원들이 고갈되면서 석유가격을 올려놓지는 않을까? 이럴 가능성은 있으나 다음의 두 가지 이유 때문에 아마도 그렇게 되지는 않을 것이다.

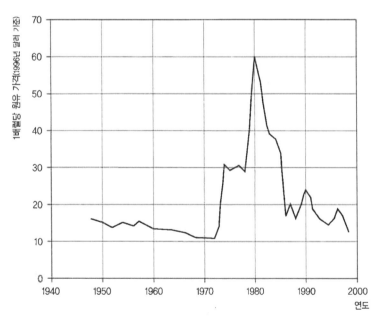

그림 20 1948~1998년까지의 연평균 원유가격. 1996년을 기준으로 인플레이션이 조정됐다.

출처: Energy Economics Newsletter(WTRG Economics, n.d)(Website: www.wtrg.com/oil).

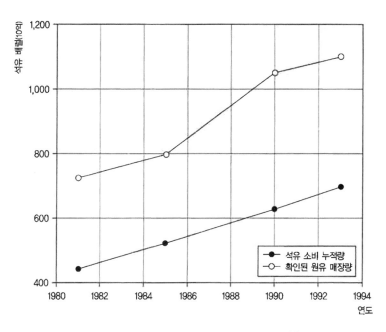

그림 21 세계 석유 소비 누적량과 확인된 원유 매장량.

출처: C.D. Masters and Others, U.S. Geological Survey, Changing Perceptions of World Oil and Gas Reserves as Shown by Recent USGS Petroleum Assessments, fact sheet FS-145-97(Washington, DC, 1998).

우선은 기존의 자동차 효율성이 크게 증가할 수가 있다(이러한 증가가 마땅히 그래야 할 만큼 빠르게 일어나고 있지는 않지만). 미국 자동차의 평균 연료 효율성은 1975년에 의회에서 자동차 연료 효율성 기준치를 법제화한 이후 갤런당 29km에서 갤런당 45km로 증가했다. 법령에서는 소형 트럭은 단지 평균 갤런당 33.3km 에너지 효율만 따르도록 요구하고 있다. 소형 트럭으로 분류되는 스포츠 레저용 차량(SUV)가 엄청난 인기를 끌면서 미국 소형 트럭의 전체 효율성이 1987년 갤런당 41.8km에서 2000년 갤런당 38.6km로 떨어지게 됐다. 왜 SUV와 소형 트럭들의 효율성을 좀 더 높일 수 없는지에 대한 기술적인 이유는 없다. 나의 판단으로 국회가 자동차 효율 기준치의 적용을 확대해 SUV와 소형 트럭들을 포함하도록 하지 않은 것은 분명 잘못한 것이다. 에이머리 러빈스(Amory Lovins)와 그 외 에너지 효율 전문가들은 연료와 연소 화학, 변속기와 구동축 설계, 차체 경량화와 같은 기술이 향상된다면 앞으로 10년 혹은 20년 정도 지나면 휘발유를 사용하는 자동차의 효율이 배가될 것임을 강조한다.[37] 자동차 수가 증가하더라도 석유 수요량은 매우 느리게 상승할지도 모르고 실제로는 감소할 수도 있다.

두 번째로, 장기적인 면에서는 더 중요할 수 있는 것은 차량의 주 연료가 석유에서 벗어나고 있다는 사실이다. 오랜 기간 석유로 인한 정치적·경제적·환경적 문제를 잘 이해해왔던 자동차 공학자들이나 설계자들이 대체 연료를 사용할 수 있거나 지금의 것보다도 3배 정도 효율이 높은 새로운 자동차를 만들어내기 위해 대체 추진 시스템을 개발하는 노력을 하고 있다. 이러한 초경량(그리고 초강력) 자동차들은 대부분 석유와 전기를 모두 사용할 수 있는 하이브리드 체계를 갖추거나, 천연 가스나 재생가능 자원으로부터 생성되는 수소를 이용하는 연료전지로 작동될 것이다.[38] 현재 개발단계에 있는 연료전지를 상업화하기에는 가격이 매우 비싸지만, 산업계의 강력한 연구개발 프로그램으로 가격이 낮아지면 20년 안에는 상당한 시장 진출이 일어날 것으로 보인다. 세계의 대규모 자동차 생산 업체들 대부분은 하이브리드 자동차의 설계와 생산에 전념하고 있으며, 초기 모델들은 이미 틈새시장에 소개되고 있다.[39] 기존의 자동차에서 실제로 오염을 일으키지 않는 자동차로 전환되는 일은 이번 세기 중반쯤에 일어날 것이다. 이 전환은 이러한 차량들의 가격이 점차 낮아짐에 따른 판매력 향상과, 비용이 기존의 차량보다는 좀 비싸더라도 오염을 일으키지 않는 차량을 원하는 부유한 소비자들의 선택, 이 두 가지 모두에 의해 추진된다.

앞으로 20년 동안은 개발도상국에서 많은 자동차를 사용하게 됨에 따라 석유 수요도 늘어날 것은 확실하다. 그러나 이번 세기의 중반쯤에 이르면 지금과는 달리 석유 수요 감소로 인해 세계 석유의 대부분은 그저 지하에 계속 묻혀 있게 될 것이다. 사우디아라비아와 이라크를 포함한 주요 석유 보유국들이 석유 시장이 계속적으로 점차 축소되고 있다는 것을 알아차리게 될 때 그들은 오히려 그들만의 '석유 파동'을 겪게 될지도 모르며, 그래서 가능한 한 석유를 처분하기 위해서 공격적인 석유 생산이나 가격 인하 정책에 착수하게 될지도 모른다. 그때까지 여전히 높은 수요가 유지된다면 대부분의 소비자들이 용인하는 한도에서 이윤을 챙기기에 충분할 만큼 석유 가격을 높게 유지하기 위해, 생산국들은 석유를 꼭꼭 숨겨가면서 집단적으로 시장에 대한 지배력을 행사하려고 전력을 다할 것이다. 지난 몇 년간 미국의 소비자들은 난방용 석유와 휘발유 가격이 50% 가까이 치솟는 것을 지켜보면서 OPEC가 생산량의 최대 한도를 지정함으로 나타나는 영향을 실감했다. 알래스카와 부근 바다에서 석유 생산을 늘리기 위한 노력에도 불구하고 높아진 미국 내 석유 가격 수준은 최소한 2010년까지는 계속될 것으로 보인다.

천연가스

화석연료 중에서 천연가스는 으뜸가는 연료다. 풍부하고, 연소할 때 이산화황이나 입자상 물질의 배출되지 않기 때문에 석탄이나 석유보다도 깨끗하다. 이산화탄소를 우려하는 사람들의 관심을 끄는 것은 석탄이나 석유보다도 단위 열량당 이산화탄소를 훨씬 적게 배출한다는 점이다.

천연가스는 석유와 마찬가지로 전 세계적으로 매우 편중되어 분포해 있는 자원이다. 러시아가 약 33%를 보유하는 행운을 누리는 반면, 미국은 전 세계에서 발견된 천연가스 매장량의 약 3%만을 보유할 뿐이다. 중동 국가들이 36%, 그중에서도 주로 이란이 양질의 천연가스를 보유하고 있으며, 이스라엘은 석유도 없고 천연가스도 전혀 나오지 않는다.

석유와 마찬가지로 천연가스도 사용량의 증가에도 불구하고 탐사와 생산의 기술 진보로 세계 매장량은 계속 늘어나고 있다. 최근에 일어난 획기적인 발전의 예로 멕시코 만 심해의 천연가스 생산에 성공한 것을 들 수 있는데, 이 기술은 20년 전에는 생각지도 못했던 것이었다. 1975년에 알려진 천연가스 매장량은 66조 4,880억 m³로 추정됐으나,[40] 1999년에는 145조 6,990억 m³로 늘어났다.[41] 1998년 한 해 동안 전 세계에서 소비된 천연가스의 양은 약 2조 3,219억 m³이다.[42] 145조 6,990억을 2조 3,219억으로 나누어 보면 세계가 매년 지금과 같은 양의 가스를 사용해도 앞으로 63년간 지속될 수 있을 것으로 계산되지만, 이러한 계산은 미래의 매장량과 소비율이 예측 불가능하므로(의심의 여지없이 둘 다 늘어날 것이므로) 부정확한 것이다. 천연가스는 지금의 생산율에 비추어본다면 거의 200년간 지속될 수 있을 것이라는 연구 보고도 있다.[43] 게다가 현재 사용하고 있는 천연가스와는 질이 조금 다르나 아마 규모는 더 큰 자원(질이 조금 떨어지는 광석의 경우와 유사한)도 존재한다. 이 자원은 생산 단가가 높아 아직은 개발되지 않고 있지만 금세기 내에 새로운 탐사와 시추 기술이 개발됨으로써 분명히 가격이 하락할 것이다. 모두가 말하듯, 천연가스가 앞으로 수세기 동안 매우 유용한 에너지 자원이 될 것이라는 추측은 타당하다.

많은 개발도상국이 천연가스를 상당량 보유하고 있다. 예를 들어 아프리카 대륙의 국가들(주로 알제리, 이집트, 리비아, 나이지리아)은 미국의 2배나 되는 매장량을 탐사해냈다. 말레이시아, 인도네시아, 중국도 상당한 양을 보유하고 있다. 연료로서 천연가스의 우수성 때문에 이러한 나라들이 발전해가는 과정에서 천연가스를 사용하는 것은 경제적인 효율성과 실외 공기질 개선 모두에 기여할 것으로 보인다. 하지만 천연가스의 탐사와 시추, 유통을 위해서는 생산 가스정, 정제 공장, 장단거리 수송관, 가스를 이동시킬 압축기와 같은 매우 비싸고 자본이 많이 드는 기반시설을 필요로 한다. 예를 들어 미국에는 209만 2,090km의 가스 수송관로와 유통 시스템이 갖추어져 있는데 이것에 든 비용이 거의 1,500억 달러에 달한다.[44] 개발도상국들이 천연가스를 에너지 자원으로서 활용하기 위해서는 막대한 양의 투자가 필요할 것으로 보인다. 이러한 나라들이 청정에너지 자원을 개발하도록 원조해주는 것은 세계 환경의 미래를 위해서 부유한 국가들이 할 수 있는 가장 중요한 투자에 속할 것이다.

전력생산과 많은 공업용 연료 사용에 있어 천연가스는 깨끗하게 연소되기 때문에 다른 화석연료에 비해 환경적으로 매우 우수한 자원이다. 천연가스가 연소될 때, 황산화물이나 입자상 물질이 대기 중으로 전혀 배출되지 않으며, 일산화탄소와 질소산화물은 석탄이나 석유에 비해 매우 적게 발생하고, 고체 폐기물도 거의 발생하지 않는다. 천연가스는 탄소 함유량이 낮은 연료이므로 석탄이나 석유에 비해 온실 가스(이산화탄소)의 발생량도 적다. 또한 천연가스를 이용하는 장치나 기기들은 대부분 연료 효율성이 매우 높기 때문에 이것 역시 환경에 미치는 영향을 줄이는 데 기여한다. 부정적인 면으로는, 난방과 요리에 천연가스를 사용하는 것이 전혀 오염이 없는 전기 기기들에 비해 실내 공기오염의 정도를 높이는 원인이 될지도 모른다(부분적인 불완전 연소로 인해). 이것은 천식이나 알레르기, 그 외의 호흡기 질환이 있는 사람들에게는 중대한 문제가 될 수도 있다.[45]

결론

세계의 화석연료 공급량은 엄청나며 가까운 미래에 화석연료가 고갈되거나 부족해지지는 않을 것이다. 산업화 초기에 화석연료가 사용자들에게 풍요를 가져다주었지만, 화석연료를 추출하거나 사용하는 것(처음에는 나무, 다음에는 석탄, 그리고 석유 순서로)이 유감스럽게도 환경을 망쳐놓았다. 산업화된 사회의 시민들이 좀 더 많은 자유와 부를 성취하면서 그들은 환경을 살리기로 결정했고, 점점 더 엄격한 환경 정책을 만들거나 화석연료의 청정 사용을 위한 기술 개발을 지원함으로써 눈에 띄는 성과를 이뤄냈다. 이와는 반대로 개발도상국들은 여전히 전형적인 초기 산업화 과정에서 오염을 유발하고 화석연료를 사용하는 단계에 머물러 있다. 하지만 근래에 지구온난화가 선진국과 개발도상국 모두에게 화석연료 사용을 통한 지속적인 성장에 거대한 걸림돌이 됐다. 지구온난화의 원인과 심각성이 아마도 여러 해 동안 과학적인 논쟁거리로 남게 되겠지만, 화석연료가 미래에도 과거처럼 세계 경제발전에 기여할 수 있을지는 의문이다. 결국 화석연료는 경제와 사회 발전의 천사로 여겨질 것인가 아니면 세계 환경오염의 악마로 몰리게 될 것인가? 그리고 화석연료의 대안은 무엇인가? 아마 재생가능 에너지와 원자력이 되겠지만, 이러한 것들이 화석연료를 대체할 수 있을 것인가, 또는 충실한 보조 자원 역할을 할 것인가? 계속 읽어보길 바란다.

1   Daniel Yergin, The Prize (New York: Simon & Schuster,1991).

2   상동.

3   T.S. Wood and S. Baldwin, "Fuelwood and Charcoal Use in Developing Countries," Annual Review of Energy, vol. 10, ed. Jack M. Hollander (Palo Alto, CA: Annual Reviews: 1985), 407.

4   B.L. Turner Ⅱ and Karl L. Butzer, "The Columbian Encounter and Land Use Changes," Environment 34(8)(1992), R.A. Sedjo, "Forests: Conflicting Signals," The True State of the Planet, ed. R. Bailey (New York: Free Press, 1995), 182에서 재인용.

5   Sedjo, "Forests: Conflicting Signals."

6   D.W. MacCleery, American Forests: A History of Resiliency and Recovery, Forest Service report FS-540 (Washington, DC: U. S. Department of Agriculture(USDA), 1992).

7   D. Tillman, Wood as an Energy Resource (New York: Academic Press, 1978).

8   D.W. MacCleery, What on Earth Have We Done to Our Forests? Forest Service rpt., (Washington, DC: USDA, January 10, 1994).

9   D.S. Powell, J.L. Faulkner, D.R. Darr, Z. Zhu, and D.W. MacCleery, Forest Resources of the United States, 1992, Forest Service report RM-GTR-234 (Washington, DC: USDA, 1993); J.W. Barrett, ed., Regional Silviculture of the United States (New York: John Wiley, 1994).

10 T.S. Frieswyk, and A.M. Malley, Forest Statistics for Vermont, 1973 and 1983, Forest Service bulletin NE-87 (Washington, DC: USDA, 1985).

11 Powell et al. Forest Resources of the United States.

12 National Wilderness Preservation System, Fact Sheet (1994), NWPS Web site,

www.wilderness.net/nwps/search.cfm.

13 Sedjo, "Forests: Conflicting Signals"; Powell, Forest Resources of the United States.

14 W.B. Smith, J.L. Faulkner, and D.S. Powell, Forest Statistics of the United States, 1992, Forest Service Report GTR_ NC-168 (Washington, DC: USDA, 1994).

15 Sedjo, "Forests: Conflicting Signals."

16 MacCleery, What on Earth Have We Done to Our Forests?

17 보호 단체들의 컨소시엄으로 이루어진 터닝 포인트 프로젝트가 이러한 노력에 두각을 나타냈다.

18 R.A. Sedjo, A Vision for the U. S. Forest Service: Goals for the Next Century (Washington, DC: Resources for the Future, 2000).

19 United Nations Food and Agricultural Organization, State of the World's Forests, 1997, (Rome: FAO, 1997).

20 S. Vosti, The Role of Agriculture in Saving the Rain Forest, 2020 Vision Brief 9, International Food Policy Research Institute (February 1995).

21 State of the World's Forests, 1997. United Nations Food and Agricultural Organization, New York (1997).

22 Instituto Nacional de Pesquisas Espaciais, Monitoring of the Brazilian Amazonian Forest by Satellite, report CBERS-1 (São Jose dos Campos, Brazil: World Bank, 1999).

23 D.C. Nepstad, A.G. Moreira, and A.A. Alencar, Flames in the Rain Forest: Origins, Impacts, and Alternatives to Amazonian Fires (Brasilia, Brazil: World Bank, 1999).

24 Vosti, Role of Agriculture in Saving the Rain Forest.

25 "Managing the Rainforests," Ecomonist (May 12, 2001), 83.

26 D.M. Wolfire, J. Brunner, and N. Sizer, Forests and the Democratic Republic of Congo (Washington, DC: World Resources Institute, 1998); J. Brunner, K. Talbott, and C. Elkin, Logging Burma's Frontier Forests: Resources and the Regime (Washington, DC: World Resources Institute, 1998).

27 D. Kaimowith and A. Angelsen, paper presented at conference in Costa Rica, March 1999, sponsored by the Center for International forestry Research(CIFOR), Bogor, Indonesia.

28 W.F. Laurance et al. (eight co-authors), "The Future of the Brazilian Amazon," Science 291 (January 19, 2001): 438.

29 Carroll L. Wilson, Coal-Bridge to the Future: Report of the World Coal Study

(Cambridge, MA: Ballinger, 1980).

30 N. Nakicenovic, "Freeing Energy from Carbon," Daedalus (special issue, ed. J. Ausubel) 125(3) (1996): 95.

31 Charles Dickens, Hard Times (1854; critical ed., New York: W.W. Norton, 1990).

32 Patrick E. Tyler, "China's Inevitable Dilemma: Coal Equals Growth," New York Times, November 29, 1995, A1.

33 Jack M. Hollander, "China and the New Asian Electricity Markets," EPRI(Electric Power Research Institute) Journal (September-October 1997): 25.

34 M.K. Hubbert, "Energy Resources," in Resources and Man ed. National Academy of Sciences-National Research Council (San Francisco: W.H. Freeman, 1969), 157.

35 R.A. Kerr, "The Next Oil Crisis Looms Large—and Perhaps Close," Science 281 (August 21, 1998): 1128.

36 U.S. Geological Survey, Fact Sheet 145-97 (Washington, DC: August 17, 1998).

37 A.B. Lovins et al., Hypercars: Materials, Manufacturing, and Policy Implications (Snowmass, CO: Rocky Mountain Institute, March 1996).

38 J. Ausubel, C. Marchetti, and P.S. Meyer, "Toward Green Mobility: The Evolution of Transport" European Review 6(2) (1998): 137.

39 혼다의 Insight와 도요타의 Prius를 포함한 여러 종의 전기 하이브리드 자동차가 2001년 미국에서 시판됐다. 포드는 2003년 Ford Escape의 하이브리드 형을 내놓을 것이라고 발표했고, 다임러크라이슬러도 Dodge Durango sport-utility vehicle 의 하이브리드 형을 생산할 예정이다.

40 U.S. National Academy of Sciences, Energy in Transition, 1985~2010 (New York: W.H. Freeman, 1979).

41 Energy Information Administration (EIA), U.S. Department of Energy (Washington, DC, December 1998).

42 상동.

43 Gordon J. MacDonald, "The Future of Methane as an Energy Source" Annual Review of Energy, ed. Jack M. Hollander et al. (Palo Alto, CA: Annual Reviews, 1990), 53.

44 Washington Policy and Analysis, Fueling the Future (Washington, DC: American Gas Foundation, January 2000).

45 D. Jarvis et al., "Association of Respiratory Symptoms and Lung Function in Young Adults with Use of Domestic Gas Appliances" The Lancet 347 (1996): 426.

제10장
인류를 향한 태양의 힘

미국에서 1973~1974년에 걸친 에너지 파동을 경험한 사람들은 주유소 앞에 죽 늘어섰던 긴 줄이 기억날 것이다. 석유 부족 현상과 언론의 비관적인 보도는 정말 감동적이어서 많은 사람들은 지구상에 실제로 석유가 고갈되고 있다고 생각하게 됐다. 처음에는 사람들이 에너지 의존적인 생활방식이 위태롭게 될지도 모른다고 걱정했었다. 지나고 보니 주유소 앞에 늘어섰던 그 줄은 자원의 고갈보다는 OPEC 석유 생산국들의 시장 독점 지배와 더 관련이 있었다는 것을 알게 됐다. 사실상 에너지 자원의 부족이라는 것은 당시에 없었다. 석유생산국들은 고의적으로 생산량을 줄인다거나 인위적인 부족상태(일시적이긴 하지만)를 만들어내어 소비국들을 혼란에 빠뜨리고 도처의 석유 생산품 가격을 올릴 수 있었으며, 가장 중요한 것은 잘 사는 국가들의 소비자들 사이에 널리 퍼져있던(혹자는 신성시됐다고도 하는) 에너지는 언제나 이용가능하고 싸다는 인식을 흔들어놓았다.

환경주의자들은 OPEC이 가진 정치권력에 대해서는 맹렬히 비난했으나 가격상승은 대체로 환영했다. 화석연료로 인한 환경문제를 걱정해왔던 터라, 그들은 석유가격의 상승이 삶을 위협하기보다는 오히려 사용을 줄이게 할 수 있는 효과적인 경제 유인책이 될 수 있을 것이라 생각했다. '에너지 절약'은 1970년대 유명한 환경 표어가 됐다. 당시 미국의 지미 카터 대통령은 국민들에게 에너지 절약을 촉구하면서 이를 '투쟁하면서 지켜야 할 도덕성'이라고 했으며, 마치 백악관이 에너지를 절약하기 위해서 난방을 덜 한다는 것을 보여주고자 했는지 두꺼운 털실로 짠 카디건을 입고 TV에 출연하기도 했다.[1]

1970년대의 휘발유와 연료용 석유가격의 급등은 사람들로 하여금 에너지를 절약하도록 자극시켰을 뿐 아니라, 과거에는 너무 비싸서 화석연료와 경쟁이 안 됐던 대체 에너지에 많은 관심을 가지게 했다. 환경주의자들 사이에서 가장 인기를 끌었던 대안은 바로 '재생가능 에너지' 개발이었다. 대부분은 태양 에너지를 이용한 것으로, 재생가능 자원은 화석연료에 비해 장점이 많은 듯했다. 환경에도 나쁘지 않고, 공짜이며, 영원히 이용 가능한(적어도 태양이 수십억 년 후 타버릴 때까지) 것으로 탁월한 해결책인 듯 보였다. 인류 역사도 재생 가능한 자원 편이었다. 왜냐하면 석탄이나 석유가 발견되기 훨씬 전부터 수천 년 동안 인류는 나무, 숯, 동식물 쓰레기와 같은 재생 가능한 자원들을 사용해 왔기 때문이다. 1970년대에도 이 전통적인 재생 가능 자원들은 가난한 나라에서는 널리 사용됐으며, 몇몇은 오늘날까지도 여전히 사용되고 있다.

산업화 이전의 시대에는 요리, 난방, 금속 세공 등에 재생 가능 자원이 사용됐으나 이것은 원시적이고 매우 비효율적이었다. 1970년대에 들어서면서 환경공학자들은 이 오래된 테마에 대한 새로운 변화를 시도했다. 전통적인 기술에 최첨단 과학과 공학을 접목시켜 환경적으로 무해하며, 원칙적으로 무한정 지속가능하고, 또한 화석연료와 핵연료를 활용하는 거의 모든 분야를 대체할 만큼 충분히 정교한 새로운 형태의 재생가능 자원 개발에 대한 연구가 시작됐다. 1973~1974년의 에너지 파동 이후 10년 동안 선진국에서 환경주의자들과 과학기술자들이 협력하여, 이미 확고히 자리 잡은 재생가능 자원인 수력발전에 대한 관심을 부활시켰을 뿐만 아니라 많은 새로운 재생가능 에너지 기술을 선보였다. 여기에는 세련된 주거용 냉·난방 시설, 최첨단 풍차와 태양열을 이용한 전기 생산 기술에서부터 도시 폐기물을 태워 전기를 생산하는 소각로에 이르기까지 다양한 기술이 포함됐다. 심지어 초라했던 장작 난로가 1970년대에는 최첨단의 현대적 모습으로 컴백하는 깜짝 놀랄 일도 발생했다.

재생가능 에너지는 곧 환경주의자들의 확고한 신념의 일부가 됐다. 소프트(soft)라는 단어가 태양 에너지와 그 외 재생가능 에너지의 좋은 점을 암시하는 데 사용되기 시작했다.[2] 이는 원자력과 화석연료 기술의 바람직하지 못한 특성을 의미하는 하드(hard)라는 단어의 반대 의미다. 재생 자원 옹호자들이 강조하는 것은 영구적으로 사용 가능하고, 환경적으로 우월하며, 새로운 생활 방식과도 이념적으로 잘 맞는다는 사실이다. 소프트 에너지에 관련된 다른 단어들도 명백히 정치적인 유래가 있다. 녹색(Green)이라는 단어는 원래 정부의 강력한 환경 재생가능 에너지가 미국 에너지 사용량의 20%를 공급하게 될 것이라고 발표했다.[3] 1978년 '세계 태양의 날(International Sun Day)'의 창시자는 심지어 "우리가 좀 더 적극적인 조치를 취한다면 2000년까지 태양 에너지가 우리가 사용하는 에너지의 40%를 담당하게 될 것이다"라고 말하기까지 했다.[4]

20년이 지난 지금, 재생가능 에너지의 미래에 관해 낙관하기는 어렵다. 긍정적인 점은 1970년대에는 엄청나게 비쌌던 일부 재생가능 자원의 가격이 눈에 띄게 떨어졌고, 일부 응용 기술은 1970년대에 정해놓은 가격 인하 목표치를 벌써 초과했다는 것이다. 예를 들어 풍력 전기의 생산비는 1975년에 킬로와트(kW)시간당 55센트였던 것이 1995년에는 4~6센트로 떨어졌다.[5] 하지만 이것은 연방 정부와 주 정부로부터 킬로와트시간당 2센트의 보조금을 받아 산정된 비용이다. 이렇게 보조를 받는 상황에서 만약 천연가스 가격이 계속 오른다면 풍력 전기의 경우 천연가스 전기에 대해 경쟁력을 확보할 수 있을 것이다(2000년에 천연가스 전기는 평균 킬로와트시간당 3.5센트였다).

그러나 가격 인하와 정부의 보조금에도 불구하고 재생가능 자원은 그 옹호자들이 예상한 것보다 시장에서 덜 성공적이었음이 입증됐다. 전체적으로 재생가능 자원은 지금 미국 에너지 소비의 약 3.8%만을 공급하고 있고(수력발전을 합해도 6.9%에 불과하다) 이것은 앞에서 언급했던 20~40%라는 목표치에는 한참 못미치는 것이다.[6] 그리고 1996년까지 풍력 전기는 1970년대에 예상했던 20~30%와는 달리 미국 전기 시장의 단지 0.1%만을 차지하고 있을 뿐이다.[7]

도대체 왜 이런 소프트 에너지들은 시장에서 경쟁력을 가지고, 화

있는 선진국에서는 심지어 쇠퇴할지도 모르지만, 개발도상국에서는 가까운 미래에도 아마 우수한 재생가능 에너지원으로 남게 될 것이다. 수력발전 시설은 건설에 많은 돈이 들지만 한번 시설을 갖추어놓으면 수십 년 동안 값싸고 안정적인 전력을 얻을 수 있다.

풍력발전

캘리포니아주 북부지역의 앨터몬트(Altamont) 고개에 있는 풍력기지를 방문해 보면, 완만한 언덕 위에 죽 늘어서서 수 백 개의 프로펠러가 소용돌이치는 풍력시설이 매우 강렬한 인상으로 남는다. 전통적인 풍차의 후예로서, 이러한 풍력발전소는 바람의 움직임으로 발생한 에너지를 전기 에너지로 바꾸는 최첨단 터빈이다.

선진국에서 수력발전의 인기가 떨어지면서 풍력은 지금 많은 환경주의자들이 선호하는 에너지 자원이 됐다. 미국의 풍력에너지 산업협회에 따르면, 전 세계적으로 풍력발전은 1990년 200만 킬로와트 이하였던 것이 1999년 말에는 1,340만 킬로와트로 늘어났다. 독일이 세계 풍력 전기의 30%를 생산하면서 가장 앞서 있고, 그 다음으로 미국이 19%, 덴마크와 스페인이 각각 13%를 차지하고 있다.[19] 덴마크는 국가 전체 에너지 생산량의 10%가 풍력 전기이지만 미국에서는 약 0.1%만 차지할 뿐이다.

재생가능 자원으로서 풍력은 추천할 만한 점이 많다. 대규모의 풍력 기지는 바람이 불 때 주 공급지역으로 상당한 양의 전기를 보낼 수 있는 반면, 좀 더 작은 크기의 터빈들은 해안지역과 같이 바람이 잘 부는 곳에 위치한 농장, 가정, 산업체 등에서 사용되어질 수 있으며,

또한 먼 곳에 위치하여 전력수송 비용이 너무 많이 드는 지역에도 유용하다. 하지만 주 공급지역이 아닌 곳에서 풍력 전기를 이용하는 경우는 바람이 적게 불거나 아예 불지 않을 때가 있으므로 이 기간 동안에는 자체 보조 전력원이 필요하다.

풍력기지는 환경적인 측면에서도 몇 가지 중요한 장점이 있다. 연료가 필요 없고, 물을 소비하지 않으며, 대기오염물질이나 온실가스, 독성 폐기물을 배출하지 않는다. 이러한 특성이 왜 풍력 에너지가 가장 선호되는 '녹색 에너지'인지를 말해준다. 하지만 풍력기지는 환경적으로 부담스러운 면도 있다. 하나의 핵발전소에서 생산되는 전력을 생산하기 위해서는 약 1만 7,000에이커에 이르는 엄청난 땅이 필요하다. 또 터빈의 프로펠러가 소음을 발생시켜 인근 주민들에게 고통을 주기도 하며, 터빈의 거대한 크기(40m의 날이 달린 48m 높이)로 인해, 떼지어있는 풍력발전기는 아름다운 경관을 심각하게 망쳐놓을 수도 있다.

환경보호주의자들에게 성가신 문제 중 하나는 몇몇 지역에서 터빈으로 인해 새에게 피해가 발생하는 경우인데 검독수리(golden eagle), 붉은꼬리 매(red-tailed hawk)와 같은 연방 정부의 보호 종이 죽는 사례가 보고되고 있다.[20] 오랜 기간 풍력에 대한 환경주의자들의 지지를 수포로 돌리지 않기 위해서라도 이러한 위험성을 측정하고, 주요 이주 경로나 큰 맹금류들의 서식처에서 멀리 떨어진 곳에 기지를 세울 수 있도록 주의 깊게 조사할 필요가 있다. 최근 케이프 코드의 난터컷섬(Nantucket Island, Cape Cod) 해안 지역에 수백 개의 풍력 터빈을 세우려는 계획은 미관상의 문제와 야생 동물들에 대한 위협 때문에 환경주의자들로부터 강한 반발을 사고 있다. 이러한 상황에 대한 긍정적인 예로, 로스앤젤레스에 건설하기로 한 풍력 기지를 멸종 위기에 처한 캘리포니아 독수리(California Condor)의 비행경로를 방해하지 않기 위해 약 80km를 옮겨서 세우기로 미국 야생동물보호회(National Audubon Society)와 사업 개발자들 간에 합의가 이뤄졌던 사례를 들 수 있다.[21]

이러한 환경적인 문제 외에도 풍력발전에 있어 가장 무거운 부담은 비용 문제다. 이전에 언급했듯이 비용이 1970년대 이후로 크게 떨어지기는 했지만, 풍력발전은 다른 전력 생산기술에 대해 경쟁력을 갖기 위해 여전히 정부 보조금에 의존하고 있다. 현재 생산단가는 연방 정부와 주 정부로부터 킬로와트 시간당 약 2센트의 보조금을 받는 것을 감안해서 4~6센트다.[22] 비교를 해보면, 2000년에 천연가스 전기의 생산비는 킬로와트 시간당 3.5센트였고, 석탄은 약 2.1센트, 원자력은 1.8센트였다. 풍력발전의 생산비가 더 많이 떨어지거나 천연가스 가격이 그만큼 많이 오르지 않는다면 아마도 풍력발전 전기는 보조금 없이는 전력 시장에서 경쟁력을 잃게 될 것이다.[23]

풍력발전의 생산비용이 상대적으로 높은 것에는 몇 가지 요인이 있다. 첫째, 바람이란 간혹 불지 않을 수도 있고 예측이 어렵기 때문에 바람이 불지 않을 때는 터빈이 쉬면서 바람이 불 때 얻은 에너지를 상쇄해버린다는 점이다. 둘째, 항상 바람이 잘 부는 지역에 기지를 설치해야 하므로 종종 인구 밀집 지역에서 멀리 떨어져 있는 경우가 있는데, 이때는 엄청난 비용을 들여서 송전 시설을 설치해야 한다는 점이다. 반면 천연가스 발전소는 사용 지역 부근에 건설할 수가 있다.[24]

풍력발전을 지지하는 사람들 역시 정부의 계속적인 보조금 지원이 없으면, 화석연료를 이용한 전력 생산방식에 비해 경쟁력이 없다는 점을 인정하지만, 그들은 "풍력 에너지는 엄청난 경제적·환경적 이익을 가져다줄 가능성이 있다"라고 주장한다.[25] 천연가스는 세계에서 가장 우수한 에너지로 인정받고 아마 앞으로 수백 년간 사용할 수 있을 만큼 충분한 것으로 추정되며, 이용 기술 또한 꾸준히 개선되고 있다. 이러한 점을 고려하여 과연 그들이 주장하는 이익이 풍력 에너지에 더 비싼 가격을 지불하는 것을 정당화할 수 있을지 아마 소비자들이 행동으로 최종 결정할 것이다.

혹자는 풍력발전에 대한 정부 보조금이 과거에 일반 시장에서 경쟁하기에는 역부족인 기술을 개발하는 데 촉매제로서 중요한 역할을 했다고 주장할 수도 있다. 결과적으로 풍력발전은 규모가 작으면서도 틈새시장에서는 유효하다. 즉, 소비자로부터 멀리 떨어져 있어서 연료 운송이나 송전선 확장에 비용이 많이 들고 바람이 많이 부는 곳은 풍력발전이 좋다. 하지만 정부 보조금이 지금처럼 지원되지 않는다면 풍력발전은 그러한 틈새시장 외에는 확장되지 못 할 것이다.

태양 에너지

모든 재생가능 에너지 자원이 궁극적으로는 태양에서 배출하는 에너지에 의존하는 것이 사실이지만, 태양 에너지라는 것은 일반적으로 태양 배출 에너지를 직접적인 전력생산이나 건물의 냉·난방 시설을 위해 사용하는 기술을 의미한다. 환경주의자들은 일반적으로 태양 에너지 기술을 선호하는데 태양 에너지는 고갈되지 않는 연료이고 대기오염물질을 배출하지 않는다는 이유 때문이다. 하지만 이러한 기술도 환경적인 면에서 결점이 있다. 예를 들면 엄청난 면적의 토지가 필요하고, 건설과 가동에 많은 비용이 들며, 제조할 때 오염을 일으키는 물질을 사용해야 한다는 점이다.

태양 에너지를 전기로 바꾸는 데는 다양한 방법들이 있다. 하나는 이른바 '태양열'이라 부르는 것으로, 집적기를 통해 태양 광선을 모은 후 물을 끓여 엔진을 작동시키고 발전기를 돌리게 하는 방법이다. 이것은 연료를 태우는 대신에 태양 광선을 열원으로 사용한다는 점을 빼면 화석연료 발전소에서 사용되는 방법과 똑같은 원리다. 미국에 두 개의 대표적인 대형 태양열 발전소를 지었는데, 최근 것은 미국 에너지부가 공공 설비 업체 컨소시엄과 협력하여 만들었다. 이 발전소는 1년이 좀 넘게 운행됐고 이 기간 동안 꾸준히 전기를 생산하는데 성공했다. 전기 생산에 들어간 비용이 공개되지는 않았지만 화석연료로 생산된 전기보다 몇 곱절 비쌀 것은 분명하다. 미국에 있는 100여 개의 원자력 발전소와 맞먹는 양의 전력을 생산하기 위해 이런 집중 방식의 태양열 발전소를 건설하기 위해서는 하와이 크기에 해당하는 약 400만 에이커의 땅이 필요하다. 다른 재생가능 에너지에는 비교적 우호적인 한 연구마저도 "모든 집중 방식의 태양 발전소는 미래가 의심스럽다"라는 결론을 내리고 있다.[26]

전력생산에 좀 더 발전 가능성이 있는 기술은 '태양광 전지판'다. 이것은 베터리 없이 사용하는 계산기에서 흔히 볼 수 있는 작은 전지들과 유사한 규모가 큰 태양 전지판을 사용한다. 생산비가 이미 태양열 발전 방식에 비해서는 훨씬 낮아지긴 했어도, 여전히 천연가스 전기에 비해서는 경쟁력이 크게 떨어진다. 장기적인 관점에서 낙관론도 있을 수 있는데, 이 분야에 대해 공공과 민간 부문의 활발한 연구개발

라는 필요하지도 않는 대규모 재생 에너지 개발에 투자를 계속하고 있는 반면, 개발도상국은 20억이 넘는 사람들이 전기와 난방 같은 가장 기본적인 에너지마저 부족하며, 효율적인 소규모 에너지 기술에 대한 절실한 요구가 아직도 충족되지 못하고 있다. 재생가능 에너지는 이러한 필요를 충족시키는데 결정적인 역할을 할 수도 있다.

개발도상국에서는 농촌 가정 대부분이 조명과 난방을 위해 등유나 장작에 사용한다. 난방을 위해 뚜껑 없는 난로를 사용하다보니 좁고 폐쇄된 생활공간이 독성 연기로 꽉 차게 된다. 전기가 들어오지 않아 부모들이 유용한 활동을 할 수 없고 아이들은 숙제도 할 수 없다. 최근 수십 년간 많은 개발도상국에서는 대규모 재래식 전력생산에 착수했지만, 외채의 도움에도 불구하고 수천 개의 외곽 시골로 전기를 수송할 송전 시설과 대규모 발전소를 건설하는데 드는 비용을 도저히 감당할 수 없었다. 이러한 이유로 많은 대규모 전기 생산 계획들이 실패를 거듭하고 있다.

소규모 재생가능 에너지 기술은 멀리 떨어져 고립되어 있고 생태적으로도 파괴되기 쉬운 지역에 있는 농가에 훨씬 더 적합하다. 가까운 장래에 가장 유망할 것으로 보이는 기술은 태양전지, 소수력발전, 풍력발전, 생물연료다. 태양전지는 특히 멀리 떨어져 있는 섬이나 마을에 적합하고, 소수력발전은 건설 적지, 풍력발전은 바람이 잘 부는 지역이 필요하며, 생물연료는 지속적이고 충분한 생물자원을 이용할 수 있는 곳에서 사용할 수 있다. 재생가능 에너지는 작은 섬이나 사막, 강의 삼각주, 고산 지대 등 환경적으로 취약한 지역에 사는 사람들에게 전력을 공급하는데 특히 적합하다. 1995년에 가정용 태양광 발전에 관해 열린 워크숍은 다음과 같은 결론을 내렸다.

이러한 기술들은 농촌 전기 공급용으로 깨끗하고 환경 친화적인 대안이다. 지난 5년간 태양전지 분야에 놀랄 만한 경제적·기술적 발전이 있었다. 생산비는 3분의 2 이상 떨어졌고 효율성은 배가 됐다. 이러한 발전을 잘 활용하면 가정용 태양전지(몇 개의 형광등과, 텔레비전, 간단한 전자제품을 4시간 정도까지 작동시킬 수 있는)는 지금 활용 가능한 방안이다. 태양전지는 다른 에너지에 비해 비용 대비 효율성이 높은 편이고, 전선으로 끌어오는 것보다 훨씬 더 싸며, 공급 업체 입장에서도 수익을 낼 수 있다. 몇몇 아시아 국가와 카리브 해 지역에서 이루어진 시범 사업은 이러한 시스템에 대한 수요가 크고 융자를 통한 자금 조달이 가능하다면 농가에서도 충분히 비용을 감당할 수 있음을 보여주고 있다.[27]

이러한 이점에도 불구하고, 민간 기업들은 개발도상국의 수백만 가정이 재생가능 에너지를 필요로 하고 또 구매도 가능한 상황에서도 일반적으로 이런 기회를 잡으려하지 않고 있다. 주요 원인은 필요한 자본의 흐름을 제대로 다룰 수 있는 적절한 시장 인프라가 형성되지 않았기 때문이다. 최근에는 수백만 달러의 전력 시설 건설을 통해 인프라가 구축됐지만, 이것은 개별적인 대규모 사업을 위한 단일 대출과 투자에 의존하고 있다. 이러한 형태의 인프라는 넓은 지역에 퍼져 있는 수백만 농가들이 적은 비용으로 소규모 태양 에너지를 얻을 수 있도록 자금을 조달하기에는 적절하지 못하다. 시범 사업에서 신용 거래를 통해 시골의 사용자에게 가정용 태양에너지 시설을 제공하는 몇몇 가능한 방법이 제시되고 있지만, 비교적 소박한 이 성공 사례는 전통적인 투자자들이 확신을 갖도록 하기에는 충분하지 못하다.[28]

이처럼 재생가능 에너지의 현실도 오늘날 대부분의 환경문제들과 마찬가지로 불행하게도 빈부로 양분되어 큰 차이를 보인다. 환경 정치와 적극적인 환경운동에 영향을 받은 선진국들은 대규모 재생가능 에너지 기술에 투자하도록 정부 보조금을 계속 지원하고 있다. 이 대규모 기술은 별로 필요하지 않거나 어떤 경우는 환경적으로 우수하지 않고 시장에서 경쟁력도 없다. 이념적으로는 계속 인기가 있을지 몰라도, 이러한 기술들은 시장 경쟁에서 살아남지 못할 것이기 때문에 아마 결국에는 실패할 것이다.

이와는 반대로 가난한 나라에서는 재생가능 에너지에 대한 수요가 엄청나게 많고, 지난 몇 년간 독창적이고 경제성이 있는 여러 기술도 활용이 가능하게 됐다. 그러나 많은 나라에서 인프라가 구축되어 있지 않을 뿐 아니라 정치적 지원이 터무니없이 부족하기 때문에 재생가능 에너지에 대한 시장을 개척할 수가 없고, 그 결과 수십억의 사람들이 인간답게 살기 위해 필요한 기본적인 에너지 공급마저도 받지 못하는 것이다.

개발도상국은 역사, 문화, 정치 구조 등이 너무나 다양해서 재생가능 에너지를 공급할 수 있는 포괄적인 해결책을 찾기란 쉽지 않다. 그러나 공통적으로 나타나는 특징이 있는데, 많은 개발도상국의 정치 지도자들은, 특히 아프리카에서, 국민을 가난으로부터 해방시키려는 헌신적 의지가 없다는 것이다. 헌신적 의지가 없으면 재생가능 에

너지와 관련 기술 개발에 필요한 자국 내 인프라 증대는 다른 많은
중요한 경제 개발 과제들과 함께 도달할 수 없는 목표로 남게 될 것
이다.

1 1977년 4월 18일 지미 카터 전 대통령의 TV 대국민 연설에서.

2 Amory Lovins, "Soft Energy Technologies" in Annual Review of Energy, vol. 3, ed. Jack M. Hollander (Palo Alto, CA: Annual Reviews, 1978), 477.

3 U.S. Department of Energy, Report of the President's Domestic Policy Review of Solar Energy (Washington, DC, 1979).

4 Robert Stobaugh and Daniel Yergin, Energy Future (New York, Random House, 1979), 183에서 재인용.

5 Dallas Burtraw, Joel Darmstadter, Karen Palmer, and James McVeigh, "Renewable Energy Winner, Loser, or Innocent Victim?" Resources (spring 1999), 9.

6 Energy Information Administration, Annual Energy Review (Washington, DC: U.S. Department of Energy, 2000).

7 상동.

8 Energy Information Administration, Annual Energy Review, 1997 (Washington, DC: U.S. Department of Energy, 1997).

9 Patrick A. March and Richard K. Fisher, "It's Not Easy Being Green" in Annual Review of Energy and the Environment, vol. 24, ed. Robert H. Socolow (Palo Alto, CA: Annual Reviews, 1999), 173.

10 1999년 8월 상파울루에서 열린 World commission on Dams 회의에서 필립 피언사이드(Philip Fearnside)가 한 발언.

11 J.S. Mattice, "Ecological Effects of Hydropower Facilities" in Hydropower Engineering Handbook, ed. J.S. Gulliver (New York: McGraw Hill, 1991).

12 Alliance to Save Energy, American Gas Association, and Solar Energy Industries Association, An Alternative Energy Future (Washington, DC, April 1992), 3:5; Robert L. Bradley Jr., Renewable Energy: Not Cheap, Not Green, Cato Policy

Analysis no. 280 (Washington, DC: Cato Institute, August 1997).

13 March and Fisher, "It's Not Easy Being Green."

14 U.S. Department of Interior, U.S. Agency for International Development, Hydropower's Environmental and Social Consequences, Including Potential for Reducing Greenhouse Gases(paper presented at Kyoto Conference, Kyoto, Japan, November 1997).

15 Green Mountain Energy, Inc., Your Guide to Renewable Energy Sources(S. Burlington, VT, February 2000).

16 Water policy report (October 27, 1993), 30, Bradley, Renewable Energy에서 재인용.

17 1996년 9월 14일 일본 나가라가와에서 열린 International Dam Summit에서 대니얼 비어드(Daniel P. Beard)가 한 발언.

18 Maria Gracinda Teixeira, Energy Policy in Latin America (Hants, UK: Ashgate Publishing, 1996).

19 American Wind Energy Association, Global Wind Energy Market Report (Washington, DC, 1999).

20 California Energy Commission(CEC), Wind Energy in California, CEC Web site at www.enery.ca.gov/wind/ (September 1, 1999).

21 National Audubon Society, Audubon News (Novemeber 3, 1999); 2000년 5월 16일에 National Audubon Society의 필자와 John Bianchi의 개인 면담.

22 Frank Harris and P. Navarro, Policy Options for Promoting Wind Energy Development in California (Graduate School of Management, University of California, Irvine, November 1999).

23 독자는 미국에서 원자력 발전 산업이 계속해서 받고 있는 간접적인 정부 보조금을 기억해야 한다. 특히 사고 시 연방(미국) 정부의 권한으로 발전소 운전자의 책임에 한계를 두는 프라이스 앤더슨 법(Price-Anderson Act)이나 원자력 발전뿐만 아니라 기초과학에도 많은 혜택을 주고 있는 정부의 대규모 개발 연구비 자금 조성 등이 그것이다. 이러한 혜택은 미래에는 점점 줄어들게 될 것이다

24 Bradley, Renewable Energy.

25 Harris and Navarro, Policy Options for Promoting Wind Energy Development in California.

26 Christopher Flavin and Nicholas Lessen, Power Surge: Guide to the Coming Energy Revolution (New York: W. W. Norton, 1994).

27 Michael F. Northrop, Peter W. Riggs, and Frances A Raymond, Solar: Financing

Household Solar Energy in the Developing World(report of a Rockefeller Brothers Fund workshop, Pocantico Hills, NY, October 11-13, 1995).

28 상동.

제11장
원자력, 핵무기에서 구원자로

선진국의 환경주의자들은 매우 난처한 딜레마에 빠져있다. 미래의 전력생산을 위해 화석연료와 원자력 중 무엇을 선택해야 할 것인가? 가까운 장래에 재생가능 에너지가 세계 전력생산에 있어 크게 기여하지는 못할 것이므로, 이를 제외하고 나면 가장 현실적인 위의 두 가지 대안 모두 대부분의 환경주의자들에게 별로 달갑지 못하다. 그래서 사람들은 이러한 딜레마를 일컬어 '소피의 선택'이라고도 한다. 석탄, 석유, 천연가스와 같은 화석연료는 지구온난화의 주범인 온실가스를 발생시키고, 원자력은 기술적으로 안전하지 못하며 사회적으로 부적절하다는 이유로 환경주의자들로부터 거절당하고 있다.

이러한 딜레마에도 불구하고 원자력은 계속해서 세계 전력생산에 매우 중요한 역할을 해오고 있다. 1999년 한 해 동안, 원자력 발전은 프랑스에서 전체 전력량의 75%, 스웨덴 47%, 일본 36%, 독일 31%,

영국 27%, 미국 20%를 공급했다.[1] 미래 에너지 자원의 이용가능성 측면에서 보면 원자력은 화석연료보다 매력적인 대안이다. 지금의 원자로 기술로 지구의 우라늄은 상식적으로 확신할 수 있는 양만으로도 수천 년 아니면 수백 년은 충분히 발전을 할 수 있다.[2] 그리고 바닷물에 함유되어 있는 우라늄으로도 수천 년간 전 지구의 전력을 공급할 수 있다.[3] 게다가 만약 '증식로'가 기술적으로나 경제적으로 실용화된다면, 핵연료는 매우 풍부하여 본질적으로 재생이 가능한 자원으로 여겨질 수 있다.[4]

전력 자원으로서는 엄청난 잠재력을 가지고 있을 지라도 원자력 발전은 1950년대에 처음 도입된 이후 계속 논란이 되고 있다. 많은 환경보호단체들과 환경정당들이 1960년대와 1970년대 원자력 발전 반대운동에 참여하기 시작했다. 이 기간 동안 미국 국민은 원자력 발전이 매우 위험한 기술이라는 강한 인식을 갖게 됐으며,[5] 오랜 기간 미국의 원자력 발전시설이 안전하게 운영됐음에도 불구하고 이러한 정서는 여전히 넓게 퍼져있다.[6] 지난 수십 년 동안 전력을 매우 안정적으로 공급해온 몇몇 원자력 발전소는 이러한 정서로 인해 수명이 많이 남았는데도 폐쇄되고 있다. 원자력을 반대하는 국민 정서는 스웨덴과 독일에서 더욱 강해서 이 두 나라 모두 앞으로 수십 년 내에 원자력 발전을 완전히 폐쇄하도록 하는데 전념하고 있다. 반대로 프랑스와 일본은 미래에도 원자력 발전에 계속 의존할 것이 거의 확실하다.

기술적인 문제만으로는 미국인의 원자력 발전에 대한 불안감을 완전히 설명할 수는 없다. 구소련과 동구권에서 사용되던 시설에서 일어난 사고를 제외하고는 지난 40년간 핵발전소는 전 세계적으로 매우 안전하게 가동됐다. 역사상 최악의 원자로 사고는 1986년 구소련의 체르노빌에서 발생한 것으로 방사선 누출로 인해 사고 즉시 31명이 사망했으며, 방사선에 노출된 인구의 암 사망률이 대략 0.3% 증가했다.[7] 이 사고는 서방국가 어디서도 사용 허가를 받은 적이 없었던 구소련의 저질 원자로와 발전소 설계(RBMK-1000) 때문에 발생한 것이다.

구소련을 제외한 나머지 국가에서는 약 8,500원자로 사용 연수(원자로 숫자에 사용 연수를 곱한 숫자)에도 외부로 대규모 방사선 누출이 일어난 사고는 한 번도 없었다.[8] 미국에서 유일하게 일어났던 심각한 사고는 1979년에 펜실베이니아 주의 스리마일섬에서 극소량의 방사선이 누출됐던 것인데, 이 사고로 인한 사망자나 부상자가 발생하지는 않았다. 주민들이 입은 건강상의 피해는 소란스러운 언론과 부적절한 정부의 위기 대처 때문에 생긴 심각한 정신적 충격뿐이었다. 지금까지 원자로가 제대로 작동하지 않는 사고가 종종 일어났지만, 내장된 안전 시스템이 잘 작동하고 있어서 심각한 결과를 가져오지 않았다. 이렇듯 원자력 발전소에서의 어떤 사고나 고장도 엄청난 재앙을 가져올 것이라는 세간의 생각은 완전히 잘못된 것이다.

원자력 공포

역사가 스펜서 워트(Spencer Weart)는 원자력에 대한 사람들의 부정적인 태도는 대부분 두려움에 의한 것이라고 지적했다. 그는 저서 『원자력 공포(Nuclear Fear)』에서 이 부정적인 감정은 방사선을 옛날의 마법과 연관시켜 초자연적인 것으로 여긴 것에 일부 유래한다고 주장한다. 더욱 중요한 것은 이러한 두려움이 '핵무기'와 '평화적 용도의 원자력'을 혼동하는 것에서 비롯된다는 것이다.[9] 핵무기는 첫째, 1945년 미국이 최초로 일본에 투하한 핵폭탄, 둘째, 냉전시대 미국과 구소련 간에 수소 폭탄을 주고받을 것이라는 위협과 관련 있다. 수소 폭탄으로 대학살이 발생할 것이라는 위협은 1991년에 냉전이 종식되면서 끝났다. 이와는 반대로, 평화적 용도의 원자력은 전력생산을 의미한다. 원자력 기술을 민간 차원에서 사용하는 것은 핵무기 생산과는 거리가 멀다. 최초의 원자력 발전소는 제2차 세계대전이 끝난 후 10년이 지난 1957년에 펜실베이니아 주의 서핑포드에서 가동되기 시작했다. 발전소 부지를 펜실베이니아 주로 택한 것은 뜻밖이었으나 매우 적절했다. 왜냐하면 미국에서 1950년대 석탄으로 인한 최악의 스모그 사건이 이곳에서 발생했기 때문이다.

원자력 논쟁

미국 내에서 지난 30년간 계속되어온 원자력 논쟁은 민간 차원에서 원자력 발전이 갖는 안전성과 핵무기 개발로 위협받고 있는 국가 안보 사이의 차이점을 일반 대중들에게 분명하게 인식시키는데 실패했다. 원자력 발전을 비판하는 사람들은 이러한 차이점을 받아들이려 하지도 않을 뿐만 아니라, 민간 차원의 원자력 기술 개발이 아무리 안전하게 운행된다 하더라도 결국에는 각국의 핵무기 개발을 촉진시키는 결과를 가져올 것이므로 민간 차원의 문제와 군사 문제를 따로 생각할 수 없다고 주장한다. 이에 대한 반대 의견은 핵무기를 개발하고자 하는 국가들은 무기 생산만을 위한 핵개발 프로그램을 진행시키는 것이지 원자력 발전의 자투리로 되는 것이 아니라는 점이다. 지금까지 원자력 발전소가 어떤 국가를 핵무기 개발에 참여시킨 촉매제 역할을 한 적은 거의 없었으며, 개인이나 어떤 단체가 원자력 발전소로부터 핵무기를 만들기 위해 물질을 훔쳐낸 사례도 없었다.[10] 그럼에도 불구하고, 이 두 가지 문제는 대중들의 의식 속에서 매우 강하게 연결되어 남아있다. 사실 이 연결이 너무나 강해서 '핵'이라는 표현이 일반적으로 원자력 발전소와 수소 폭탄 모두를 이르는 데 사용되고 있다.

냉전 시대가 끝나면서 주요 강대국들이 핵무기를 군사적 용도로 사용할 가능성은 사실상 사라졌다. 러시아와 미국의 장교들은 새 천년이 시작할 때 'Y2K' 컴퓨터 변환이 일어나는 가장 중요한 순간에 미사일이 발사되는 사고가 일어나지 않도록 실제로 상대방의 주요 미사일 기지에서 주둔하기도 했었다. 그러나 냉전의 종식으로 세계가 한숨 돌리게 되자 이제는 인도와 파키스탄간의 핵무기 경쟁과 같이 새로운 핵무기 위협이 증가하고 있으며, 테러리스트들이 핵을 사용한 조잡한 형태의 무기나 급조된 방사능 폭탄으로 공격할 가능성도 커지고 있다. 핵이라는 말은 우리에게 여전히 매우 경멸적인 단어다.

원자력 발전에 대한 반감이 여전한 것이 꼭 군사적인 위협 때문만은 아니다. 또 다른 중요한 요소는 불신이다. 미국 국민들 사이에 정부가 원자력 발전소의 안전성(또는 위험성)에 대한 정확한 정보를 제공하는 것을 꺼리고 있다는 생각이 널리 퍼져있다. 냉전시대에는 국가안보를 위해 미국의 핵무기 실험이 국가 기밀에 부쳐질 필요가 있었다. 그러나 실험과 관련해서 발생할 수 있는 중대한 위험성(예를 들어, 실험으로 발생하는 방사능 낙진)과 그보다 훨씬 덜한 원자력 발전소의 위험성 간의 차이에 대해 국민들이 납득할 만큼 충분한 설명이 전혀 이루어지지 않았던 것이다.[11] 지나고 나서 보니, 분명한 사실은 정부가 당시 이러한 차이점을 명확하게 할 수 있었음에도 그렇게 하지 못했다는 것이다. 어찌 됐든 간에 불신은 핵 문제뿐만 아니라 다른 문제들에서도 좀처럼 사라지지 않고 있다.

방사선

대중들의 원자력 공포감에 대한 또 다른 문제는 아주 낮은 수준의 방사선 노출에 관한 것이다. 낮은 수준의 방사선은 위험성이 거의 없다. 하지만 불행하게도 정부나 과학계 모두 낮은 수준의 방사선 노출에 관한 실질적인 지침을 만들지도 않고 일반인들에게 제대로 알리지도 않았다. 높은 수준의 방사선에 노출되는 것은 매우 위험하고 종종 치명적이라는 것은 잘 알려진 사실이다. 핵폭탄으로 인해 방사선에 노출된 많은 사람들의 죽음이 이를 말해준다. 그러나 매우 낮은 수준의 방사선(예를 들어 일반 병원이나 치과병원에서 사용하는 엑스선, 지구에서 나오는 자연방사선, 또는 원자력 발전소 주변에서 발생하는 미량의 방사선)에 노출됨으로써 건강상 위해를 입는 경우는 지금까지 발견된 적이 없다. 유사한 비유로 수면제를 한번 생각해 보자. 만약 한 사람이 50알의 수면제(높은 수준의 노출)를 복용한다면 죽을 수도 있겠지만, 50명이 각각 한 알씩(낮은 수준의 노출)을 먹는다면 과연 그중 한 사람이 죽게 될까? 당연히 그렇지 않다.

현재 정부의 방사선 기준들은 방사선 노출 정도에 따른 위험도가 불검출(0)에서부터 고농도까지 산술적 비례로 증가한다는 가정에 바탕을 두고 있다. 하지만 매우 낮은 수준의 방사선에 노출됐을 때 심각한 위험을 초래했다는 어떠한 경험적 증거도 존재하지 않는다. 심지어 일부 전문가들은 낮은 수준의 방사선에 노출되는 것이 오히려 건강에 도움을 준다고 믿는다. 물론 이러한 효과를 뒷받침해주는 경험적 증거도 역시 없다. 노출의 수준과는 상관없이 모든 방사선을 악마로 만들어 버리고, 실제로 방사능 물질이 거의 노출되지 않고 정상적으로 가동되고 있는 원자력 발전소 근처에 있는 것만으로도 많은 사람들이 두려움을 느낀다는 것은 조금 이상하지 않은가?

원자력의 부활

원자력이 미국을 위한 실질적인 대안이 될 수밖에 없다는 여론 조사에도 불구하고, 원자력에 대한 공포가 미국인들의 마음에 너무 깊이 박혀 있어 다음 한 세대가 지나야 될 것 같다. 그러나 지금처럼 지구온난화에 대한 우려가 계속된다면, 원자력 발전이 화석연료와 달리 대기 중으로 이산화탄소나 그 밖의 다른 온실 가스를 배출하지 않는다는 이점(물론 모든 발전소가 열을 배출하지만) 때문에 원자력의 부활이 앞당겨질 수도 있다. 만약 선진국이 교토의정서에 규정한 데로 지구온난화를 사전에 예방하기 위해 엄청난 비용을 들여서라도 화석연료의 사용을 실제 줄이기 시작한다면, 원자력 발전은 전력 부족량을 채울 수 있는 유일한 대안이 될 것이 거의 확실하다. 태양력, 풍력, 생물자원과 같은 재생가능 전력자원이 유용할지는 모르나, 공급할 수 있는 양이 적어 이것만으로는 부족량을 채울 수 없기 때문이다(10장 참조).

원자력 발전이 부활하기 위해서는 넘어야 할 몇 가지 중대한 장애물이 있다. 새로운 발전소를 건설하는데 드는 비용이 그중 하나다. 원자력 발전소의 건설비용(킬로와트당 약 2,000달러)이 비슷한 규모의 태양에너지나 풍력발전소보다는 상당히 덜 들지만, 건설비용이 적게 들면서 가동 효율이 높고 연료의 가격도 경쟁력이 있는 최신 기술(합병 순환 기술)의 천연가스 발전소(킬로와트당 약 500달러)나 석탄 발전소(킬로와트당 약 1,200달러)와 경쟁을 하기에는 아직 건설비용 부담이 크다. 게다가 천연가스 발전소 건설의 또 다른 장점은 초기 비용이 적다는 것인데, 원자력 발전소가 60~75%인 것에 비해 천연가스 발전소는 약 25%이다. 하지만 최근 들어 천연가스 가격의 경쟁력은 많이 떨어졌다. 넉넉하지 않은 공급에 수요는 늘어나다 보니 미국의 천연가스 가격이 최근 대부분 지역에서 4배, 캘리포니아에서는 10배까지 높이 치솟고 있다. 천연가스 가격이 계속 오르고, 기후변화에 대한 우려가 화석연료로부터 방출되는 이산화탄소에 무거운 세금을 부과하게 될 경우, 새로운 원자력 발전소는 기초 전력시장에서 경쟁력을 가질 수 있을 것으로 보인다. 또한 기존의 원자력 발전소는 상황이 이보다 훨씬 더 좋다. 왜냐하면 투자비가 대부분 할부 상환됐고 운영비, 유지비, 연료 공급비 비교적 싸기 때문이다. 이것이 바로 원자력 산업계가 발전소 운영허가 기간을 연장하는데 높은 관심을 보이는 이유다.[12]

핵 폐기물

원자력 발전의 부활을 막는 또 다른 주요 장애물은 바로 폐기물 문제다. 발전소 가동으로 발생하는 폐연료를 안전하게 저장할 수 있을 것인가? NIMBY(Not In My Back Yard)라는 단어는 폐연료 저장에 대한 일반인들의 태도를 단적으로 나타낸다. 이 문제는 정치적으로도 매우 민감한 사항이기 때문에, 지난 수십 년간 원자력 발전소에서 발생한 폐기물을 전 세계적으로 발전소 주변의 지상 임시저장고(미국에서만 31곳)에 보관해왔다. 그러나 이러한 지상 저장은 지하 영구 저장에 비해 훨씬 더 위험하다(특히 테러리스트들의 공격 때문에). 지하에 영구저장고를 건설하자는 제안은 계속되고 있지만 실현되지 않고 있다.

정치적이고 기술적인 문제 때문에, 아마 원자력 폐기물 저장고의 수는 세계적으로 절대로 많아질 수가 없을 것이다. 미국 에너지성은 현재 미국 내에서 가동 중인 100여 곳의 원자력 발전소에서 나오는 폐기물을 영구 보관할 수 있는 하나의 저장소를 네바다주 유카산(Yucca Mountain)에 만들기 위해 최선의 노력을 다하고 있다. 광범위한 연구가 이루어졌고, 유카 지역의 건조한 기후와 저장고의 설계가 핵폐기물을 장기간 안전하게 보관하는데 적합하다는 결론을 내렸다. 하지만 여전히 불확실한 부분도 있는 것이 사실이다. 예를 들면, 수백 년 동안 지하수가 미세한 바위틈을 통해 저장고로 스며들게 됨으로서 오염이 될 가능성이 있다. 그리고 단지 10여 년 동안 얻은 저장고의 자료로 수천 년 동안을 추정해야 한다는 사실이 본질적으로 불확실성을 포함하고 있는 것이다.[13]

유카산 저장고에 반드시 필요한 것이 방사능 폐기물에서 발생되는 열을 제거해주는 것인데, 이것은 저장 공간을 환기시키거나 폐기물을 담은 드럼통의 간격을 넓게 띄우는 방법으로 해결될 수 있다. 여기서 발생하는 열량이 아마 저장고의 최종 수용량을 결정하게 될 것이다. 또한 그 지역의 지질 단층 구조를 조사하여 장기적 지진 피해 가능성에 대한 연구해야 한다.[14] 이러한 기술적인 문제 해결이 미국 에너지성이 2010년까지 유카산에 저장소를 건설할 수 있도록 원자력위원회로부터 허가를 받는 데 주요하게 작용할 것이다.

기술적인 문제 외에도 영구적인 폐연료 저장시설을 건설하는데 장애물이 되는 것이 정치적 반대인데, 네바다주에서는 아직도 반대가 매우 강하다. 그리고 이것은 주 정부와 연방 정부 간에 분쟁에서 주 정부가 갖는 권리 차원의 문제로 추정된다. 원자력위원회가 기술적인 우수성 때문에 유카산에 건설하는 것을 허가하더라도, 이 논쟁의 최종 결정은 주의 이해관계보다 우선하는 하원의 결정에 따라야 하고 마지막으로 다시 연방 법정으로 갈 수도 있다. 이 불확실한 상황에서 핵폐기물 저장 문제가 기술적으로나 정치적으로 해결점을 찾기까지는 수십 년이 걸릴 수도 있다.

핵연료 재처리 과정

사용한 폐연료로부터 화학적인 재처리과정을 통해서 새로운 핵연료로 사용할 수 있는 순수한 플루토늄을 분리해 내는 일은 경제성은 몰라도 기술적으로는 어쨌든 가능한 일이다. 핵폐기물 저장고 또한 미래에 방사능 수준이 크게 떨어졌을 때 폐연료 핵심부분을 재처리할 수 있도록 설계할 수 있다. 자원 보존 차원에서 폐연료를 재처리하는 것이 현재로는 경제성이 없는 것처럼 보이기는 하지만, 저렴한 우라늄의 매장량이 점점 줄어들면서 미래에는 경제성을 확보할 수도 있다. 그러나 물리학자 존 홀드런(John Holdren)은 한 번 사용된 낮은 함량의 우라늄 연료의 재처리 공정이 경쟁력을 가지려면 우라늄 가격이

현재보다 10배 이상 올라야 한다고 지적하기도 했다.[15]

폐연료 재처리에 관한 또 다른 논쟁은 이렇게 생산된 순수한 플루토늄으로 비밀리에 핵폭탄을 생산할 수도 있다는 점이다. 사실 영국, 프랑스, 러시아, 일본, 인도 등이 현재 재처리 시설을 가동하고 있고, 폐연료로부터 매년 2,000개가 넘는 핵폭탄을 만들어낼 만큼 충분한 순수 플루토늄을 분리해낼 수 있다. 재처리 공장과 플루토늄 제조 공장은 안전하게 보호하기도 어렵고, 소유국이 분리해낸 플루토늄으로 핵무기를 만들 수 있는 위험도 있을 뿐만 아니라 핵을 원하는 다른 국가나 단체에 탈취당할 위험도 있다.[16] 물론 이러한 위험성은 플루토늄의 교역을 방지하고 재처리를 중단하는 국제조약을 체결하는 방법으로 완전히 근절하지는 못해도 줄일 수는 있을 것이다. 현재 미국은 원자력 발전용이나 핵무기 개발을 위한 플루토늄 재처리 공정은 전혀 가동하고 있지 않다.[17]

증식 원자로

'증식 원자로'는 자연 우라늄으로부터 얻을 수 있는 핵연료의 양을 크게 증가시키는 원자로의 한 형태이다. 일반적인 원자로가 우라늄-235(^{235}U)의 1%도 채 안 되는 부분을 연료로 활용할 수 있는 반면, 증식로는 나머지 99% 이상의 우라늄-238(^{238}U)을 핵연료의 하나인 플루토늄으로 바꾸어 준다. 만약 이러한 형태의 원자로가 안전성과 시장 경쟁력을 확보할 수 있다면, 이것은 앞에서 이미 언급했듯이 향후 수천 년간 핵연료 사용을 보장해주는 셈이다. 최근 수십 년간 미국, 영국, 프랑스, 일본, 러시아는 대규모 증식 원자로 연구개발 프로그램을 진행했다. 그러나 미국과 영국은 1994년에 이 프로그램을 중단했고 일본은 1995년, 프랑스는 1998년에 증식 원자로를 폐쇄했다. 증식로 기술에 과도한 비용이 드는데다 기술성이나 안정성 문제가 모든 프로그램에서 제기됐다. 더욱 중요한 것은 증식로에서 만들어지는 플루토늄이 핵무기 원료로 직접 이용될 수 있다는 점이다. 이에 대한 기술적인 해결책을 결국 개발해낼 수 있을지 모르지만, 어쨌든 플루토늄이 핵무기의 제조에 사용될 가능성은 매우 심각한 문제로 인식되고 있다. 하여튼 앞으로 최소한 수십 년간 증식로는 경제적으로나 자원 측면에서 정당성을 인정받지 못할 것이기 때문에, 증식로 기술이 가까운 시일 내에 상용화될 가망은 별로 없어 보인다.

원자력의 미래

모든 요인을 다 고려하여 원자력 발전의 미래를 진단해보면, 결국 원자력 발전소 가동에서 나타나는 안전성이 미래를 결정하는 가장 중요한 요인이 될 것이다. 왜냐하면 이것이 원자력 발전에 대해 일반 국민들이 확신을 갖도록 하는 가장 결정적인 요인이 될 것이기 때문이다. 지금까지는 그 성과가 매우 좋은 편이다. 미국에서 원자력 발전소를 가동한 40여 년 동안 다른 에너지와 관련하여 수천 건의 치명적인 사고가 일어났지만, 원자력 발전소나 핵폐기물에서의 방사선 누출로 인해 인명을 잃은 사고는 단 한 건도 보고된 적이 없다. 미국 국립과학위원회(National Academy of Sciences)는 1992년 자국 내 원자력 발전소를 검토하면서 다음과 같은 결론을 내렸다.

- 현재 미국에서 가동 중인 원자로가 국민의 건강에 위해를 줄 가능성은 매우 낮다. 기본적으로 원자로는 안전하다고 볼 수 있다.
- 상당수의 국민들이 이와는 달리 생각하고 있다. 이들은 안전성이 향상될 수 있으며, 또 되어야 한다고 믿고 있다.
- 원자로 가동 경험 축적, 가동 인력의 능력 향상, 유지·보수 교육 프로그램 개선, 안전성 연구, 철저한 검사, 위해성 확률 분석의 생산적 활용 등을 통하여 안전성은 꾸준히 증가하고 있다. 많은 경우 이러한 안전성 증가는 간결성, 신뢰성, 경제성 향상과 매우 밀접하게 관련되어 있다.[18]

원자력 발전에 대한 대중의 관심이 다시 높아질 것이 예상되면서 발전소의 안전성은 더욱 높이고, 사람들에게 미칠 수 있는 위해성은 크게 줄인 새로운 원자력 발전 시스템들이 개발되고 있다.[19] 이 새로운 방식의 안전장치들은 그 시스템이 기본적으로 가지는 물리적 성질에 따라 조절되며, 심각한 오작동이 발생할 경우에도 기계를 조작하는 사람이 중단하거나 컴퓨터가 이를 조절할 필요가 없다.

이 책의 주제로 돌아가서, 원자력 발전이 개발도상국의 전력 증대에 얼마나 기여할 수 있을지를 다루는 것도 의미가 있을 것이다. 아마 여기에 밀접하게 관련되어 있는 사항은 원자력 발전 시스템의 매우 복잡한 요소들이다. 건설에 막대한 투자비용이 드는 것과, 안전하고 효율적인 가동을 위해 정교하면서도 매우 철저한 감시 체계가 필요하다는 것을 생각해볼 수 있다. 후자와 관련지어, 물론 선진국에서 지금까지 기록한 것을 보면 원자력 발전소가 훨씬 더 안전하기는 하지만 원자력 발전 산업은 항공 산업과도 매우 유사하다. 빠른 경제 성장을 보이는 동남아시아에서는 원자력 발전소 건설을 위한 자본이나 기반 시설이 이미 갖추어져 있는 경우도 있다. 그래서 몇몇 원자력 발전소가 건설 예정이거나 현재 건설 중에 있다. 이와 반대로 세계의 최빈국들은 자본 구조가 좀 더 튼튼해지고 기술적·행정적 기반이 모두 갖추어지기 전까지는 원자력 발전을 이용할 처지가 못 된다. 중국의 경우가 매우 흥미롭다. 중국은 이미 엄청난 양의 석탄 자원을 보유하고 있음에도, 앞으로 이 분야에 기술력을 확실히 하기 위해 많은 수의 원자력 발전소를 건설하는데 전념하고 있다. 그러나 석탄은 여전히 중국의 전력생산에서 큰 비중을 차지할 것이 확실하다. 재래식 석탄 기술이 환경에 미치는 영향이 원자력 발전소보다 훨씬 더 크지만, 아마 대부분의 개발도상국들은 일반적으로 전력생산을 위해 화석연료, 특히 석탄에 계속 의존할 것이다.

1   International Atomic Energy Agency, Newsbriefs, Vienna (March 2000).

2   R.L. Garwin, Can the World Do without Nuclear Power? Can the World Live with Nuclear Power? (Paper presented to Nuclear Control Institute, Washington DC, April 9, 2001).

3   Bernard Cohen, The Nuclear Energy Option: An Alternative for the '90s (New York: Plenum Press, 1990). 현재 해수에서 추출하는 우라늄의 생산비는 육상에서 채취하는 우라늄 시장 판매가의 최소 50배가 넘는다. 그러나 이러한 비용은 향후 50년 내에는 육상에서 생산되는 우라늄에 대해 경쟁력을 가질 수 있을 것이다.

4   증식로의 개발은 이것이 플루토늄을 생산하기 때문에 논란이 되고 있다. 여기서 생산된 플루토늄은 전력을 생산하는 데 연료로 사용되기도 하고 핵무기의 폭발성 재료로도 사용될 수 있다. 이 장의 뒷부분에 나오는 증식로에 관한 설명 참고.

5   P. Slovik, "Perceived Risk, Trust, and Democracy" Risk Analysis 13(6)(1993); 675; idem, "Perception of Risk" Science 236(1987): 280.

6   이러한 생각도 변하고 있다. 캘리포니아 주에서 2001년 5월에 Field Institute가 독자적으로 실시한 여론 조사를 보면 주민의 59%가 주 내에 새로운 원자력 발전소를 건설하는 것에 대해 찬성하고, 36%가 반대하고 5%가 모르겠다고 답했다. 이것은 1984년에 나왔던 결과와는 정반대인데, 당시에는 주민의 32%만이 새로운 원자력 발전소에 대해 호의적이었다. 또한 산업계인 Nuclear Energy Institute의 지원을 받아 이루어진 전국적인 여론 조사에 따르면 핵 발전에 대한 대중들의 관점이 부드러워졌다는 것을 알 수 있다. "우리는 미래에 더 많은 원자력 발전소를 반드시 세워야 한다"라는 주장에 대해 긍정적으로 대답한 응답자가 2001년 3월에는 66%로 나타났다. 이것은 1999년 8월에 42%였던 것과 비교된다.

7   International Atomic Energy Agency, European Commission, and World Health Organization, International Conference: One Decade after Chernobyl (Vienna,

April 8-12, 1996).

8   William C. Sailor, David Bodansky, Chaim Braun, Steve Fetter and Bob van der
     Zwaan, "A Nuclear Solution to Climate Change" Science 288 (19 May 2000): 1177.

9   Spencer R. Weart, Nuclear Fear (Cambridge, MA: Harvard University Press, 1988).

10   Sailor et al., "A Nuclear Solution to Climate Change."

11   원자력 방사선의 영향에 관한 유엔 특별위원회는 528회에 걸친 대기 중에서의
     핵무기 실험은 약 30만 명의 사망을 유발하는 것으로 예측했다. 반면에 체르노
     빌 사고로 인해 2만 4,000명이 암으로 사망할 것으로 예측했다. 이에 비해, 단
     일 원자로의 정상 작동과 관련해서 채굴, 폐기물, 원자로 가동까지 모든 '연료 순
     환' 과정으로 인한 암 발생 사망자는 연간 약 6명이다. Garwin의 Can the World
     Live without Nuclear Power? 참고.

12   R.A. Meserve, "What the National Energy Strategy Means for the Nuclear Power
     Industry" (Speech presented to the Energy Investor Policy and Regulation Conference,
     New York City, December 4, 2001).

13   U. S. Nuclear Waste Technical Review Board, Report to the U.S. Congress and
     the Secretary of Energy (Washington, DC, 1999).

14   D.A. Ponce, Interpretative Geophysical Fault Map across the Central
     Block of Yucca Mountain, Nevada, U.S. Geological Survey open-fit report
     96-285(Washington, DC, 1996).

15   John P. Holdren, Improving U.S. Energy Security and Reducing Greenhouse-Gas
     Emissions: What Role for Nuclear Energy? Testimony before Subcommittee on
     Energy and Environment, House Committee on Science, 106th Cong., 2d sess.,
     July 25, 2000.

16   상동.

17   President Bill Clinton, "Non Proliferation and Export Control Policy" Presidential
     Decision Directive, September 27, 1993, Federal Register (January 21, 1997).

18   Committee on Future Nuclear Power Development, National Research Council,
     Nuclear Power: Technical and Institutional Options for the Future (Washington,
     DC: National Academy Press, 1992).

19   U.S. Nuclear Regulatory Commission, Final Safety Evaluation Report Related to
     the Certification of the Advanced Boiling Water Reactor Design, NUREG report
     no. 1503 (Washington, DC, 1994); Sailor et al., "A Nuclear Solution to Climate
     Change."

제12장
교통, 가난은 부동 부는 이동

가난한 나라와 부유한 나라는 사람의 이동 거리에서 큰 차이가 난다. 가난한 나라는 영세한 농부가 농산물을 팔고 가족의 생필품을 사기 위해 하루 동안 걸어서 겨우 몇 km를 이동하는데 비해, 부유한 나라는 사업가나 관광객들이 편안하게 비행기에 앉아서 하루 동안 지구의 반을 이동한다.

가난은 부동, 부는 이동이라는 등식은 항상 성립되는 관계다. 이처럼 이동성은 인류 문명이 발전해가는 주요 목표이자 발전 정도를 나타내주는 좋은 지표다. 미국에서 산업화가 이루어지는 시기에 철도 기술은 이동성을 증가시켰고 넓은 대륙에 새로운 기회를 열어주었다. 제2차 세계대전 후 선진국에서 자가용이 일반화되면서 그 어느 때보다 이동성이 높아졌다. 사람들은 운송 수단으로 출퇴근하고 재화와 용역을 공급하게 됐다. 자가용은 사람들이 주택을 가질 수 있는 영역을 멀리까지 넓혔고, 휴가 여행을 즐길 수 있도록 했으며, 경제 규모를 확대했다. 최근 몇십 년 동안 많은 개발도상국들은 부유한 나라처럼 이동성을 높이기 위해 꾸준히 노력했다. 그 결과 극도로 가난한 나라를 제외한 대부분의 나라에서 자동차 수가 계속 증가했다.

모든 문명의 발전에서 나타나는 것처럼 운송 시스템도 환경에 혜택과 피해, 두 가지 영향을 모두 준다. 이런 현상은 선진국과 개발도상국에서 함께 나타난다. 20세기 초 미국에 자동차가 등장함에 따라 심한 악취를 풍기고 병균이 득실거리던 수천 톤의 동물 배설물이 거리에서 점차 사라지게 됐다. 자동차가 준 이런 긍정적인 환경 영향을 우리는 때때로 잊어버리곤 한다. 하지만 제2차 세계대전 후 자동차가 급속히 증가하여 도시의 거리에 엄청나게 몰려들자 대기오염이나 교통체증과 같은 부정적인 영향이 전면에 부각됐다. 선진국에서는 지난 30년 동안 꾸준히 노력한 결과 대기오염이 계속 줄어들었지만 개발도상국에서 대기오염과의 전쟁은 이제 겨우 시작됐다(대기오염에 관해서는 제8장 참고). 대기오염과는 반대로 교통체증은 계속 악화되고 있으며, 선진국이나 개발도상국 할 것 없이 자동차가 많은 도시에서 큰 문제로 남아있다.

선진국에는 현재 5억 대 이상의 자동차와 트럭이 도로에 굴러다니고 있다. 이것은 인구 1,000명당 700명에 가까운 사람이 자동차를 소유하고 있다는 얘기다. 특히 미국과 캐나다에서 자동차 소유는 이미 포화 상태에 이르고 있다. 부자들이 특별한 목적으로 여러 대의 차를 소유하기는 하지만 그로 인해 자동차 수가 크게 늘어날 것 같지는 않다. 이와는 달리 개발도상국에서는 아직도 자동차 수가 빠르게 증가하고 있다. 현재 개발도상국에는 대략 50억의 인구와 1억 5,000만 대의 자동차가 있는 것으로 추산된다. 평균 1,000명당 30대의 자동차가 있다는 얘기다. 아주 가난한 나라 중 하나인 방글라데시는 인구 1,000명당 1.1대의 자동차가 있다.[1] 만일 토머스 맬서스가 지금 살아 있었더라면 개발도상국의 자동차 수가 현재 선진국의 비율까지 증가할 것이라는 시나리오를 만들었을지도 모를 일이다. 이 시나리오에 따르면 세계에는 42억대의 차가 존재하게 된다. 매연을 내뿜는 고물 승용차, 트럭, 버스가 지금보다 훨씬 더 빽빽이 들어서 있는 개발도상국의 거대 도시를 상상해보면 진절머리가 날 것이다.

다행히도 자동차의 미래는 맬서스의 시나리오와는 좀 다를 것 같다. 첫째, 자동차 수가 가까운 미래에 절대로 42억 대 정도 될 수 없을 것이다. 한 연구는 세계 자동차의 수가 2020년에 11억대에 이를 것으로 예측했다. 이러한 증가는 선진국의 1996년 자동차 비율과 거의 같은 수준이다.[2] 급격한 자동차의 증가와 교통체증에 관한 문제들은 아마 지구 전체 수준에서 관리될 수 있을 것이다. 둘째, 기술혁신을 통해 효율적인 연료 사용과 공해 물질을 배출하지 않는 획기적인 새로운 세대의 자동차 개발이 눈앞에 와 있다. 이러한 슈퍼 자동차의 초기 모델이 이미 선진국 시장에 진출했고, 아마 10년 내에 개발도상국까지 가게 될 것이다. 이러한 자동차는 앞으로 반세기 동안 세계 도시의 환경을 완전히 바꿔놓을 가능성이 있다.

새로운 슈퍼 자동차 세대
점점 더 많은 사람들이 개인의 자유로운 운송수단을 원하기 때문에 몇십 년 안에 자동차 수는 필연적으로 증가하겠지만, 인간이 이러한 자유를 누림으로써 도시나 지리적 권역, 나아가서는 지구 전체와 같은 물리적인 환경이 필연적으로 고통을 겪어야 하는 것은 아니다. 21세기 첨단 자동차 기술의 혁명은 현재 조용히 진행되고 있으며, 이 기술로 생산되는 자동차는 매우 깨끗하게 운행되어 미래에 세계 자동차 수가 지금보다 2배로 늘어도 오염은 현저히 줄어들 것이다. 선진국에서는 반세기 안에 새로운 첨단 기술차가 지금의 내연기관 자동차를 거의 대체할 것이다. 비록 새로운 기술의 자동차가 개발도상국에는 조금 느리게 도입될지라도 이것이 환경오염과 교통체증 그리고 황폐화된 대도시를 다시 회복시키는 결정적인 역할을 하게 될 것이다.

새로운 자동차는 전통적인 가솔린 엔진의 장점과 순수한 전기 모터 엔진의 장점을 결합한 것이다. 그래서 하이브리드라 부른다. 하이브리드는 기본적으로 전기 자동차이지만 운전 중 배터리를 충전할 수 있도록 차내에 작은 내연 엔진을 갖추고 있다. 배터리로만 움직이는 순수 전기 자동차는 충전에 몇 시간 또는 하룻밤 정도 걸리고, 충전이 되어도 멀리 달릴 수 없기 때문에 소비자를 만족시키지 못했다. 그러나 하이브리드는 운전 중에도 계속 충전이 일어나 배터리가 오래 견딜 수 있도록 하여 이러한 단점을 극복했다. 반면 내장된 작은 가솔린 엔진은 연료를 주입해야 한다. 주유소에서 연료를 채우는 데는 몇 분 걸리지 않는다. 하이브리드의 이중 동력 시스템은 설계가 좀 복잡하지만 사용하는 기술의 대부분(전지 시스템을 제외한)은 단순하고 이미 잘 알려져 있다. 소수의 새로운 원리가 수반되기 때문에 하이브리드의 개발은 일종의 진화로 생각할 수 있다. 하지만 하이브리드 차가 지구

환경과 세계의 자원 사용에 미치는 영향은 가히 혁명적이라고 할 수 있다.[3]

하이브리드 기술은 빠르게 발전하고 있으며 2010년 내에 이 하이브리드 차가 전통적인 세계 자동차 대열에 합류하기 시작할 것이다. 2002년에 세계적인 자동차 회사 두 곳(혼다, 도요타)에서 이미 소형 하이브리드 모델을 미국 시장에 내놓았고, 미국의 빅 3(GM, 포드, 크라이슬러)는 2005년까지 모델을 내놓을 것이다. 이 모델들은 오늘날의 소형차에 필적하는 수준의 안락함과 안전성에 연료 효율이 매우 높고 오염도가 낮은 미래 자동차의 선구자다. 지금 생산되고 있는 초기 하이브리드 차는 비슷한 크기의 일반 가솔린 엔진을 장착한 소형차와 비교하면 가격이 매우 비싸다. 그러나 앞으로 기본적인 기술 측면에서 일반 차와 가격 경쟁이 안 될 이유는 전혀 없다. 그뿐만 아니라 환경을 중시하는 선진국에서 소비자들의 선호도가 클 것으로 예상되며, 이로써 아마 2010년 내에 생산이 증가하고 생산 단가와 가격이 낮아질 것이다.[4]

하이브리드의 주된 목표는 동력과 편안함을 갖추고, 가격은 지금의 자동차와 비슷하지만 연료 효율은 높고 대기오염도는 매우 낮은 자동차를 만들어내는 것이다. 최근 미국 정부와 여러 자동차 제조업체가 맺은 연구개발 제휴로 세운 야심찬 목표가 달성된다면, 하이브리드 자동차는 지금 모델의 약 3배에 해당하는 갤런당 129km의 연료 효율, 기존 모델의 8분의 1에 불과한 오염 배출을 이루게 될 것 이다. 이 목표는 꿈이 아니고 실제로 달성 가능하다. 이 정도의 기술을 개발하는 데 필연적으로 따르는 손실을 감수한다면, 2010년까지는 여러 제조회사에서 생산한 실질적인 하이브리드 자동차들이 세계에 대량 공급될 것으로 확신할 수 있다. 이때 세계 시장으로 진출은 정부 규제와 세금 정책, 그리고 개발도상국의 경제 성장과 같은 여러 요인들에 의해 좌우될 것이다.

가솔린과 전기로 작동하는 하이브리드 자동차는 현재 상용화에 가장 가까이 있는 개념이지만 높은 연료 효율과 매우 낮은 오염을 실현시키는 유일한 첨단 기술은 결코 아니다. 장기적으로 가장 잠재력이 큰 기술은 아마 연료전지로 작동하는 전기 자동차일 것이다. 이러한 형태의 자동차는 기존의 배터리가 아닌 내장된 연료전지로부터 전력을 얻는 전기모터로 움직인다. 연료전지는 기존 배터리의 재생 불가능한 고체 전극이 아닌 재충전이 가능한 기체나 액체 연료(수소나 메탄올과 같은)로부터 전기를 발생시킨다. 대부분의 연료전지 자동차는 오염을 전혀 배출하지 않는 전기 모터로만 작동하기 때문에 오염이 전무한 자동차다. 반면에 하이브리드 자동차는 작은 내연 엔진 때문에 매우 적은 양이지만 오염물질을 배출한다.

연료전지 자동차는 많은 자동차 제조 회사들이 현재 집중 수행하는 고비용의 연구개발 프로그램이다. 그중 일부 회사는 정부의 보조금을 지원받기도 하고, 많은 회사들은 독자적으로 연료전지만 개발하는 연구를 수행하기도 한다. 현재 실험중인 연료전지는 자동차에 실제로 사용하기에는 너무 크고 무겁다. 그러나 자동차 제조업체인 다임러크라이슬러(Daimler Chrysler)는 2003년까지 연료전지로 작동하는 여러 대의 시내버스를 만드는 계획을 내놓았다. 연료전지와 하이브리드 간에 피할 수 없는 시장 경쟁이 일어나게 되면 소비자는 당연히 수혜자가

되고, 자동차 문화로 인한 대기질 악화는 영원히 사라질 것이며, 세계 석유 의존도는 아마 급격히 줄어들 것이다.

앞에서 주장했듯이 새로운 기술로 만드는 자동차는 지금보다 숫자가 2배 증가해도 배출 오염은 크게 줄어든다. 제1세대 하이브리드 자동차가 현행 미국 대기오염 규제의 약 8분의 1에 해당하는 오염물질을 배출할 것이라는 사실로부터 이러한 예측이 매우 보수적임을 알 수 있다. 배출 오염물질이 다른 하이브리드 자동차에 비해 2배가 되는 대형 하이브리드 차가 늘어난다고 가정해도 대기오염은 지금보다 훨씬 낮아진다. 그리고 앞에서 이야기한 것처럼 연료전지 자동차는 기본적으로 어떠한 오염도 배출하지 않는다. 자동차 시장에서 하이브리드와 연료전지 기술 중 어떤 것이 성공하든 가장 큰 이익을 보는 것은 환경이다. 왜냐하면 하이브리드와 연료전지 자동차 모두 기존의 내연기관보다 훨씬 좋은 청정기술로 움직이기 때문이다.

자동차에 대한 현대인의 애착은 줄어들 기미가 보이지 않는다. 하지만 미래에는 그 애착이 지향하는 바는 지금과는 확실히 다를 것이다. 앞으로 반세기가 채 지나기도 전에 연료를 많이 소비하고 공기를 오염시키는 자동차는 더 이상 생산되지 않을 것이며, 선진국은 이런 자동차가 거리에 굴러다니는 것조차 더 이상 허용하지 않을 것이다. 게다가 새로운 자동차는 최소한 기존의 차가 제공하는 힘과 편안함, 그리고 안정성을 제공할 것이다. 이 대단한 변화를 만들어 내는 기술의 발전은 주로 선진국에서 기업과 정부의 엄청난 연구개발 투자에 의해 이루어질 것이다. 또한 선진국과 개발도상국에서 형성될 수많은 환경 선호 고객의 선택도 중요한 역할을 할 것이다. 그리고 그 선택은 아마 자유와 부의 성장에 의해 가능해질 것이다.

도시의 교통체증

비록 자동차가 연료 효율이 높고 오염물질을 배출하지 않더라도 여전히 많은 공간을 차지할 수밖에 없다. 세계에서 가장 뛰어난 자동차라도 교통정체에 빠져 있다면 사람과 물건을 옮길 수 없다. 또한 운전자의 시간과 인내심에는 한계가 있다. 이미 미국의 많은 도시에서 사람들은 통근하는 데 하루 한 시간 이상을 소비하고 있으며, 주요 도로에서 교통량이 최고에 달하는 아침저녁 시간에는 분당 몇 m밖에 못 움직인다. 미국 내 68개 도시에서 조사한 자료에 따르면, 운전자 1명당 평균 지체 시간이 1982~1997년 사이에 181% 증가했고 1992~1997년 사이에는 29% 증가했다.[5] 교통체증은 그것으로 인한 짜증은 접어두더라도 경제적으로 큰 손실을 발생시킨다. 1990년에 교통체증으로 미국 도시의 도로 위에서 버린 근무 시간과 연료 손실은 자그마치 430억 달러에 달한다.[6] 물건 배달의 지체로 인해 낮아진 기업의 생산성과 대기오염 증가를 포함한다면 실제 손실은 아마 더욱 엄청날 것이다.

대기오염이 인체에 피로를 유발하는 것처럼 도로 정체도 인체를 피로하게 한다. 그리고 대다수의 사람들이 앞으로 교통체증이 더 심해질 것이라고 생각한다.[7] 그러나 대기오염과는 달리 교통체증에 대한 효과적인 해결책은 아직까지 나오지 않았다. 미국이나 캐나다와 같이 자동차 위주로 생활 패턴이 형성된 나라에서는 사람들에게 자동차와 함께하는 생활을 그만두라고 하는 제안은 비현실적이다. 교통체증 해결 방안으로 현재 높은 지지를 얻고 있는 것은 다음과 같다. ① 도시의 도로망을 확장한다. ② 전철과 같은 레일 운송 시스템을 확충한다. ③ 대중 버스 시스템을 늘린다. ④ 차와 도로에 관련된 정보 및 자동화 시스템을 활용한다. ⑤ 교통체증 조세 부담과 같은 다양한 재정적 동기 유발 제도를 도입한다.

차량 증가와 도로 증가

세계적으로 자가용은 부와 자유의 보편적 상징이 됐으며 도시의 다른 어떤 교통수단보다 선호되고 있다. 편리하고 안락하며 다용도로 활용 가능하고, 게다가 갈아탈 필요 없이 도어 투 도어(door-to-door)가 가능한 특성은 어떤 교통수단도 자동차를 능가할 수 없다. 그래서 미국에서 자동차는 계속해서 증가하고 있다. 1975~1998년 사이에 자동차가 달린 거리는 2배로 늘었고, 미국의 주요 도로는 현재 638만 2,074km로 늘어났다(2002년 자료).[8] 하지만 계속되는 도로 확장에도 불구하고 교통체증은 점점 심해지고 있다. 특히 도시를 중심으로 한 고속도로망에서 정도가 심하며, 도시 지역에서 교통량이 최고에 달하는 시간 대의 반 이상이 도로 정체 상태다.

대부분의 도시에서 새로운 도로 건설이 교통문제를 완화하는 해법이라는 생각은 과거 20년 전에 비해 덜한 것 같다. 새로운 도로의 건설이 더 많은 차를 끌어들인다는 것이 법칙과 같음을 경험적으로 알게 됐다. 어떤 통근자는 기존 도로에서 새로운 도로로 바꾸어 출퇴근할 것이고, 어떤 이는 대중교통 수단을 버리고 다시 자가용으로 출퇴근할 것이며, 또 어떤 이는 여러 명이 한 대의 자가용으로 출근하다가 혼자 자가용을 타고 출근할 수도 있다. 도로를 확장하면 곧 정체 현상이 생겨나게 된다. 미국 내 도시에서 도로 건설은 계속 진행 중이다. 보스턴에서 대규모 도시 재개발 프로젝트의 일부로 중앙 간선도로와 터널이 건설되고 있지만 교통체증이 없어지는 것은 아마 일시적인 현상일 것이다. 반대로 샌프란시스코에서는 1989년 지진으로 파괴된 여러 개의 도로를 복구하지 않고 아예 없애버렸다. 현재 전국적으로 기존의 도로망을 효율적으로 사용하는 데 노력을 집중하고 있다.

대중교통 수단

대중교통 수단은 도시에 반드시 필요하다. 왜냐하면 많은 시민들이 너무 가난하거나 병들어서, 또는 어리거나 늙어서 운전을 할 수 없기 때문이다. 그렇다면 어떤 종류의 시스템이 시민들에게 가장 적합하며, 누가 여기에 필요한 자금을 지원할까? 선진국에서는 제2차 세계대전 이전에 도시의 주요 교통수단으로 철도와 같은 레일을 이용한 시스템을 많이 이용했다. 이런 교통 시스템은 자동차 문화가 확산되기 전인 20세기 초, 비교적 주택이 빽빽하게 들어차 있고 그곳에 직장이 있었던 런던, 뉴욕, 파리, 시카고와 같은 도시에 적합하게 설계됐다. 오늘날에도 전철은 여전히 도시 중심부에서 적절한 역할을 하고 있다. 하지만 그것만으로는 불규칙하게 계속 뻗어나가는 도시 외곽과 늘어나는 자가용 출퇴근, 그리고 그로 인해 점점 심각해지는 교통정체를 막을 수는 없었다. 특히 로스앤젤레스, 피닉스, 달라스 등과 같이 자동차 문화가 보급된 후에 완성된 도시들은 지리적으로 넓게 퍼져 있어 레일형 교통 시스템이 부적합하게 되어있다. 불행히도 이러한 도시의 도로 체계는 계속 증가하는 교통량을 수용하기에는 불가능하다는 것이 증명됐다. 레일형 대중교통 시스템은 계속해서 강력한 지지를 얻고 있다(특히 환경주의자와 도시계획자들로부터). 1970~1980년대에 샌프란시스코, 워싱턴, 샌디에이고에 건설된 레일형 대중교통 시스템은 지금까지 호응이 좋다. 그러나 워싱턴 전철은 국가 보조금으로 너무 많은 비용을 들여 건설하여 공간적 규모와 효율 면에서 뉴욕과 시카고의 오래된 전철과 비교된다.

미국 내 5,000개 이상의 대중교통 체계는 이용자 감소와 자금 부족이라는 두 가지 만성적인 문제로 고통을 받고 있다. 도심의 전차를 이용하는 시민이 적은 주된 이유는, 첫째, 도시가 교외로 확산됨으로써 자가용 이용자가 증가하고, 둘째, 도심의 전차와 경쟁이 될 만한 교외의 대중교통 수단이 있기 때문이다. 전통적으로 도심의 전차는 교외와 도심을 연결해주는데, 교외의 대중교통 수단은 교외와 도심 간의 연결보다 늘어나고 있는 교외에서 교외로 출퇴근하는 시민들이 많이 이용한다. 1984~1995년 사이 미국의 대중교통 시스템은 전체 승객 수의 약 15%를 잃었으며, 이 손실의 대부분은 대도시를 중심으로 일어났다.[9] 그 이후로 교통체증이 심해지고 통근 시간이 늘어나서 대중교통 수단 이용자 수는 다시 늘어났고 1999년에 원래대로 회복됐다. 이러한 역전으로 미래에 대중교통이 시민들의 이동 욕구에 크게 기여할 수 있을 것이라는 낙관론이 교통 전문가들 사이에 증가하고 있다. 하지만 대중교통 수단의 최근 재정 내역을 보면 미래에 이 분야에서 공공 자금을 지원받는 것은 낙관할 수 없다. 운행되고 있는 시스템 중에서 가장 효율적인 것조차 승객들이 내는 요금으로는 운영비의 반도

충당이 안 된다. 대중교통 이용을 장려하기 위해 요금을 아주 낮게 책정했다.

대중교통 운영비는 급속히 증가해왔으며 정부나 지역 납세자가 대부분의 부족분을 보충해야 한다. 1988~1998년 사이 미국 대중교통에 대한 연방, 주, 지방 도시의 투자는 38억 달러에서 71억 달러로 거의 2배 증가했다.[10] 그리고 주 정부와 지방 정부는 대중교통을 위해 연방 고속도로 기금에서 49억 달러를 사용했다. 그러나 비용이 초과 지출되고 지출된 비용은 충분히 회수되지 못하고 있으며, 공공 자금이 투자된 대중교통 시스템의 비효율적인 운영으로 인해 대중교통에 민간 자본을 투자하는 것이 좋다고 생각하는 사람들은 대중교통 공공자금 보조에 대한 반대 목소리를 계속 높이고 있다.

경전철 시스템에 대한 비판은 적은 투자에도 효과적인 운송수단이 될 수 있는 버스노선 확대를 선호하게 한다. 전철에 비해 버스의 장점은 운행 경로에 융통성이 있으며 하루 동안 변화하는 승객 수에 따라 조절이 용이하다는 것이다. 단점은 전용 차선이 따로 없으면 교통체증을 크게 줄이지 못한다는 것과 전철보다 일반적으로 덜 안락하며 질이 낮은 교통수단으로 인식되고 있다는 것이다. 그러나 눈에 띄는 좋은 성공사례도 있다. 승용차 이용을 아주 좋아하는 휴스턴은 주정부 판매세(Sales tax)에 1센트를 부과하여 확보한 자금으로 114km에 달하는 버스와 카풀 전용 차선을 건설하여 도로정체를 줄이는데 성공했다.

차량 자동화 및 정보 시스템

컴퓨터를 이용한 자동차 제어시스템(항공기 자동 조절 장치와 같은)으로 도로 체증을 줄이려는 노력이 진행되고 있다. 이것은 차와 차 사이 간격을 좁게 그리고 안전하게 유지시킴으로써 자동차의 도로 공간 사용 효율을 크게 증가시킨다. 현재 산업체에서 차량 자동화 기술에 대한 희망은 크지만 아직 초기 단계이기 때문에, 이러한 형태의 기술이 언제 개발될 것이며 얼마나 개선해주고 승객의 안전을 향상시켜줄지 말하기 어렵다.

더욱 효율적인 도로 사용을 위해 시도하는 다른 방법은 운전자와 도로 관리자에게 각 도로의 교통량과 속도가 얼마인지를 알려주는 컴퓨터 정보 시스템을 개발하는 것이다. 초기단계의 기술 중 하나가 도로에 짧은 간격으로 이동 감지기를 설치해두고 중앙 컴퓨터에 정보를 보내도록 하여 각 차들이 무작위로 이 정보에 접근할 수 있게 하는 것이다. 운전자는 출발하기 전에 목적지로 향하는 여러 경로 중 최단시간에 갈 수 있는 길에 대한 정보를 얻는다. 예를 들면 운전자가 "지금부터 15분 뒤에 출발할 때 가장 빠른 길은 어디인가요?"라고 질문할 수 있다. 이것은 일시에 출퇴근 차량이 몰리는 것을 분산시키고 모든 운전자가 소모하는 총 지체 시간을 줄임으로써 도로를 효율적으로 사용하게 한다. 또한 그러한 정보는 도로 관리자가 진입로 속도를 최적화하고 적절한 안내문을 알리도록 도와준다.[11]

재정적 동기 유발

경제학자들은 이를 수요관리라고 부른다. 교통 시스템에서 이것은 통행료를 가변적으로 부가하여 운전자의 행동을 변화시키는 정책이다. 이러한 접근은 물론 정치적으로 논쟁의 여지가 있다. 하지만 가변적인 통행료는 교통체증을 줄일 수 있는 효율적인 정책이다. 수요 관리의 한 예인 혼잡통행료는 정해진 시간에 정해진 도로의 혼잡 정도에 따라 통행료를 다양하게 부가하는 것이다. 운전자는 동전을 가지고 있을 필요도 없고 속도를 줄이라는 요구도 받지도 않는다. 왜냐하면 그 수수료는 차가 각 지점을 통과할 때마다 운전자의 계좌에 자동적으로 부과되기 때문이다.

혼잡통행료가 어떻게 작용하는지에 관한 한 예를 보자. 특정 구간에서 교통량이 가장 적을 때(예를 들어 오전 3시) 25센트의 통행료가 부과되고, 통행료가 점점 올라가 교통량이 가장 많은 출퇴근 시간(오전 7시부터 9시까지와 오후 4시부터 6시까지)에 최대 3달러에 이른다고 가정해 보자. 그 구간을 통과하는데 드는 돈은 교통량이 가장 많은 시간에는 3달러, 그 시간 전후로 1시간 동안에는 1달러, 이른 새벽 시간에는 25센트, 나머지 시간에는 50센트일 것이다. 그러면 많은 운전자들이 출퇴근 시간을 조절해서 크게 변화하는 통행료에 대응하기 때문에 그 구간의 교통량은 좀 더 균등하게 분포하게 될 것이다. 시간에 따라 변화하는 요금제는 그 도로에 부하되는 전체 교통량에 대해서 정체를 최소화하기 위해 컴퓨터 분석을 통해 금액을 조절하게 된다.

혼잡통행료 정책은 첨단 전자요금수납 장치와 컴퓨터 처리되는 교통 측정 센서 없이는 실행하기 매우 어렵다. 그러나 지금은 이것이 기술적으로 가능해졌기 때문에 문제는 시민들이 이것을 받아들이느냐에 달렸다. 기술적인 매력에도 불구하고 혼잡통행료 제도는 정치적인 이유로 실행되기가 어렵다. 미국에서 이 제도를 채택한 도로는 아직 하나도 없다. 도로 체계도 그런 계획을 채택하지 않았다. 반대 논리로는 통행료의 불합리성을 들고 있다. 간단한 예로, 저소득층이나 가장 교통량이 많은 시간대에 그곳을 통과해야 할 수밖에 없는 운전자들을 차별하게 되는 것을 들 수 있다. 이러한 단점은 자동으로 지급되는 보조금으로 완화될 수 있지만, 이것은 행정적으로 매우 복잡할 뿐만 아니라 형평성과 같은 또 다른 문제를 불러올 수도 있다.

교통체증의 중요한 열쇠

교통체증은 부유한 나라에서 자동차 문화로 인해 겪고 있는 가장 골치 아픈 문제 중 하나다. 이것은 미국이나 캐나다뿐만 아니라 유럽에서도 보편적인 현상이다. 도로 길이당 자동차 이동 거리는 미국보다 이탈리아, 영국, 독일이 더 크다. 비록 도로 정체가 해결할 수 있는 문제라고 해도, 부유한 나라의 사람들은 도로 정체로 인해 발생하는 삶의 질의 하락을 걱정하고 빨리 해결책을 찾으려고 한다. 앞에서 이야기한 몇 가지 해결책을 조합함으로써 정체 문제가 빠른 시일 내에 풀릴 것이라고 낙관할 수 있을까? 문제 해결을 위해 다음 두 가지 사항이 고려되어야 한다. 가장 중요한 첫 번째는 부유한 나라에서는 현재 자동차의 수가 포화 상태에 이르고 있다는 것이다. 두 번째는 부유한 나라는 만약 어려운 정치적 이슈에 직면하고 모든 합리적인 대안에 대한 검토가 이루어진다면 이를 해결할 재정적 수단을 가지고 있다는 것이다. 많은 다른 환경문제와 마찬가지로 부는 해결을 위한 중요한 열쇠이다.

급성장하는 개발도상국가의 교통문제

급성장하고 있는 개발도상국가에서 대도시의 교통문제를 어떻게 해결하느냐에 따라 21세기에 그 나라 국민들이 체험하는 삶의 질이 크게 달라질 것이다. 개발도상국의 대도시를 방문해보면 몇몇 예외가 있긴 하지만, 급속한 성장과 함께 거대 도시가 형성됨으로써 환경오염과 다른 문제들로 인해 엄청난 대가를 치르고 있다는 것을 금방 알 수 있다. 선진국에서도 골치 아픈 도로 정체가 개발도상국에서는 더 심각하다. 대기오염을 줄이려는 노력은 한참 뒷전일 뿐만 아니라 많은 경우 전혀 개선이 이루어지지 않고 있다. 예를 들어 방콕의 심각한 도로 정체, 유해한 오염, 높은 사고율로 인한 비용은 연간 10억 달러에 이르며, 이것은 가난에서 풍요로 가는데 해결해야 할 가장 어려운 문제가 취약한 도시교통이라는 것을 보여준다.[12] 방콕, 캘커타, 서울, 멕시코시티, 테헤란, 부에노스아이레스와 같은 개발도상국의 몇몇 도시는 자동차 소유 비율이 서유럽 도시의 3분의 1밖에 되지 않지만 교통체증은 훨씬 더 심각하다.[13]

아시아 지역의 교통수단은 자전거, 승객용 삼륜자전거, 인력거, 오토바이, 자가용, 택시, 버스, 손수레, 모노레일, 전차와 두 다리로 걷는 방법이 있다. 이런 다양한 형태의 교통수단에도 불구하고 급속한 도시 성장과 대규모 도시 이주는 교통서비스의 악화를 가져 왔으며, 이것은 허술한 도시 설계, 과잉 규제, 부족한 자금, 관리 소홀 등으로 더욱 문제가 되고 있다. 많은 도시들은 부족하고 허술한 도로를 확충하거나 보수하지도 않으며, 아주 가난한 곳에서는 아예 길이 없다. 가난한 사람들이 사용하는 보행자 도로 공간은 부자들이 사용하는 자동차

주행 공간으로 빼앗긴다. 많은 개발도상국에서 교통문제의 미숙한 해결이 누적되어 엄청난 환경 피해를 유발하고 있다.

어떤 나라에서는 급속한 경제발전이 도시의 교통을 악화시키지만 잘사는 것 자체가 교통문제의 근본적인 원인이 아니다. 아시아에서 가장 잘사는 나라인 일본, 도시 국가인 싱가포르와 홍콩은 아주 훌륭한 도시 교통 시스템을 성공적으로 운영하고 있다. 일례로 최근 26개의 아시아 대도시에서 대중교통 시스템이 구축되어 하루에 1,700만 명의 승객을 운반하고 있는데, 이 가운데 반 이상이 아시아 지역의 자동차 70%를 보유하는 일본에 있다.[14] 잘사는 것이 교통문제 해결에 중요한 요소이다. 그러나 그것보다 더 중요한 요소는 개발도상국에서 흔히 찾아보기 힘든 잘된 도시계획과 민주적인 의사결정이다.

도시 재생 기술

사람들의 자가용에 대한 선호가 쉽게 사라질 수 없기 때문에 개발도상국의 거대 도시를 살리는 데 자동차를 완전히 무시할 수 없다. 다행히 새로 개발되고 있는 자동차들은 매우 환경 친화적이어서 도시 환경의 질을 크게 변화시킬 잠재력을 가지고 있다. 개발도상국 중에서 중국, 인도, 브라질과 같은 몇몇 나라는 인구가 많기 때문에 이들의 구매력은 새로운 자동차 기술의 발전에 영향을 주기에 충분하다. 그래서 세계 자동차 시장의 일부분은 이러한 개발도상국 사람들이 원하는 특별한 요구를 만족시켜야 한다. 다시 말하면 차를 처음 구매하는 사람들을 위해 저렴한 소형 자동차를 공급해주어야 한다. 또한 매연을 내뿜는 낡은 차를 연료 효율이 좋고 오염 배출이 적은 차로 교체하도록 장려하기 위해서는 정부의 인센티브 제도가 반드시 필요하다.

장기적으로는 새로운 기술이 자동차 대기오염으로 고통받는 개발도상국을 구해낼 것이지만, 앞으로 20여 년 동안 개발도상국은 과거 선진국이 개발한 성공적인 대기오염 관리 방법을 반드시 도입해야 할 것이다. 도입을 고려해야 하는 방법으로는 자동차가 발생시키는 오염의 정도를 모니터하고 규제하는 것, 청정 연료를 사용하는 것, 차량교체를 장려하는 것(특히 오래된 디젤 트럭과 버스의 교체)을 들 수 있다. 또한 개발도상국은 가까운 시일 안에 시내 도로에서 시간과 돈의 낭비를 초래하는 심각한 교통정체를 해결하는 것이 매우 중요하다. 나라마다 도시 교통 체계와 기반 시설이 크게 다르지만 몇몇 공통적인 문제와 해결책을 찾을 수 있다.[15] 첫째, 사는 곳에서 일하는 곳까지 가는 데 적절한 대중교통 수단이 제공되어야 한다. 대중교통 시스템은 이용하기 쉽고 신뢰할 수 있어야 하며, 자격을 갖춘 사람이 유지·관리해야 한다. 많은 사람들이 이용하더라도 부족한 비용 보충을 위해 정부 보조금 지원이 필요할 것이다. 승객들도 정치적으로 합의가 이루어지는 한도 내에서 가능한 한 많은 비용을 부담하도록 해야 한다.

둘째, 교통 혼잡을 줄이기 위해서 효율적인 수요 관리가 요구된다. 개발도상국에서는 자전거와 보행자 도로가 자동차 도로와 거의 분리되지 않았다. 이러한 분리는 교통 혼잡을 줄이는 데 반드시 필요하다. 또한 버스와 승객이 많은 차량을 위해 전용 차선을 확보해두는 것도 필요하다. 가장 중요한 것은 더 좋은 도로가 더 많이 필요하다는 것이다. 그리고 도로 사용자는 자동차세, 연료세, 통행료, 주차 요금 등을 통해 도로 건설과 유지에 사용되는 모든 비용을 지불해야 한다. 세계에서 극소수의 부유한 나라만이 도로에 사용되는 모든 비용을 사용자로부터 받고 있다. 교통 규제 지역이나 자동차 홀짝수제 시행일 같은 구속성을 지닌 단속은 조심스럽게 도입되어야 한다. 왜냐하면 그런 정책은 운전자들이 규제를 피하기 위해 교묘한 방법을 찾는 역효과를 가져올 수 있다. 예를 들면 운전자들이 우회해서 더 긴 거리를 운전하거나 차를 추가로 구입할 수도 있다.

부유한 나라로 가는 교통 시스템

과거와 마찬가지로 오늘날의 교통 시스템은 경제와 사회 발전에 강력한 촉매제로 작용한다. 세계 경제 성장에 결정적인 영향을 주는 현대적인 운송 시스템은 통신과 교역의 새로운 연결망을 선진산업국에서 오랜 기간 발전해왔던 것과 통합하는데 중요한 역할을 할 것이다. 운송 시스템은 복잡하고 기능적인 면에서 상호 의존적이다. 또한 비용이 많이 드는 인프라가 필요할 뿐만 아니라 항공·해양·육상 운송 형태가 서로 얽히고설킨 협력이 요구된다. 이렇게 급속히 발전하는 운송 시스템과 연관된 복잡한 환경문제들 역시 완화하는 데 많은 시간과 노력이 필요하다.

운송 체계의 발전을 보여주는 좋은 사례 중 하나가 싱가포르다. 이 나라는 1960년 이후 국민들에게 주택과 일자리, 그리고 수입의 안정성 공급이라는 큰 틀에서 심각한 교통문제에 대한 해결책을 도출해왔다. 새로운 운송 기반 시설은 싱가포르의 도시 재개발 프로그램의 기본이 됐고, 산업 발전과 인구증가를 수용하기 위해 외곽에 계획된 주거지를 만들었다. 경치가 좋은 대로와 해안도로는 오래된 도시 빈민가를 산업지역, 공원, 학교뿐만 아니라 멋진 주거 지역으로 재개발하는 것을 가능하게 했다.[16] 비록 모든 개발도상국에 작은 나라인 싱가포르의 운송 체계가 가능한 것은 아니지만, 싱가포르의 독특한 사례는 운송 체계가 직업, 교육, 산업 성장과 같은 사회 발전의 목표를 달성하는데 얼마나 중요할 수 있는지를 보여준다. 그리고 직업이나 교육, 산업 성장과 같은 것은 다시 미래 사회 발전에 촉매가 된다.

가난한 나라의 교통

사하라 사막 이남에 위치한 세계에서 가장 가난한 나라의 운송 시스템은 바퀴 자국과 작은 도랑이 파인 몇 개의 좁은 먼지 길이 전부다. 이 길은 비가 오면 땅 속으로 스며들고 하천도 말라버린 상태에서 태양열로 진흙이 구워져 먼지를 일으킨다. 운송 방식이라는 것은 고작 발로 걷는 것과 동물이 끄는 것이다. 이곳을 21세기라고 말하기엔 너무 다른 세상이고 개발도상국의 도시와도 동떨어진 세상이다.

이곳에도 오래된 역사가 있고 가족, 농장, 촌락, 학교와 같은 생기 넘치는 인류의 삶이 있다. 하지만 운송 수단의 부족 때문에 자원 생산이나 상업 활동이 제대로 이루어지지 못하고 현대식 농업 방식이나 교육, 의료 보급에 심각한 제약을 받는다. 고립된 상태에서 살아가고 있는 이들은 같은 민족 또는 외부 세상과 좀 더 쉽게 연락하고 만날 수 있어야 한다. 가난의 많은 원인을 해결하기 위해서는 다양한 접근 방법이 필요하다. 교통의 역할은 이동과 접근이 불가능하여 문제 해결이 차단되는 것을 극복해주는 것이다.[17] 촌락, 시내, 학교, 시장을 서로 연결해주는 데에 기본적으로 필요한 요소인 전천후 도로와 운송 수단보다 더 절실한 것은 아마 없을 것이다. 후진국의 발전을 위한 국제 원조에서 가장 보람되고 효과를 기대할 수 있는 것 중 하나가 안정과 자유를 향한 지역의 발전이 보장되는 모든 곳에서 기본적인 도로를 건설하고 운송 인프라를 구축하는 일이다. 아주 가난한 나라는 운송 시스템 건설에 사용되는 자본과 전문 기술뿐만 아니라 유지·보수를 위한 계속적인 지원도 필요하다. 발전의 정도에 따라 운송 시스템은 촌락과 촌락을 연결해 주는 작은 버스 노선에서부터 대도시의 거대한 대중교통 수단까지 다양하겠지만, 더 나은 삶을 향한 긴 여로에서 많은 승객들에게는 작은 버스 노선이 첫 번째 수단이 될 것이다.

1 American Automobile Manufacturers Association, World Motor Vehicle Data (Washington, DC, 1994).

2 U.S. Department of Energy, International Energy Outlook, 1999: Transportation Energy Use, report no. DOE/EIA-0484(99) (Washington, DC, 1999).

3 V. Wouk, "Hybrid Electric Vehicles" Scientific American (October 1997) 70-74.

4 이것은 햇빛이 지구 표면에 도달하면 희석되기 때문에 생산비를 줄이는 데 근본적으로 문제가 있는 태양 에너지 기술과는 상황이 다르다.

5 Texas Transportation Institute, The 1999 Annual Mobility Report: Information for Urban America (College Station, TX, 1999).

6 D. Shrank, S. Turner, and T. Lomax, Estimates of Urban Roadway Congestion, 1990, report 1131-5 (College Station, TX: Texas Transportation Institute,1993).

7 Apogee Research, Inc., The Road Information Program National Transportation Survey: 1990 Poll Results (Washington, DC: Road Information Program, 1990).

8 Bureau of Transportation Statistics, Highway Statistics, 2002, (Washington, DC: U.S. Department of Transportation, 2002), table HM-20.

9 상동. 〈그림 2-12〉.

10 상동.

11 P. Varaiya, "Making Freeways Work" Access, no.16 (spring 2000):22

12 R. Gaurav and C.J. Khisty, Urban Transportation in Developing Countries: Trends, Impacts, and Potential Systemic Strategies (paper presented at 77th Annual Meeting, Transportation Research Board, Washington, DC, January 1998).

13 R.K. Bose, "Automobiles and Environmental Sustainability: Issues and Options for Developing Countries" Asian Transport Journal (December 1998): 13.1-13.16.

14 P. Midgley, Urban Transport in Asia: An Operational Agenda for the 1990s

(Washington, DC: World Bank, 1994).

15 Bose, "Automobiles and Environmental Sustainability."

16 W. Owen, "Global Transportation" Access, no.13 (Fall 1998).

17 W. Owen, Transportation and World Development (Baltimore: Johns Hopkins University Press, 1987).

제13장
영원히 사라지는 생물종

히포크라테스 선서는 보통 서양 의학에서 가장 기본적인 윤리 지침으로 알려져 있다. 그 선서에는 이런 말이 있다. "나는 나의 능력과 판단에 따라 환자를 치료할 것입니다. 그러나 그것이 환자에게 위해를 가할 수 있거나 부당하다면 치료하지 않겠습니다."[1] 간단히 말하면, 환자에게 도움이 된다면 치료를 하지만 그 범위를 넘어서 위해를 가하지는 않겠다는 뜻이다.

인간의 활동은 병든 지구에 회복 불가능한 상처를 입히고 있는가?[2] 이 질문은 다양한 분야에서 강한 긍정과 부정의 답을 이끌어 내겠지만 사실 지금 우리는 정답을 알지 못한다. 우리가 알고 있는 것은 생명체가 지구상에 존재하기 시작한 이래로 지구에 존재한 모든 종들은 그들이 살고 있는 환경을 변화시켜왔고, 우리 인간들은 다른 어떤 종보다도 더 많이 환경에 영향을 주었다는 것이다. 현대 산업 사회의 발달은 인류에게 많은 혜택을 가져다주었지만 동시에 엄청난 환경문제도 불러왔다. 특히 대기와 수질 오염 현상에서 두드러지게 나타난다. 다행히도 이러한 영향들은 대부분 회복 가능하고, 지금까지 이 책에서 이야기한 것처럼 부유한 나라를 중심으로 환경을 복원하고 보호하려는 강력한 노력이 이루어지고 있으며 그 노력은 대부분 성공적이다.

모든 환경 영향이 대기나 수질 오염처럼 원상태로 회복될 수 있는 것은 아니다. 만약 특정 식물이나 동물이 지구에서 멸종되어 버린다면 그것은 다시 되돌릴 수 없고 영원히 사라지는 것이다. 지구의 생물종은 믿을 수 없을 만큼 다양하다. 그러나 다양성은 지금 점점 축소되어가고 있다. 그래서 지금 생물학자들에게 다양성이 매우 중요한 것은 당연한 일이다. 그뿐만 아니라 다양성은 우리 모두에게도 틀림없이 중요하다. 왜냐하면 다양성은 동식물의 전체를 나타내며 이들의 빈틈없는 연결망이 자연을 구성하고 지구에 사는 인간의 삶을 유지시키고 풍요롭게 해주기 때문이다.

그러면 인간은 어떻게 동식물의 다양성에 영향을 미치고 있는가? 만일 종이 사라진다면 그 속도는 어느 정도인가? 생물 멸종은 얼마나 중요한가? 생물 다양성 감소는 지구 미래에 대한 어떤 전조를 의미하는 것인가? 빈부를 가릴 것 없이 우리 모두가 함께 살아가고 있는 이 지구에서 생물종을 보호하기 위해 부유한 나라들은 지금 충분한 일을 하고 있는가?

생물 다양성에 대한 진지한 과학적 논의가 이루어지고 있음에도 불구하고 언론매체에서는 지구 종말론과 같은 수사적 표현을 많이 사용하고 있다. 예를 들어 서론에서 언급한 그 광고는 "모든 생태계가 영원히 사라질 위기에 처해 있습니다. 그리고 지구의 운명이 오늘 우리가 하는 선택에 달려 있습니다"라고 주장한다.[3] 이 광고에서 주장하는 것처럼 지구의 운명이 위험한 상태에 있다는 것을 대부분의 사람들은 쉽게 인정하려고 하지 않겠지만 지구에 동식물의 다양성을 유지하는 것이 바람직하다는 것에는 모두가 의심의 여지없이 동의할 것이다. 그러나 생물의 다양성 보전을 위해 모두가 반드시 같은 동기를 갖는 것은 아니다. 생물 다양성에는 다음 네 가지 관점이 있다.

학문적 관점

진화생물학자들은 지구상에 존재하는 수백만의 생물종들이 진화의 역사를 알 수 있는 유일한 단서가 되기 때문에 이 수많은 종들과 그들이 갖는 생태학적인 상호 관계를 연구하는 데 흥미를 갖는다. 이러한 상호 관계를 이해하는 것은 생명의 진화를 이해하는 데 도움이 될 뿐만 아니라 지구 생명체들의 복잡한 관계 안에서 인간이 차지하는 위치를 연구하는 데도 크게 기여한다. 예를 들어 진화생물학자들은 아프리카 동부 지역에 있는 여러 개의 호수에 서식하는 시클리드(Cichlidae)라고 불리는 물고기 종을 연구하면서 이 물고기가 매우 빠른 속도로 다양하게 종이 분화됐음을 확인할 수 있었다. 그중 하나로 빅토리아 호수에서는 700종 이상의 시클리드가 지난 1만 3000년 동안 진화해온 것을 밝혀냈다.[4] 이 중 많은 종들이 현재 멸종의 위협을 받고 있으며, 생물학자들은 진화의 과정을 알 수 있는 유일한 단서가 되는 종들이 회복 불가능한 위험에 처해 있다는 것에 대해 우려를 나타

내고 있다.[5]

윤리적 관점

생물학자들은 생물의 다양성을 통해 지식을 얻는 것보다 미래의 진화를 위해 다양한 유전자 풀(pool)을 유지함으로써 진화 과정 자체를 보호하는 것이 더 중요하다고 생각한다. 생물멸종은 유전자 풀을 감소시키고 유전자의 다양성이 감소되면 미래에 예상되는 진화 현상의 잠재력과 종들이 살아남을 수 있는 능력에도 영향을 미치게 된다. 종의 다양성은 한 번 잃으면 절대 회복 불가능하다. 아직 밝혀지지 않은 과학 지식을 결코 얻을 수 없으며 장래에 나타날 수 있는 진화도 더 이상 기대할 수 없다. 생물학자들은 종의 다양성이 갖는 과학적 가치가 돈으로 쉽게 환산될 수 없다는 것을 인식하게 됐고, 이것을 잃게 된다는 두려움으로 생물 다양성의 미래 전망에 대해 매우 비관적인 생각을 갖게 됐다.

생명이 탄생한 이후로 모든 종들은 그들의 환경을 변화시켜 왔다. 특히, 인간이라는 생물종은 다른 모든 종이 도달할 수 없는 지구 최고의 영역까지 왔으며, 앞으로 수백만 년 동안 일어날지도 모르는 진화 과정을 바꿀 수 있는 힘을 가진 유일한 생물이다. 그 결과가 반드시 지구에 해악을 끼치지는 않겠지만, 많은 진화생물학자들은 해악의 가능성 자체가 과학자들과 나아가서는 인류 공동체에 대한 심각한 윤리적인 이슈를 내재하고 있다고 믿는다. 생물학자 폴 에를리히는 이 윤리적인 이슈를 다음과 같이 설명하고 있다.

오늘날 열대 우림을 벌목해서 얻는 소득은 아마 그곳에 살고 있는 가난한 사람들을 돕게 될 것이다. 미래에 2,000번 아니 20만 번의 세대에 걸친 인류의 삶을 개선시킬 수도 있는 생물 다양성을 만들어내는 공간이 되는 숲을 보존하는 것이 그 소득을 포기하는 것보다 가치가 있지 않을까? 어떻게 그 가치가 정해질 수 있으며 누가 그런 종류의 결정을 내릴 수 있을까? 오늘날 우리의 행동이 멀고 먼 미래에 어떤 영향을 미칠 것인가를 고민해야 할 윤리적인 필요가 있지 않나? 우리가 그러한 윤리적 규범을 만들기 위해 노력하고 있나, 또는 그렇게 해야 하는 것인가? 우리가 생물 진화의 관점에서 합리적이고 멋진 윤리 규정을 만들어낼 수 있을 만큼 충분한 지식을 갖고 있을까?[6]

정신적 관점

산꼭대기에 서서 광활한 대지와 바다를 내려다 보았거나, 안개로 둘러싸인 울창한 삼나무 숲길을 따라 걷다가 야생에서 어미 사자들이 새끼와 함께 뛰노는 광경을 보았거나, 거대한 매가 하늘 위로 솟구쳐 올라가는 장관을 본 사람이라면 정신적 관점이 무엇인가를 이해할 수 있을 것이다. 많은 사람들에게 자연의 장엄함에 대한 이런 경험은 정신세계의 중요한 부분을 차지하게 된다. 어떤 사람에게는 이런 경험이 노트르담 성당이나 샤르트르 성당에서 체험한 것과 같은 겸허한 마음과 숭고한 정신을 느끼도록 만든다. 100여 년 전에 자연보호주의자인 존 뮤어는 이러한 느낌이 동기가 되어 야생 그대로의 방대한 땅을 공공의 재산으로 보존하기 위해 끊임없이 노력했다. 그리고 이러한 느낌은 전 세계에 수많은 환경주의자들을 만들어내는 원동력이 되고 있다. 이러한 정신적인 관점에서 자연의 풍요로움과 아름다움을 지키는 것은 인간이 전념해야 할 도덕적인 의무일 것이다. 여기에 대해 과학이 할 수 있는 일은 아무것도 없다.

경제적 관점

이 관점은 인간이 경제적 가치를 가졌거나 미래에 가치가 발견될 수 있을 것으로 생각되는 인간 이외의 수많은 생물종을 다양한 방법으로 이용한다는 것을 인정한다. 우리는 동식물을 이용해 안식처와 따뜻함을 얻는다. 또한 그것으로부터 음식과 옷을 얻고 의약품을 만든다. 우리는 동물원이나 정글에서 그들을 보고 감탄하기도 하고 애완용으로 기르기도 한다. 경제적인 관점에 따르면 다른 종을 지속적으로 이용할 수 있기 위해서는 종 다양성이 유지되어야 한다. 다른 종들도 인간과 똑같은 권리를 가지고 있다고 믿는 도덕적 보호주의자들뿐만 아니라 생태계의 가치는 그 자체의 고유한 것이라고 믿는 많은 학자들은 이런 관점을 아주 싫어한다. 생물종과 그 생산물을 경제적으로 이용하려는 것의 대부분은 공급자와 수요자 간의 시장 거래를 통해서 이루어진다. 그러나 대부분의 경우 이러한 거래에서 생물종의 가치는 과소평가되기 마련이다. 왜냐하면 생물종의 지속적인 공급을 유지하는 데 필요한 비용이 공급자와 수요자 어디에도 포함되지 않기 때문이다. 예를 들어 땔감으로 쓰기 위해 나무를 자를 때(팔기 위한 것이거나 자신이 사용하기 위한 것이거나), 또는 지역 주민들이 식용으로 사용하기 위해서나 상인들이 가죽이나 상아를 팔기 위해서 동물을 죽일 때 그러한 비용은 무시된다.

각각의 관점들은 나름대로 타당성이 있다. 과학자들은 생물종이 가지는 본래의 가치나 미래에 이루어질 진화 가치 때문에 하찮은 벌레에서부터 카리스마가 넘치는 재규어에 이르기까지 모든 종이 보호되기를 원한다. 경제학자에게는 인간의 복지가 중요한 열쇠이다. 생물종은 현재와 미래에 인간의 필요와 욕구를 만족시킬 수 있기 때문에 종의 보호를 위한 투자는 정당화된다. 정신세계를 강조하는 사람들은 자연의 장엄함을 유지하기 위해서는 인간의 복지가 희생된다 하더라도 그것을 추구하려 할 것이다.

물론 관점에 따라 상황이 항상 다른 것은 아니다. 각 관점에 따른 주장은 종종 겹치고 서로를 포함하기도 한다. 예를 들어 과학자들은 때때로 생물종이 줄어드는 것을 막아야 한다는 그들의 주장을 강조하기 위해 경제적인 정당화를 활용한다. 이때 그들은 생물종의 다양성에는 새로운 의료, 제약, 농작물, 목재, 섬유, 제지의 개발을 가능하게 하는 무한한 경제적 잠재력이 있다고 말한다. 그리고 경제학자들은 생물의 다양성이 주는 정신적 혜택에도 경제적인 가치를 부여한다. 그들은 점점 중요성이 더해가는 비소모적 생태계 이용을 강조하면서, 최근 미국에서 급성장하고 있는 생태관광(Ecotourism)이나 탐조활동(Bird-Watching)을 예로 들고 있다. 가끔 혼란스럽기는 해도 이런 여러 가지 관점이 혼합된 것이 합리적이라고 할 수 있다.

경제학자들이 생태학자들에게 멸종의 심각성을 설명하기 위해 현재 일어나고 있는 멸종 속도를 정확하게 정량화하도록 요구하는 것은 위험한 물속으로 들어가는 것과 같다.[7] 왜냐하면 과학에서 현재 정량화될 수 있는 문제들만으로 중요성이 인정되리라고 생각하는 것은 결코 타당하지 못하기 때문이다. 확실한 자료와 과학적인 직관력을 기초로 한 전문가들의 판단을 모은 것이 곧 문제의 심각성을 말하는 것이므로 멸종 속도의 정량화를 이용하는 판단은 신중하게 해야 한다.

　사실 진화생물학자들은 현재 얼마나 많은 수의 종이 존재하는지 과학적으로 확실히 알지 못한다는 것을 인정한다. 현재 3,000만 종 이상이 존재하는 것으로 추정되지만 그중 단지 150만 종만이 명명되어 있다. 또한 과거에 얼마나 많은 종이 멸종됐고 현재 얼마나 빠른 속도로 멸종되고 있는지 과학적으로 확실히 알지 못한다. 많은 생물학자들은 현재 생물 멸종의 속도는 대략 연간 0.1% 정도로 추정하고 있으며, 이 수치는 인류가 지구에 출현하기 이전과 비교했을 때 1,000배 정도 증가한 것으로 보인다.[8] 같은 자료를 검토하면서 통계학자인 비외른 롬보르(Bjorn Lomborg)는 현재 동물의 멸종 속도는 이보다 훨씬 낮은 연간 0.014% 정도이기 때문에 "큰 재앙이 아니라 문제일 뿐이다"라고 주장했다.[9] 어떤 숫자가 맞든지 간에 문제는 여전히 남아있다. 부분적으로 서식지 감소 모델과 간접적인 경험에 근거를 둔 그러한 추정치가 매우 불확실하더라도, 이 추정치 뒤에는 생물학자들이 멸종 속도가 위험한 수준이라고 확실히 주장할 수 있을 만큼 과학적으로 충분한 근거가 있다. 그리고 그 주장은 인류가 멸종 현상을 되돌리지 않는다면 지구 생물의 미래에 심각한 결과를 초래할 것이라는 사전 경고가 될 수 있다.

　그럼에도 불구하고 민주 사회에서는 생태학자나 경제학자, 또는 자연보호에 대한 정신적 가치를 중요시 하는 하는 사람들 중 어느 누구도 생물종과 그 서식지를 보호하기 위해 재정적 투자를 해야 할지, 또 투자를 한다면 얼마를 해야 할지를 결정할 수 있는 위치가 아니다. 그런 결정은 당연히 정치적으로 이루어진다. 그 과정은 과학자와 그 외 관련자들이 생물 다양성 보호를 위해 정부가 나서야 한다는 제안서를 내고 이를 다른 환경 우선순위와 세밀히 비교 검토하는 단계를 거치게 된다. 미국에서는 생물종을 보호해야 한다는 이념이 정치적 검토가 자세하게 이루어진 후 1973년에 멸종생물보호법(ESA: Endangered Species Act)으로 법제화됐다.

멸종생물보호법은 이 책 주제의 많은 부분을 구체화하며 주요 핵심 사항중 하나를 보여주기까지 한다. 아마 이것은 대부분의 국가에서는 지금까지 도입되지 않은 아주 선진화된 법일 것이다. 이 법은 환경을 보호하려는 미국인들의 도덕적 헌신에 견고한 기초를 두고 있다. 그리고 이 책 전체에서 주장하는, 자유롭고 풍요로운 사람들은 환경이 그들에게 중요한 문제라고 인식하고 그에 대한 효과적인 해결책이 있다고 믿으면 환경을 보호하기 위한 행동을 취한다는 사실을 이 법은 잘 보여주고 있다. 과학자, 환경주의자, 법률 제정자들이 중요한 역할을 한 것은 확실하지만 멸종생물보호법은 근본적으로 미국인 모두의 것이다. 막대한 공공 재원과 민간 자본이 요구되는 법은 국민들이 환경에 헌신적인 국가에서만 만들어질 수 있다.

또한 이런 법은 가난한 나라에서는 만들어질 수가 없다. 사실 생물 다양성을 보존하기 위해 부유한 나라와 가난한 나라에서 이루어지는 투자의 차이는 엄청나다. 생물보호구역을 위한 평균 투자가 부유한 나라에서는 1km²당 약 1,687달러인 반면에 가난한 나라에서는 단지

161달러에 불과하다. 그렇지만 생물 다양성 문제와 그에 대한 위협은 부유한 나라보다 가난한 나라에서 훨씬 더 심각하다.[10]

그러면 멸종생물보호법은 무슨 내용일까? 간단하게 말하면 이 법은 연방 정부가 현재 멸종 위기에 처해 있는 종(멸종위기종)과 미래에 멸종 위기에 처할 것 같은 종(감소추세종)의 목록을 작성하고 발표할 것을 의무화한 것이다.[11] 또한 이 법은 경제적인 것은 고려하지 않고 생물적인 요인에만 근거해서 종의 목록을 작성하라고 요구한다. 증거를 가지고 있는 사람은 누구라도 목록에 등재시켜 줄 것을 요구할 수 있다. 목록에 등재된 종은 경제적인 요소를 고려하여 복원 계획이 세워져야 하며, 복원 과정은 관련 정부기관에서 모니터가 이루어져야 한다. 이 법은 멸종위기종을 보호할 수 있는 합리적 대안이 제시될 때 예외 규정을 인정할 수 있다. 예를 들어 토지 소유주가 자신의 생계를 위해 멸종위기종을 보호할 수 있는 규모의 땅을 제외한 나머지를 사용하겠다고 제안할 때 허용해줄 수 있다. 1997년에 1,067종의 동식물이 멸종위기종 또는 감소추세종으로 기록됐고 644종에 대한 복원 계획이 세워졌다.[12] 그 외에 4,000여 종이 대기 목록에 등재됐다.

멸종생물보호법은 시작이 별로 좋지 않았다. 이 법이 처음으로 시험대에 오른 것은 별로 알려지지 않은 물고기와 중요성이 다소 떨어지는 댐 건설 사이에 벌어진 갈등이었다. 이 갈등은 결국 대법원까지 갔다. 스네일 다터(snail darter)라는 작은 물고기 종을 보호하기 위해 9,000만 달러나 되는 공공 자금을 투자해 거의 완성 단계에 있던 테네시 계곡 개발 공사(TVA)의 댐 건설을 중단하라고 이 법에 호소하는 사건이 발생한 것이다. 대법원은 이 법의 조문을 지적하면서 "국회(하원)는 멸종위기종의 가치가 무한하다는 것을 확인했다는 사실을 명백히 제시하라"라는 판결을 내렸다. 그 판결에 비판적인 한 경제학자는 "이 무한한 가치를 가진 물고기는 1억 달러짜리의 댐보다 가치가 있는 것이 분명하다"라고 증언했다.[13] 시에라클럽은 댐 건설 중단을 지지하면서 이 사업은 테네시 개발 공사의 전형적인 생색용 지역 개발 사업이며 테네시의 고용 창출 효과를 위한 것이지 홍수 조절이나 전력생산 목적으로는 정당화되기 어렵다는 입장을 고수했다.[14] 결국 양쪽 모두 승리를 주장할 수 있게 됐다. 국회에서 예외 규정이 통과되어 (물론 테네시 출신 의원들의 재촉을 받아서) 댐은 '멸종생물보호법과 그 밖의 법에도 불구하고' 완공됐다. 그리고 이 물고기는 다른 강으로 이주해 번성하고 있다.

이 사례는 지난 30년 동안 멸종생물보호법이 겪은 가장 어려웠던 사례의 정치적 결과를 잘 보여준다. 국회가 이 법을 제정할 때 멸종위기종이 무한한 가치를 가진 생물로 인정했다고 대법원은 해석했지만, 사실 국회는 그 법의 조항을 지키는 데 드는 엄청난 비용에 상응하는 예산을 할당한 적이 없다. 한 추정치에 따르면 이 비용은 70억~130억 달러에 해당하는 것으로 나타났다.[15] 또 다른 추정치를 통해서는 이 법으로 인한 비용을 줄잡아 계산해도 수백억 달러에 달하는 것으로 예상했다.[16] 하지만 미국 어류 및 야생생물보호국(Fish and Wildlife Service)의 멸종위기종 프로그램의 연간 예산은 단지 5,800만 달러에 불과하다. 회색곰(Grizzly Bear) 한 종만 해도 많은 자금이 필요하다. 이 생물종이 살아남으려면 최소한 2,000 마리가 서식할 수 있는 공간이 필요한데 이것은 3,200만~5억 에이커 규모의 땅에 해당한다.

3,200만 에이커라고 해도 몬태나 주의 3분의 1 크기다.[17]

생물종과 그 서식지를 보호함으로써 얻는 이익은 사회 전반에 발생하기 때문에 멸종생물보호법의 규정을 수행하는 데 드는 비용을 모두 공공 재원으로 부담하는 것은 합리적으로 보인다. 하지만 개인이나 사기업이 모든 비용을 지불할 것을 너무 자주 요구받고 있다. 한 예로 아이다호주 브루노에서 그 지역 달팽이를 보호하기 위해 어류 및 야생생물보호국이 59개 농장과 목장에 대하여 용수 공급권을 중단하여 지역의 경제 활동이 위협을 받았다. 연방 판사가 합당하지 못한 과학적인 자료라는 이유로 그 달팽이를 멸종생물보호법의 목록에서 제외시킨 후에야 다시 물이 공급됐다.

다른 예를 살펴보면 2001년 4월 오리건주의 클라마스 분지에서 미국 개척국이 가뭄 기간 동안 멸종생물보호법 때문에 클라마스 호수로부터 농장에 공급하는 관개용수를 중단하자 그 지역 농민 1,400가구가 위기에 처했다. 이 호수는 지난 100년간 그 지역의 20만 에이커가 넘는 농장에 관개용수를 공급해왔지만 가뭄 기간 동안 호수의 물은 호수 내에 서식하는 서커(Sucker) 물고기와 하류 하천의 코호(Coho) 연어를 보호하는 데 사용됐다. 이 사례는 양식장 코호 연어 때문에 문제가 더욱 복잡해졌다. 야생 코호 연어는 멸종위기종 목록에 있었지만 양식장 코호 연어는 야생종과 유전적으로도 동일하여 양식장에서 인공 부화가 가능하기 때문에 보호하지 않아도 풍부하게 공급될 수 있었다. 미국 국립과학위원회는 정부가 농장의 관개용수 중단하도록 한 과학적 근거에 대한 평가를 요청받았고 농장주들은 이 기간 동안 물을 공급받는 대신 가뭄 원조를 제공받았다.

전통적인 사유 재산권과 멸종위기종이 갖는 법률적 권리 사이에 발생하는 갈등은 멸종생물보호법으로 인해 계속되는 논쟁과 신랄한 비판의 한가운데에 있다. 멸종위기종과 감소추세종의 거의 반이 사유지에서 발견되는 것으로 추정된다. 어류 및 야생생물보호국은 목록에 기재된 종의 약 25%가 개발 사업이나 다른 형태의 경제 활동과 갈등을 일으키고 있는 것으로 하원에 보고했다.[18] 자신의 땅에서 멸종위기종이 발견된 토지 소유자는 그 땅에서의 경제 활동을 일시 중단하거나 아니면 연기해야 하기 때문에 추가 비용을 지불해야 한다. 때로는 개인이 소유한 땅에서 멸종위기종이 발견됐을 경우 그 생물종을 보호하기 위한 비용과 벌목 금지와 같은 토지 이용을 제한하는 정부 정책 때문에 지가가 하락한다. 일례로 텍사스주 트래비스 카운티의 토지 가격이 휘파람 새(Golden-Cheeked Warbler)와 북미 명금(Black-Capped Vireo)이라는 두 종의 새가 멸종위기종 목록에 기재된 이후 3억 5,900만 달러 하락했으며, 그곳의 한 토지 소유주는 자신의 땅이 83만 달러에서 하루아침에 3만 8,000달러로 하락하는 것을 경험했다.[19]

멸종생물보호법으로 인한 재산 가치 하락은 중요한 법률적 논쟁을 불러일으키고 있다. 토지 소유자는 정부 정책이 재산권을 침해하는 것이라 주장한다. 이렇게 재산 가치가 떨어지는 것은 정부가 사유 재산을 점유하는 것과 동일하다고 해석하는 사례가 점점 늘어나고 있다. 미국 헌법에는 적절한 보상 없이 정부가 사유 재산을 점유하는 것은 금지되어 있다. 하지만 멸종생물보호법을 지지하는 쪽에서는 재산 가치 하락에 대한 정부 보상을 반대한다. 그들은 정부 보상이나 보상 가능성조차도 멸종위기종의 비경제 원칙(멸종위기종은 경제성과는 무관하게 지정)을 파괴하는 것이라 주장한다. 이러한 관점은 사유지 사용에 영향을 미치는 토지용도 지정 구역 변경으로 인한 경제적 결과(재산 가치 하락)와 유사하다. 지금까지 법정은 후자의 주장을 지지해왔기 때문에 피해 토지 소유자들이 상당한 분노를 일으키고 있다. 법정이 입장을 바꾸거나 국회가 멸종생물보호법에 의한 재산 손실에 대해 토지 소유자에게 연방 기관이 보상하도록 요구하는 법률을 제정한다면, 그 법률로 생물종을 보호하는 데 드는 비용은 분명 더 증가할 것이다. 그 증가된 비용은 국회가 보호해야 할 종에 관해 법조문에 명시한 '무한한' 가치의 필연적인 결과일지도 모른다.

멸종위기종 지정으로 인한 영향을 받은 자들의 이해관계를 조정하기 위해 몇 가지 유용한 전략이 제시됐다. 그중 하나가 서식지 보전 계획이다. 이는 관련 당사자들이 보전 계획에 동의하도록 설득하여 서식지 보전과 토지 개발 사이에 발생할 수 있는 갈등을 사전에 제거하는 것이 목적이다. 중요한 예로 1990년대 초 샌디에이고 지역에 있었던 다종보전계획(MSCP: Multiple Species Conservation Plan)을 들 수 있다. 이 계획은 멸종 위기에 처한 종들이 풍부한 세이지 덤불(Sage Scrub) 해안 서식지에 초점이 맞춰져 있다. 샌디에이고의 이 계획은 1997년에 승인됐으며, 멸종위기종을 보호하기 위해 17만 2,000에이커에 해당하는 넓은 지역이 보전 지구로 지정되어 개발이 금지됐고, 대신 멸종위기종이 서식하더라도 일부 지역은 개발이 허용됐다.

다른 많은 경우도 이러한 접근 방법을 이용하여 공정한 해결 방법을 찾을 수 있었다. 예를 들어 남부 캘리포니아의 다나 포인트 항구(Dana Point Harbor)가 내려다보이는 121에이커 사유지에 수백 채의 주택과 호텔 단지를 건설하기 위해 환경 조사를 하는 과정에서 몇몇 주머니쥐(Pocket Mice)가 발견되자 어류 및 야생생물보호국은 이 프로젝트를 연기했다. 여기서 발생한 이해 갈등은 지역사회와 개발업자 간의 협력으로 해결됐으며, 토지 소유권과 지역사회의 권리 그리고 멸종생물보호법의 규정을 동시에 만족시키며 균형을 이루는 계획이 세워졌다. 계획된 호텔의 규모가 축소됐고 주택 수도 줄어들었으며 공유지 30에이커와 사유지 62에이커를 야생 공원으로 남겨두게 됐다. 이렇게 함으로써 대부분의 지역 주민들과 주머니쥐들도 만족해 할 것이다.

문제와 해결책이 제시된 이러한 예를 보면서 우리는 어떤 전체적인 기준에 따라 멸종생물보호법이 성공 또는 실패로 판단하는가? 이 법의 지지자들은 1973년 이후 목록에 포함된 1,000종 이상의 종과 그 중 50% 정도에 대한 서식처 복원 계획 추진, 그리고 4,000여 종을 멸종생물 후보에 해당하는 대기 목록에 기록한 것을 성공으로 꼽는다. 멸종생물보호법의 궁극적인 목표는 멸종위기종을 찾아서 목록으로 작성하는 것뿐만 아니라 그것들을 건강한 개체군으로 회복시키는 데 있기 때문에 성공의 척도는 위기종의 목록에서 삭제된 복원 종의 수다. 하지만 복원 결과는 빠르게 나타나지 않는다. 왜냐하면 빠른 경우도 종이 완전히 복원되기 위해서는 여러 해가 걸릴 수밖에 없기 때문이다. 1998년 5월 미국 내무성은 24종 이상이 위기 종 목록에서 삭제됐거나 위험성이 덜해졌다고 발표했지만, 이것은 내무성 장관이 멸종생물보호법이 잘 운영되고 있다는 증거로 너무 지나치게 표현한 것에 불과했다. 목록에서 제외됐다는 5종은 이미 멸종됐고 적어도

8종은 분류가 잘못되거나 개체수를 조사할 때 실제 서식하는 수보다 적게 추산되어 오류가 발생했기 때문에 그 '증거'는 문제가 있었다. 반대자들은 이 공식적인 실수를 이 법이 실패했다는 증거로 사용한다. 한 노골적인 비판가는 국회 증언에서 "삭제됐다고 주장하는 29종 중 단 한 종도 실제 복원 계획의 결과로 삭제된 것이 아니었다"라고 주장했다.[20]

멸종생물보호법은 좋든 싫든 간에 미국인들 대부분이 신뢰하기 때문에 지금까지 잘 유지되고 있다. 하지만 지지자들과 반대자들 모두 그 법은 높은 윤리적 목적과 훌륭한 의도를 가졌지만 좋은 정책으로 이어지지 않았다고 생각한다. 그래서 그 법은 눈에 보이는 약점이 있으며 앞으로 법을 더욱 좋게 개정할 필요가 있다. 관심을 가지고 보아야 할 부분은 다음과 같다.

- **과학적 근거:** 멸종위기종을 선정하는 기준이 약하다. 어떤 것은 선정이 주관적이고 경우에 따라서는 정치적인 것도 있다. 선정 과정에서 재정적 비용은 아마 앞으로도 계속 무시될 것이기 때문에 과학적 근거가 강조되어야 한다. 이 법은 현재 선정된 종과 앞으로 선정될 종에 대해서 더욱 확실한 과학적 근거를 마련해야 한다. 과학적인 검토는 대상 종이 속해 있는 생태계의 건강성 관점에서 그 종의 중요성에 초점을 둬야 하며, 잘 알려졌다거나 카리스마가 있는 종이라 해서 선정하지 말아야 한다. 서식지 보전 계획을 세울 때 대상 지역에 대한 정확한 과학적 근거를 확인하는 데 더 많은 노력이 필요하다. 보호 대책이 세워지면 성공을 확신할 수 있는 자료를 제시해

야 한다. 선정 종 순위 결정부터 복원계획의 우선순위와 중요 서식지 지정까지 모든 과정에 외부 심사를 반드시 포함시켜야 한다.

- **법 집행에 따른 재정적 비용:** 대상 종을 선정할 때 그 종이 경제적으로 따질 수 없는 무한한 가치가 있어야 한다는 점은 모두가 동의한다. 그렇지만 그동안 과정을 본 사람들은 법 집행에 따라 종을 보전하고 복원하는데 소모되는 재정적 비용도 매우 중요하여 과학적인 근거와 함께 신중히 고려해야 한다는 의견을 보인다. 정부가 서식지 보전 계획을 세울 때 토지 소유자와 사전에 논의하는 것이 재정적 비용 갈등을 줄이는 데 도움이 되며 정부 계획이 과학적으로 타당할 뿐만 아니라 정치적으로 지지 받을 확률도 크게 향상시킨다. 사유지 개발 계획을 세우는 사람들은 대상 지역에 멸종위기종의 중요 서식지가 포함되어 있으면 초기 단계에서 정부와 논의하는 것이 특히 중요하다.

- **생물종 보호를 위한 인센티브:** 시민들로 하여금 자연을 지키도록 격려하는 데 자원봉사 프로그램이 중요한 역할을 한다는 것에는 모두 동의한다. 하지만 토지 소유주에게 사회 전체에 혜택을 주는 그 법을 지키는데 불공평한 재정적 부담(예를 들어, 앞서 설명한 멸종위기 새를 보호하기 위해 사유지를 사용하는 것)을 요구해서는 안 된다. 토지 소유주가 멸종위기종 보호에 협조적으로 토지를 사용할 수 있도록 종 복원과 서식지 보전 계획에 다양한 재정적 인센티브가 포함되도록 해야 한다. 이것은 세금 혜택이나 규제 완화, 정부의 완전한 토지 매입과 같은 형식이 될 수 있다. 민간 기금도 이 활동에 기여할 수 있다. 토지 소유주가 멸종위기종인 회색 늑대가 자기 땅에

사는 것을 허용하고 그 늑대로 인해 가축을 잃은 목장주에게 배상해주는 것을 지원하는 야생생물보호단체(Defenders of Wildlife) 기금이 좋은 사례다.[21] 대부분의 목장주들은 그들의 선조들이 늑대를 몰살시키는 방법을 사용해왔기 때문에 늑대가 다시 번성할 가능성에 대해 별 반응을 보이지 않는 것은 놀랄 일이 아니다.[22] 요점은 종의 보존은 공공의 이익으로 봐야 하고 보존에 필요한 비용은 공공기금 위주로 지원되어야 한다는 것이다. 멸종생물보호법의 경제적 실상이 점점 명확해질 때, 국회는 법 집행에 필요한 실질적 비용에 보다 근접한 규모의 기금을 관련 기관에 제공할 것이다.

장기적인 생물 다양성 보호

비록 과학적 기초연구가 멸종생물보호법에서 위기종 목록을 작성하거나 복원 시행에 직접 연관은 없지만, 과학은 계속해서 그 법의 주요 지적 버팀목이 되고 있다. 이 장에서 생물 다양성에 관해 간단히 살펴보았는데, 여기서 멸종생물보호법으로 인한 많은 이해관계 갈등이 과학적 기초지식의 부족에 기인한다는 것을 알 수 있었다.

과학자들이 하나의 정책을 이끌어가기에 충분할 정도로 생물종과 서식지 시스템을 상세히 시뮬레이션할 수 있기에는 아직도 멀었다. 예를 들어 특정 지역에서 특정 조류를 보호하기 위해 정부가 얼마를 투자해야 하는지를 결정하는 데 과학자들이 충분한 지식을 제공하지 못하고 있다. 하지만 서식지 시뮬레이션은 현장 자료와 함께 보전 활동에 좀 더 전체적인 수준에서 신뢰할 수 있는 비용 지침을 제공할 수 있다. 한 예로 에드워드 윌슨(Edward O. Wilson)의 최근 연구를 들 수 있다. 이 연구는 주요 서식지의 광범위한 확대를 위해 사용되는 비용에 초점이 맞춰져 있다. 구체적으로 윌슨은 아마존, 콩고, 뉴기니의 열대 숲에서 벌목꾼들이 나무를 자르지 않도록 하는 데 약 50억 달러가 필요하다고 제시했다.[23] 이 액수가 많기는 하지만 아마도 국제보호단체들이 해결할 수 있는 범위를 벗어나지는 않을 것이다.

장기적으로 봤을 때, 멸종생물보호법을 개선하고 생물의 다양성을 보호하기 위한 추가적인 법률을 만드는 데 필요한 지식의 토대를 제공하기 위해서는 기초과학 연구에 의지해야 한다. 정부는 모든 수준에서 관련 과학의 실험 연구, 특히 개체군의 크기를 측정하고 추적하는 것과 다양한 서식지에서 대상 종의 시공간적 변화에 관한 연구를 지원해야 한다. 이러한 연구는 변화된 서식지에서 종이 살아남을 수 있는 조건을 이해하는 데 기여할 것이다. 또한 과학자들이 멸종위기종을 구하고 복원하는 프로그램을 개발하기 위해서는 종의 생존 능력에 대한 더 좋은 이론적인 모델과 분류학의 기초 연구가 필요하다.[24] 이러한 연구가 이행되지 않으면 실제로 그곳에 얼마나 많은 종이 사는지 알 수 없다.

멸종생물보호법은 단점이 있음에도 그 역할을 합리적으로 잘 수행하고 있다. 법의 집행 과정에서 특별한 종(예를 들어 점박이올빼미)에 대한 법의 좁은 적용 범위가 종종 그 종이 살아가는 전체 생태계(예를 들어 점박이올빼미가 살고 있는 삼나무 숲의 생태계)로 넓게 확대된다. 이 법의 성공은 실용주의와 부유한 미국 사회의 다양한 참여자, 즉 환경단체, 과학자, 기업인, 정부, 그리고 수백만의 시민들이 함께 공유한 사회 목표 덕분이다. 이 법에 대해 정치적인 강한 반대는 여전히 남아 있지만 법을 폐지하는 것보다 개선·발전시키는 것이 더 효과적일 것이다.

생물종 보호는 개발도상국에서 매우 중요한 이슈로 자주 대두된다. 왜냐하면 멸종위기종이 시장에서 널리 거래되고 있으며, 특히 시골에서는 실제로 야생 동물을 일상 식용으로 사용하기 때문이다. 미국의 멸종생물보호법과 유사한 법이 개발도상국에 없다 하더라도 생물종 보호 문제를 다루는 방법에는 변화가 필요하다. 생물의 다양성 보전을 향한 과학적 접근이 지역사회의 문화와 풍습과 함께 이루어질 경우에만, 조금이라도 문제가 되는 모든 종의 사용을 엄격히 금할 것을 주장하는 보존론자(Preservationist)와 지속가능한 방법으로는 모든 종의 사용을 허용할 것을 주장하는 보전론자(Conservationist) 간의 갈등을 해소할 수 있다. 사실 많은 보전 단체에서는 전통적으로 이루어져온 하향식 결정 방법이 현재 지역 주민들의 활발한 참여로 보완되어 가고 있다.

나는 이 장의 앞부분에서 환경비관론이 특히 생물학자들 사이에서 날카롭게 제기되는 경향이 있다고 지적했다. 이것은 그 배경에 대한 이해가 필요하다. 생물학자들은 아마 누구보다도 과학에 대한 전문 기술과 자연에 대한 남다른 이해와 사랑을 가지고 있을 것이다. 생물학자들은 종종 환경에 대한 자신들의 관심사를 지원해줄 확실한 증거를 제시하지 못하지만, 그들 중 많은 사람들은 생물의 종 다양성 감소와 그것이 미래의 진화에 미치는 영향과 같이 자신들이 알고 있는 환경의 위험을 제때 알려야 하는 책임이 있다고 믿는다. 레이첼 카슨이 『침묵의 봄』이라는 책에서 농약의 위험성을 기술한 것은 이러한 정신에 따른 것이다. 그러나 카슨이 주장한 "지금 이 시대를 살고 있는 모든 인간은 인류 역사상 처음으로 임신된 순간부터 죽을 때까지 위험한 화학물질과 필연적으로 접촉하게 되어있다"라는 것은 사실과 약간 거리가 있다.[25] 실제로 인간이 접촉하는 방대한 화학물질의 대부분은 자연에서 발생한 것이며, 과거에도 자연에서 발생한 엄청난 화학물질과 접촉하며 살았다.[26]

『침묵의 봄』에서 언급한 것과 같은 경고는 이러한 결점이 있음에도 불구하고 풍요로운 사회에서 잠자고 있던 환경 의식을 일깨우는 데 도움이 됐으며, 또한 역사적으로 환경운동을 발전시키는 데 중요한 역할을 했다. 사람들은 이러한 경고를 심각하게 받아들여 강력한 정치적·사회적 행동을 지지함으로써 산업화로 인한 환경문제를 해결하도록 했다. 때로는 이러한 경고에 과잉 반응을 보이기도 했다. 부유한 나라의 국민들이 환경에 대해 지속적으로 관심을 가진다는 것을 잘 보여주는 효과적인 환경법과 제도의 예는 수없이 많다. 세계에서 가장 부유한 국가에서 만들어낸 멸종생물보호법은 아마 그 사회가 환경에 약속한 사실을 가장 순수하게 나타내 보이는 상징일 것이다. 이 법과 앞으로 생길 법은 풍요롭고 자유로운 사회의 시민은 미래 세대를 위해 기꺼이 환경을 보존하기를 원하고 또 그렇게 할 능력이 있음을 보여준다. 과학자들은 사회에 적용 가능한 여러 가지 대안을 분명하게 정리해야 하는 어렵고도 논쟁이 자주 발생할 수 있는 과제를 안고 있다. 그리고 이러한 일들은 경험적인 과학에 내재하는 불확실성으로 인해 항상 애매모호할 것이다.

그러나 가난한 나라에 사는 사람들에게는 이야기가 다르다. 예를 들어 갈라파고스섬에 사는 어부는 그곳에만 있는 바다 생물의 다양성을 무단으로 이용한다. 그들에게 종 다양성은 식탁에 올릴 음식의 재료로 사용할 동식물이 충분하다는 것을 의미할 뿐이다. 개발도상국 사람들도 가난이 사라지고 그들 자신과 후손들의 성장 가능한 미래 경제에 좀 더 확신을 갖게 되면, 그들은 자신들에게 할당된 환경의 몫과 지속가능한 자원의 사용이 무엇인지 점점 깨닫게 될 것이며 부유한 나라의 대다수 시민들과 이러한 목표를 함께 추구하게 될 것이다.

1   H. von Staden, trans., Hippocratic Oath, Journal of the History of Medicine and Allied Sciences 51 (1996): 406.

2   Patient Earth라는 신선한 제목은 하트(J. Harte)와 소콜로(R. Socolow)가 테네시 주의 텔리코 댐과 멸종 위기의 물고기 종에 관한 이야기를 비롯한 몇 가지 환경 사례 역사를 적은 책을 편집하면서 사용했다.

3   New York Times(August 21, 1998)에 게재한 World Wildlife Fund의 전면 광고.

4   L.S. Kaufman, L.J. Chapman, and C.A. Chapman, "Evolution in Fast Forward: Haplochromine Fishes of the Lake Victoria Basin" Endeavour (Cambridge, UK) 21(1) (1997), 23.

5   O. Seehausen, F. Witte, E.F. Katunzi, J. Smits, and N. Bouton, "Patterns of the Remnant Chiclid Fauna in Southern Lake Victoria, "Conservation Biology 11(4) (1997):890.

6   P. Ehrlich, "Intervening in Evolution: Ethics and Actions, "Proceedings of the National Academy of Sciences 98(10) (May 8, 2001): 5477.

7   J.L. Simon, and A. Wildowsky, "Species Loss Revisited" in The State of Humanity, ed J.L. Simon (Malden, MA: Blackwell, 1995)에서 예를 찾아볼 수 있음.

8   생물학자 마이어스(N. Myers)에 따르면 여기에 제시된 숫자는 지금과 같은 탐 사와 멸종 속도로는 단지 훌륭한 추측에 불과하다는 것이다. 참고자료: Myers, review of A Convincing Call for Conservation, Science 295 (January 18,2002): 447.

9   Bjorn Lomborg, The Skeptical Environmentalist (Cambridge, UK: Cambridge University Press, 2001).

10 A.N. James, National Inverstment in Biodiversity Conservation: A Global Survey of Parks and Protected Areas Agencies (Cambridge, UK: World Conservation Monitoring Centre, April 1996).

11 최종 책임은 내무성 장관에게 있다. 육지 생물종은 내무성에 소속된 U.S. Fish

and Wildlife Service에서, 바다 생물종은 National Marine Fisheries Service에서 관리한다.

12 U.S. Fish and Wildlife Service, Endangered Species General Statistics; Website at www.fws.gov/r9endspp/esastats.html(1997).

13 W. Beckerman, Through Green-Colored Glasses(Washington, DC: Cato Institute, 1996), 85.

14 Paul Rauber, "The Great Green Hope" Sierra Magazine(July-August 1997).

15 National Wilderness Institute(NWI), "Endangered Species Blueprint" NWI Resource 5(1) (fall 1994): 1.

16 I. Sugg, "If a Grizzly Attacks, Drop Your Gun" Wall Street Journal, November 13, 1993, A15.

17 R.T. Simmons, "The Endangered Species Act: Who's Saving What?" The Independent Review 3(3) (winter 1999): 309-326.

18 U.S. Fish and Wildlife Service, Report to Congress on the Endangered and Threatened Species Recovery Program (Washington, DC: U.S. Government Printing Office, 1993).

19 C.M., Wilkinson, in a paper quoted in Simmons, "The Endangered Species Act"; J. Adler, testimony before the Senate Committee on Environment and Public Works, 105th Cong, 2d sess., July 12, 1995.

20 Helen Chenoweth-Hage, (R-Idaho), testimony before the House Resources Committee on reauthorization of the Endangered Species Act, 106th Cong., 2d sess., February 2, 2000.

21 W.J. Snape II and R.M. Ferris, Saving America's Wildlife: Renewing the Endangered Species Act, report no.4 on the Endangered Species Act, published on Defenders of Wildlife Web site, www.defenders.org(2001).

22 M. McCabe, "Gray Wolves Heading to California" San Francisco Chronicle, February 5, 2002, A-1.

23 E.O. Wilson, The Future of Life (New York: Knopf,2002).

24 C.C. Mann and M.L. Plummer, "A Species' Fate, by the Numbers" Science 284(April 2, 1999): 36.

25 R. Carson, Silent Spring (New York: Houghton-Mifflin, 1962).

26 B. Ames, "The Causes and Prevention of Cancer" in The True State of the Planet, ed. R. Bailey (New York: Free Press, 1995).

제14장

세계는 어디로 가야 하나?

사람들은 어디에 살든 자신이 사는 곳에 관심을 갖는다. 자유와 풍요가 있는 선진국에서는 국민들의 사회적·정치적 선택은 대체로 환경 친화적이다. 그래서 환경의 질을 향상시키는 일은 국민들의 폭넓은 지지를 받는다. 이런 지지에 힘입어 모든 선진국은 환경 개선 프로그램을 활발하게 추진하고 있으며, 지금까지 이 책에서 다양한 환경 개선 성공사례들을 설명했다.

하지만 성공이라는 것은 기대치와 비교해서 평가할 필요가 있다. 사람들이 점점 부유해지고 환경에 민감해짐에 따라 환경에 대한 그들의 만족 기대치는 계속 높아지고 있다. 과거에 깨끗했다고 여겨지던 공기가 현재의 기준에서 보면 오염된 공기로 평가된다. 그래서 환경의 질은 항상 개선의 대상으로 남게 된다. 그 어느 때보다 풍요로운 지금의 우리 사회는 환경 개선뿐만 아니라 여러 난제(예를 들어, 고속도로와 도시의 교통난, 공공용지와 공원의 과밀한 사용, 항공로와 공항의 혼잡 등)에 대한 해결책을 요구하고 있다. 또한 자원 개발을 제한하는 압력은 계속 증가하는데 에너지 수요는 늘어나서 정치적 딜레마에 빠져있다. 이런 문제들은 까다롭고 갈등을 조장할 수도 있다. 하지만 부유한 민주 사회는 문제 해결에 필요한 최고의 과학과 기술 그리고 관리 능력을 활용할 수 있는 제도가 있을 뿐만 아니라 정치적인 의지도 있으며 국민들의 지지도 받고 있다.

그러나 아직 풍요롭지 못한 지구상의 80% 인류에게는 그렇지 못하다. 특히 극한 빈곤 속에서 살아가는 지구의 불행한 20% 인류에게는 더욱 그렇지 못하다. 그들에게는 삶에 필요한 기본적인 것들, 즉 생존 그 자체가 환경보다 더 우선적이다. 이 책에서 설명하는 역사적 증거는 사람과 사회는 가난에서 벗어날수록 환경 개선을 추구하게 된다는 사실을 뒷받침해주고 있다. 그리고 그 증거는 환경의 미래에 관한 낙관론을 정당화해주는 중요한 근거자료 중 하나다.

낙관론은 인류로 하여금 난관을 극복할 수 있는 힘과 해결책을 찾는 데 필요한 인내력을 갖게 해준다. 하지만 그 낙관론이 가난이 사라지기만을 그냥 기다린다거나 스스로 만족에 그치는 핑계가 되어서는 안 된다. 가난과의 전쟁에서 승리하기까지는 아직도 멀었다. 오직 부유한 국가에서 이루어지는 개인과 기관 그리고 정부의 적극적인 노력만이 지구상에서 빈곤을 퇴치할 수 있다. 인류의 도덕성이 이러한 노력에 추진력을 실어준다. 가난과의 전쟁에서 패배하면 환경은 악화되고 정치적으로 불안정해지며 질병이 전 세계에 퍼져나가는 것이 거의 확실하다. 선진국 입장에서도 자신들을 보호하기 위한 실리적인 면이 빈곤퇴치를 향한 추진력을 더해준다. 빈곤과 9.11 테러를 직접적으로 연관 짓는 것은 비약이 될 수도 있겠지만, 엄청나게 벌어진 빈부 격차, 만성적 불만, 굴욕감, 절망 등과 테러리즘 사이에는 분명 어떤 연결고리가 있다. 불행하게도 가난을 극복하기까지는 아주 좋은 상황에서도 여러 세대가 걸리는 것이 현실이다. 가난에서 벗어나 부를 이루기까지 오랜 시간 동안 심각한 환경 파괴와 같은 많은 병폐들이 지속될 것이다. 우리는 그 피해가 최소가 될 수 있도록 노력해야 한다.

환경주의의 진정한 정신은 환경 개선과 빈곤 퇴치라는 두 가지 목표를 갖는다. 개발도상국에서 빈곤 퇴치 없이 환경 개선을 추구하는 것은 성과가 거의 없다는 사실이 널리 인정되고 있다. 예를 들어 권위 있는 1987년 브룬트란트(Brundtland)의 환경과 개발에 관한 보고서는 개발도상국의 환경보호를 위한 중요한 필수 조건으로 경제 성장을 강조하고 있다.[1] 하지만 개발도상국의 일부 사람들은 아직도 극단적인 가난의 굴레를 수호하고 있다. 예를 들어 환경운동가인 반다나 시바(Vandana Shiva)는 인도 농촌에서 이루어지는 생계형 소규모 농사를 마치 문화적 자산인 것처럼 묘사한다(지금 문화적 자산은 부와 권력에 포위당해 있다). 그리고 시바는 "식량 공급 시스템의 세계화는 지역 음식 문화의 다양성과 지역 음식 산업을 파괴하고 있다"[2]라고 주장하면서 식량 생산에서 크게 진전되고 있는 세계화를 비판했다. 불행하게도 이 '지역 음식 문화'는 인도의 가난한 어린이들을 부양하지 못해서 녹색혁명 이전에는 3명 중 한 명은 세 살이 되기 전에 사망했다. 만약 전통 문화 수호가 가난을 예찬하는 것이 된다면 이는 가난한 이들에게 결코 축복이 될 수 없다.

경제 성장과 환경 간의 연결고리는 개발도상국이나 선진국에 관계 없이 매우 중요하다. 이 연결고리는 브룬트란트 보고서에 의해 정설로 받아들여지고 있고, 많은 부유한 나라에서 실제 경험으로 확인되고 있다. 이 책에서 강조하려는 것은 미국의 역사적 경험이다. 미국의 견고한 경제 성장과 풍요로운 삶은 청정수질법, 청정대기법, 자동차 연료 효율 기준, 멸종생물보호법 같은 법령들을 포함하여 그 어느 때보다도 엄격한 환경보호를 촉진하고 지원해왔다. 이러한 환경 선진화는 가난이 아니라 부를 통해서만 실현될 수 있는 것이다.

가난에서 벗어나는 방법이 없는 것은 아니지만 실제로 그렇게 하는 것은 매우 어려운 일이다. 하지만 가난과의 전쟁은 아직 시작 단계다. 냉전이 종식되고 단 10년 만에 빈곤을 향한 전 세계의 공격은 중대한 국면에 접어들었다. 냉전 기간 동안 유감스럽게도 강대국과 가난한 약소국의 국제 관계는 빈곤퇴치보다 지정학적이고 전략적인 목적에 의해 결정됐다. 그럼에도 불구하고 몇몇 개발 원조는 제2차 세계대전 때에도 이루어졌다. 초창기에 이루어진 대부분의 노력은 가난한 지역사회에서 필요로 하는 것보다는 전반적인 경제발전에 도달하기 위한 대규모 사회 기반시설 개발에 초점이 맞춰져 있었다. 세계은행 같은 국제기구들은 개발도상국에 다목적댐 건설과 같은 프로젝트를 위해 1,000억 달러 이상에 달하는 차관을 제공했다. 총 92개국에서 약 540개의 다목적댐이 세계은행 차관으로 지어졌다.[3] 전력생산, 용수 공급, 관개 등 어떤 목적으로 건설됐든 간에 이 댐들은 국가발전과 경제 성장에 긍정적으로 기여했다. 하지만 많은 경우 댐이 가져다주는 혜택에 비해 엄청난 사회적·환경적 비용을 지불해야 했다.

특히 댐 건설로 인해 생계 수단을 잃고 강제 이주해야 했던 4,000만
~8,000만에 이르는 가난한 사람들이 그 비용을 지불한 셈이 됐다.[4] 약
200만 명의 주민들을 이주시킨 중국의 거대한 싼샤 댐과 같은 대규모
기반시설 프로젝트가 개발도상국에서 계속 추진되고 있지만, 이러한
프로젝트의 대부분이 너무 좁은 시야로 이루어지기 때문에 시행자의
필요는 만족시키더라도 가난한 사람들의 생활 향상에는 충분한 역할
을 다하지 못한다는 점이 오늘날 널리 인정되고 있다.

　지난 몇 년 동안 개발과 원조를 바라보는 관점에 엄청난 변화가 일
어났으며, 가난의 원인과 해결 방안들이 국제사회에서 더욱 광범위하
게 주목받고 있다. 다음 사항들이 가난을 없애기 위한 근본적인 목표
로 점점 인식되어가고 있다.

- 자유와 민주주의는 가난과의 전쟁에서 필수 조건이다. 이것은 모든
  국가와 국민의 보편적인 권리이자 성취 대상이다.
- 세계 모든 곳에서 남녀평등이 이루어져야 한다. 여성들이 국가, 사
  회, 직업, 가정에서 동등한 참여 기회를 가질 때까지 가난은 근절될
  수 없다.
- 개발도상국의 모든 국민들에게 가난으로부터 벗어날 수 있는 수단
  을 제공해야 한다. 특히 남녀 어린이들의 기초 교육, 공중보건 서비
  스의 광범위한 보급, 양질의 의료 서비스와 같은 수단을 마련해야
  한다.
- 새로운 부는 가난한 사람들에게도 공평하고 지속가능한 경제 성장
  을 통해서 창출되어야 한다. 경제 성장의 주요 원동력은 인간의 생

산성 향상이며 이것은 주로 교육, 과학의 발전, 신기술의 보급과 투자에 의해 이루어진다.

- 질병 퇴치를 위한 대대적인 노력이 전 세계적으로 이루어져야 한다. 질병은 가난을 유발하거나 지속시키는 원인으로, 특히 말라리아, 폐결핵, 에이즈, 그리고 유아 사망과 관련된 질병을 근절시킬 수 있는 적극적인 노력이 필요하다. 아프리카에서는 아마 이런 질병들이 경제성장을 거의 반으로 떨어뜨릴 것이다.

- 세계 경제는 진정한 의미에서 세계화되어야 한다. 자격이 있는 모든 국가와 국민들이 강자로부터 약자를 보호할 수 있는 공평한 국제법과 경쟁의 장을 함께 누릴 수 있어야 한다. 가장 중요한 것은 개발도상국도 선진국의 시장에 접근할 수 있어야 한다는 것이다.

- 국제 원조는 최빈국과 가장 효율적인 경제정책을 추진해온 국가에 선택적으로 제공해야 한다. 개발 원조의 많은 부분은 가난한 사람들의 직접적인 필요에 초점을 맞추어야 한다.

세계은행과 국제통화기금(IMF: International Monetary Fund)은 빈곤퇴치를 위한 새로운 개념으로 과거에 비해 높은 수준의 프로젝트를 최근 시작했다. 이것은 참여 국가들이 스스로 자국의 빈곤퇴치 계획을 준비하고 추진하는 원칙에 기초하고 있다. 물론 그 계획에는 빈곤을 줄일 수 있는 모든 대안들이 제시되어야 한다. 각국의 계획안이 국제 지원 단체들이 해당 국가에 제공하는 개발 원조의 기본적인 뼈대 역할을 하도록 하려는 의도다. 이 프로젝트가 시작된 지 3년 만에 약 20개국이 빈곤퇴치 전략을 이미 완성했거나 거의 완성 단계에 이르렀고,

그 외 40개국이 잠정적인 안을 준비하고 있다.[5]

이 계획들의 일부는 많은 나라에서 조기 성공을 보여주고 있으며, 정부와 민간단체들이 여기에 헌신적으로 참여하고 있다. 빈곤퇴치 관련 주제들은 정책 토론에서 더욱 크게 부각되고 있으며, 정부와 일부 시민 사회에서 점점 많은 공개토론이 이루어지고 있다. 그리고 많은 국제기구들이 개발도상국의 전략 준비에 열심히 돕고 있으며 어떤 경우에는 새롭고 더욱 강력한 파트너십을 구축하며 돕고 있다.

그러나 이 접근 방법은 새로운 문제를 야기하기도 한다. 우선 과거에 가난한 사람들을 도와본 적이 없거나 이러한 전략을 세우는 일에 경험이 부족한 나라는 이 과정을 수행하는 것이 매우 벅차다는 점이다. 다양한 분야의 자국 이해관계자들로부터 통치 방법, 거시경제 정책, 사회 통합, 공공 비용 등과 같은 매우 복잡한 문제들에 관해 의견의 일치를 유도해내야 한다. 특히 빈민들을 위한 경제 성장을 촉진시키고 빈민들에게 질 높은 서비스를 제공하기 위해 어떤 정책이 가장 적합할 것인지를 결정해야 한다. 목표에 우선순위를 정하고, 그 결과를 모니터링하고 평가하며, 중간 과정에서 효과적으로 수정하는 데 능숙해야만 한다. 그리고 지원 기구와 수혜국 간에 피치 못할 긴장도 잘 대처해야 한다. 지원 기구들은 분명 자신들의 원조 자금 사용을 따져보아야 하겠지만, 해당 정부가 스스로 개발 전략을 실천하도록 권한을 위임할 필요가 있다. 이러한 모든 문제들 속에서 수혜국들과 지원 기구들 간의 새로운 파트너십을 성공적으로 이끌어내기 위해서는 조화와 유연성이 매우 결정적일 것이다.[6] 지금으로서는 그러한 계획들이 얼마나 잘 실행될 수 있을지, 또는 가난한 사람들에게 실제로 어떤 영향을 미칠 것인지를 예측하기는 너무 이르다.

애석하게도 부로 가는 길에는 인류의 역사와 문화 그리고 고난의 파편들이 어지럽게 흩어져 있다. 새로운 계획 과정의 우수성이나 지원 기관의 관대함과는 무관하게 많은 개발도상국들이 가난으로부터 벗어나는 일은 오랜 세월이 걸리는 고통스러운 과정이다. 지도자의 위치에 있는 사람들은 관습에 도전해야 하며 개인의 욕심보다는 공공의 선을 위해 투쟁할 의지와 정신을 길러야 한다. 공공 서비스 조직은 과거의 관례와 경력을 무시해야 한다. 그러한 조직에 반드시 나타나 공공의 신뢰와 참여를 좀먹는 관료주의 현상을 극복할 수 있는 방법을 찾아야 한다. 지원 기관과 수혜국의 관계는 문화와 언어의 장벽 때문에 때로는 심각하게 악화될 것이다. 하지만 이 모든 어려움에도 불구하고 가난과의 전쟁은 점점 힘을 얻어가고 있으며 후원자의 수도 늘어나고 있다.

지난 몇십 년 동안 전 세계적으로 이루어진 가난과의 전쟁에서 주역할은 유엔이 했다. 유엔개발계획(UNDP)은 기술이 문명발전에 미칠 막대한 영향에 초점을 두고 있다. UNDP는 2001년 보고서에서 앞으로 다음 세 가지 근본적인 발전이 가난을 줄이기 위한 기술 사용 방법을 획기적으로 변화시킬 것이라고 결론지었다.

• **정보통신기술:** 정보통신기술이 지식에 대한 접근을 얼마나 효율적으로 만들어놓았는지를 대부분의 사람들은 알고 있다. 이런 기술들은 세계적인 네트워크를 형성시켰으며, 휴대용 장치로 부자와 가난한 사람을 막론하고 지구 끝에 있는 사람이든 바로 옆 동네에

사는 사람이든 즉시 모든 사람들을 불러올 수 있게 만들었다. 이러한 것들은 여러 가지 새롭고 특별한 방법으로 가난한 사람들에게도 도움이 되고 있다. 첫째, 이메일로 인해 참여 민주주의에 엄청난 붐이 일어나고 있다. 이것은 얼마 전(2001년) 필리핀 에스트라다 대통령의 탄핵 재판 기간 동안 국민들이 폭발적인 이메일을 보낸 것에서 잘 나타난다. 둘째, 개발도상국의 정부와 중소기업들이 데이터베이스를 활용할 수 있게 되면서 기획과 예산, 경영의 효율성을 증대시키고 있다. 셋째, 인터넷의 사용으로 비즈니스에 관련된 최신 정보를 실시간 제공할 수 있게 됐다. 예를 들어 농민들에게는 시장가격과 새로운 기술을, 어민들에게는 위성으로 관측된 고기 떼의 위치를 제공함으로써 수익성을 높일 수 있게 해준다. 넷째, 멀리 떨어진 의료원에서 근무하는 진단 전문가에게 의료 데이터와 디지털 영상을 보내는 원격의료기술은 과거에는 현대 의술을 접할 수 없었던 환자들에게 수준 높은 치료를 제공할 수 있게 해준다.

• **생명기술:** 이 책의 제4장에서 유전공학을 통해 농업과 의약의 발전을 가능하게 하는 새로운 생명기술의 엄청난 잠재력에 대해 설명했다. 생명기술이 가난한 나라에서도 활용가능하게 된다면 식량 안보와 건강을 크게 향상시킬 것이다. 또한 가뭄에 잘 견디고 바이러스에 저항력이 강한 다양한 주요 곡식 품종을 개발하는 것은 아프리카 사하라 사막 이남이나 다른 한계 지역에 크게 기여하게 될 것이다. 여기에 지금까지 생산품을 부유한 나라에서만 이용할 수 있었던 생명기술의 의학적 잠재력도 덧붙일 수 있다. 말라리아, 에이즈, 결핵, 수면병, 사상충증과 같은 질병이 만연하는 열대지역 국

가에게 유전공학을 이용하여 생산한 백신으로 도움을 줄 수 있기 때문에 이런 가능성을 고려해볼 수 있다. 또한 유전공학은 말라리아를 옮기지 않는 모기를 개발할 수도 있을 것이다. 구제역 같은 가축병을 막을 수 있는 새로운 진단 방법과 백신을 유전공학으로 개발하여 가난한 나라와 부자 나라 모두에 혜택을 주도록 했다.

• 세계화: 지난 수백 년 동안 국제무역은 국가 경제발전의 주요한 요소가 됐다. 오늘날 세계화의 의미는 더욱 커져 국가 간 경계를 넘는 인력, 제품, 서비스, 자본, 아이디어 교환에서 그 중요성과 규모가 급속히 증가하게 됐다. 국제무역을 가속화시킨 근본적인 변화는 의사소통과 운송에 드는 비용이 줄어든 것이다.[7] 시장경제의 세계화는 개발도상국과 선진국 모두에서 기술혁신을 가속화하는 경쟁과 인센티브를 제공했다. 혁신적인 기술은 생산성과 경제 성장을 향상시키고 사람들을 가난에서 벗어날 수 있게 한다.

세계화는 종종 부당한 비난의 표적이 되기도 하고 과분한 공적을 인정받기도 한다. 한편으로는 세계화가 미국에서 임금 불평등 정도가 커지는 것에 대한 원인으로 비난을 받고 있다. 그러나 실제로는 기술의 발전이 좀 더 높은 수준의 교육을 받은 노동자들에게 더 많은 이익을 가져다주기 때문에 대부분의 임금 불평등이 발생하는 것이다.[8] 다른 한편으로 세계화는 전 세계적으로 나타나고 있는 경제적·정치적 자유를 성취한 것에 대한 공적을 인정받고 있다. 하지만 이것은 지난 100여 년 동안 계속되어온 자유를 향한 인간의 끊임없는 노력 때문이라는 것이 더욱 적절한 표현일 것이다.

UNDP는 2001년 개발 보고서에서 세계적인 빈곤을 줄이기 위해 2015년까지 달성을 목표로 야심찬 '밀레니엄' 목표를 세웠다.[9] UNDP 가 세운 목표와 진행 현황에 대한 몇몇 예는 다음과 같다.

- 목표: 극한 빈곤에 시달리는 사람(하루 소득이 1달러 이하인 사람으로 정의)의 비율을 반으로 줄이기.

- 현황: 1990~1998년 사이에 개발도상국의 극빈자 비율은 29%에서 24%로 줄어들었다. 그러나 아직도 12억 인구가 극심한 빈곤에 시달리고 있다. 세계 인구의 38%를 차지하는 중국과 인도는 2015년 목표 달성을 향해 정상 궤도를 달리고 있다. 또한 세계 인구의 5%를 차지하는 다른 9개국도 이들 나라와 함께 정상 궤도를 향해 가고 있다. 그러나 70개 국가는 여기에 한참 못미치거나 아예 대열에서 빠져있다. 2015년에 목표가 달성되더라도 9억 인구는 여전히 극심한 빈곤 상태에서 살아가게 될 것이다.

- 목표: 5세 미만의 어린이 사망률을 3분의 2로 줄이기.

- 현황: 5세 미만 어린이 사망률은 1990~1999년 사이에 1,000명당 93명에서 80명으로 줄었다. 66개국에서는 2015년 목표를 향해 잘 나아가고 있지만 세계 인구의 62%를 차지하는 93개국은 목표에서 한참 뒤떨어져 있다. 지금도 매년 1,100만 명의 5세 미만의 어린이들이 예방 가능한 병으로 죽어가고 있다.

- 목표: 안전한 식수를 얻지 못하는 사람들의 비율을 반으로 줄이기.

• **현황:** 현재 개발도상국 사람들 중 약 80%가 보다 개선된 수질의 물을 사용하고 있지만 약 10억여 명은 여전히 그렇지 못하다. 50개 국에서는 2015년 목표를 위해 잘 진행되고 있지만 세계 인구의 70%에 해당하는 83개국은 뒤쳐져 있다.

이런 목표를 달성하기 위해서는 많은 돈이 필요하다. 일부에서는 지금 해외 원조 수준의 2배가량이 소요될 것이지만, 매년 필요한 약 1,000억 달러를 모으기 위한 구체적인 계획은 제시하지 못하고 있다. 하지만 특별한 개발 목표와 그에 따른 재정 문제를 넘어서 새로운 분위기가 가난과의 전쟁에 헌신하는 자들 사이에서 조성되고 있다. 새로운 관점은 개발도상국의 경제 성장이 중요하다는 것을 인식하고 이러한 성장이 가난한 사람들에게 좀 더 직접적으로 도움이 되어야 한다는 사실을 강조하고 있다. 이것은 가난한 사람들을 돕는 데 외부, 특히 정부의 역할에 무게를 적게 두고 가난한 사람들 스스로가 자신들을 구제할 수 있는 힘을 갖게 하는 것을 강조한다. 물론 이러한 권한 분산에도 경제 원조는 반드시 필요한 부분이다. 그러나 활동의 초점은 사람들이 스스로에 대해 개인적인 책임감과 더불어 공동의 책임감도 함께 갖도록 하는 사회 분위기를 조성하는 데 맞춰져야 한다. 정부 차원의 좁은 범주의 프로젝트에서 벗어나, 빈곤 퇴치에 헌신하는 조직에 대한 더 나은 관리를 추구하고 국가 정책을 개선하는 방향으로 바꿔야 한다. 이 새로운 관점은 가난한 사람들이 자신들의 생활을 돌보는데 문화적으로 열등하다는 생각을 인정하지 않는다. 또한 이 관점은 사람들이 주로 커뮤니티 수준의 자체 조직을 구성하여 공동으

로 노력하는 것이 가난과의 전쟁에서 가장 선봉 세력이 된다는 규범을 만들었다.[10]

　가난에 대한 논쟁에서는 종종 정부 역할에 초점이 모아진다. 특히 정부가 일반적으로 빈곤 퇴치에 도움이 되는지 아니면 방해가 되는지가 논쟁의 핵심이다. 정책 방향이 올바른 정부는 실제 긍정적 역할을 하며 널리 인정받고 있다. 예를 들어 정부가 보조금으로 빈민들의 주택을 지어준다거나 공중보건과 여성 교육을 지원하는 것은 빈곤 퇴치에 도움이 된다. 그러나 정부는 빈곤 퇴치에 방해가 될 수도 있다. 정치학자인 에르난도 데 소토(Hernando de Soto)는 페루를 예로 들어 그 점을 지적한다. 페루에서는 정부가 부유한 사람들이 누리는 재산권을 가난한 사람들에게는 허용하지 않는다는 이야기가 있다. 소토는 페루의 이주 농민이 자신들이 경작하는 땅에 불법으로 정착하는 것을 예로 들면서, 토지 소유권, 자본 증대, 그리고 다른 법적 권리를 정부가 제한하는 것이 이들을 비롯한 다른 대부분의 가난한 사람들이 창출할 수 있는 경제적 생산성을 심각하게 저해한다고 주장했다.[11] 소토의 주장은 점차 힘을 얻어가고 있는 '가난한 사람들도 재능을 가지고 있으며 외부에서 생각하는 것보다 그들에게 필요한 것이 무엇인지 더 잘 알고 있다'라는 생각을 지지해준다.[12]

　중국과 같은 초고속 성장국가들이 가난에 대해 이룩한 성과에서 볼 수 있듯이, 견고하고 급속한 경제 성장은 그 자체가 아마 가장 효과적인 사회복지 정책이 될 것이다. 특히 중국에서는 인구가 증가했음에도 불구하고 수입이 낮은 빈민의 수가 1978년 2억 6,000만에서 1998년 4,200만 명으로 줄어들었다.[13] 개발도상국 전체로 보면 최근 몇십 년 동안 극도의 빈곤은 점차 감소해왔다. 이 기간 동안 감소의 속도가 느려지거나 변화 경향에 변동이 있기도 했으며 지역경제가 성장하고 있는 동안 빈곤이 증가하는 경우도 있었다.[14] 그러나 대부분의 지표들은 개발도상국들에서 빈곤이 감소되고 있음을 확인시켜주고 있다. 1960년대 이후 인간의 기대 수명은 46세에서 64세로 증가했고 유아 사망률은 반으로 줄었다. 초등학교를 다니는 아이들의 비율은 80%까지 증가했으며 안전한 식수와 기초 위생 시설 이용률도 2배로 늘어났다.[15] 또한 성인 문맹률은 1990년 31%에서 1997년 27%로 줄었고 5세 미만의 체중 미달 어린이 비율도 1985년 33%에서 1995년 28%로 줄었다. 가난에 관련되는 다른 대부분의 지표들도 좋은 방향으로 진행되고 있다.

금전적인 부가 문제의 전부가 아니다. 아마르티아 센이 강조했듯(제1장 참고), 가난의 경제적인 부분은 많은 개발도상국에 사는 가난한 사람들이 직면하고 있는 내면적 박탈, 즉 기본적 인권의 부족을 보여주는 한 단면일 뿐이다. 발전의 역할은 소득 증가를 가져오는 것뿐만 아니라 독재, 의료와 교육의 부족, 기본적인 정치권과 시민권의 결핍 등을 제거해야 하는 것이다.[16] 이러한 것들의 제거가 빈곤에 맞선 투쟁의 가장 기본적인 모습이다. 그것은 또한 지속가능한 환경을 추구하는 핵심 요소다.

선진국에 사는 사람들에게는 가난과의 전쟁이 종종 먼 나라 이야기며 그들의 능력 밖의 일처럼 보일지 모른다. 하지만 매우 가난한 지역을 여행한 사람들은 멀게만 생각됐던 것이 극도로 빈곤한 환경을 몸소 체험함으로써 피부로 느껴지게 된다. 문제 해결에 대한 무기력감은 결코 쉽게 극복되지 않는다. 그러나 개인이 할 수 있는 일들도 있다. 아마 가장 중요한 것은 기본적 자유를 위해 도처에서 노력하고 있는 사람들을 지원하는 일일 것이다. 우리는 투표를 통해서 정부가 지역과 세계의 빈곤 퇴치를 위해 더 많은 돈을 투자하라고 압력을 가할 수 있으며, 빈곤 퇴치를 위해 헌신적으로 노력하고 그 성과가 확실하게 검증된 민간단체를 지원할 수 있다. 특히 가난한 사람들이 스스로 자립할 수 있도록 돕는 단체를 지원해야 한다. 그리고 우리는 낙관론과 비전을 가지고 끊임없이 해결책을 찾는 의지를 가진 지도자들을 지지할 수 있다.

가난과 부 그리고 환경

지난 200년 동안 산업화는 수많은 사람들이 빈곤으로부터 벗어날 수 있는 길을 마련해주었다. 새롭게 부를 맛본 대부분의 사람들에게는 끝이 보일 것 같지 않은 과학기술의 경이로움에 대한 경험이 너무나 매혹적이어서 많은 전통적 가치들이 덜 중요하게 여겨지게 됐다. 자연의 관대함은 기술의 발전을 지탱해주는 자연 자원과 환경 용량의 풍부함과 더불어 무한히 풍요로울 것처럼 보였다. 하지만 환경이 지속가능하려면 자연은 보호되어야 한다는 사실을 주로 대기오염과 수질오염을 통해 증명해 보였다. 오늘날 자연이 보내는 많은 환경 메시지는 과학적으로 완전히 이해되지 못하고 있으며 사람들과 언론매체에 의해 정확하게 전달되지 못하고 있다. 그럼에도 불구하고 부유한 사회는 환경 보호를 위해 다소 불편하고 값비싼 방법을 수없이 동원하여 그에 맞서고 있다. 그리고 부가 계속 증가할수록 환경에 대한 사람들의 기대도 필연적으로 커질 것이고, 부유한 국가에서 채택하는 환경기준도 점점 더 엄격해질 것이다.

반대로 가난한 나라의 사람들은 빈곤, 독재, 무지, 식민지로부터 벗어나기 위해 몸부림 치고 있다. 이러한 몸부림들은 서로 밀접하게 연결되어 있으며 빈부 간의 마찰을 점점 더 많이 발생시킨다. 환경의 질과 자연 자원의 보호가 가난한 자들의 우선순위에서 빠진 것은 아니지만 다른 시급한 것보다 훨씬 아래에 있는 것이 사실이다. 가난한 나라들이 빈곤 퇴치를 위해 벌이는 전쟁에서 부유한 나라들이 성실한 파트너가 되어 도와준다면, 그들도 기꺼이 더 좋은 환경을 위해 노력하는 파트너가 되어줄 것이다. 이러한 파트너십을 통해, 오직 이러한 파트너십을 통해서만 진정으로 지속가능한 환경이 이루어질 수 있다.

1   World Commission on Environment and Development (the "Brundtland Commission"), Our Common Future (Oxford, UK: Oxford University Press, 1987).

2   Vandana Shiva, Poverty and Globalization (Reith Lecture, British Broadcasting Corporation, London, May 10,2000).

3   World Commission on Dams, Dams and Development: A New Framework for Decision-Making (London: Earthscan Press, November 16, 2000).

4   상동.

5   World Bank and International Monetary Fund, Review of the PRSP Experience (staff paper) (Washington, DC, January 7,2002).

6   상동.

7   Byron G. Auguste, "What's So New about Globalization?" New Perspectives Quarterly (January 1, 1998).

8   상동.

9   United Nations Development Programme, Human Development Report, 2001 (Oxford, UK: Oxford University Press, 2001).

10 상동.

11 Hernando de Soto, The Mystery of Capital: Why Capitalism Triumphs in the West and Fails Everywhere Else (New York: Basic Books, 2000).

12 J. Madrick, "The Charms of Property" New York Review of Books (May 31,2001), 39.

13 상동.

14 United Nations, Overcoming Human Poverty, Poverty Report 2000 (New York: United Nations Development Programme, 2000).

15 United Nations data quoted by Clare Short, Member for Parliament, speaking at

the Rockefeller Foundation, New York, February 1, 2001.

16 Amartya Sen, Development as Freedom (New York: Knopf, 1999).

이 책의 주제는 가난이 환경의 최대 적이며 자유민주주의 시장경제가 환경을 지키는 소중한 제도라는 것이다. 이것은 환경문제의 원인이 부유한 삶을 목표로 하는 산업문명이라는 지금까지의 사회적 통념을 완전히 뒤집는 것이다. 하지만 나는 이 책에 쉽게 공감할 수 있었다. 지난 1960~1970년대에 어린 시절을 보내면서 가난이 무엇인지 경험했고, 1980년대에 미국에 체류하면서 부유한 삶을 보았으며, 지금까지 환경을 공부하면서 남보다 많고 정확한 환경 정보를 접할 기회를 가졌기 때문이다. 여기에 짧은 기간이나마 북한, 중국, 동남아시아, 그리고 동유럽 등을 방문한 경험이 저자의 주장을 이해하는데 도움이 됐다.

이 책은 출판되자마자 월스트리트 저널에 대서특필되는 등 세계적인 주목을 받았다. 가난과 부, 그리고 환경을 전 지구적 시각으로 조망하고 자유민주주의 시장경제의 환경 우위를 입증한 점이 세계적인 주목의 주요 원인이었다. 특히 환경의 적은 부유한 삶이 아니라 가난이며 지구에서 가난을 몰아내는 것이 인류를 사랑하고 환경을 지킨다는 이 책의 결론은 산업문명에 환경 죄의식을 느끼는 현대인들에게 사면의 성수가 됐다.

지난 20세기 환경 명저로 꼽히는 레이첼 카슨의『침묵의 봄』이 과학기술과 인류문명의 발달에 대한 환경비관론적 경고였다면, 이 책은 과장된 환경비관론에 대한 통렬한 비판과 과감한 도전으로 일관하고 있다. 독자는 이 책을 통해 지난 20세기 전 세계를 지배했던 비관론적 환경이념이 21세기로 접어들면서 크게 변화하고 있음을 감지할 수 있을 것이다. 이 책이 20세기『침묵의 봄』에 견줄 만한 21세기 환경 명저로 평가받는 이유가 여기에 있다.

책의 내용은 선진산업국을 중심으로 입증되고 있는 환경 유턴 (U-Turn) 이론과 일맥상통한다. 유턴 이론은 초기 산업화가 진행되는 동안 오염이 가중되어 환경의 질이 저하되지만 경제성장이 일정 수준에 도달하면 환경에 대한 국민들의 관심이 높아지고 환경과학과 기술이 향상되어 환경이 다시 회복된다는 것이다. 이 책 전반에 걸쳐 다양한 분야에서 나타나는 환경 유턴 현상의 실증적 사례를 볼 수 있다.

이 책은 미래를 밝게 보는 환경낙관론과 부유한 삶의 중요성을 강조하며 지금까지 환경운동가들과 언론매체가 즐겨 사용하고 있는 과장된 환경주의와 지구종말론을 과학적 근거로 통박하고 있다. 그렇다고 저자가 결코 환경을 가볍게 여기는 것은 아니다. 저자는 인간의 생명과 삶의 질을 좌우하는 환경을 인류가 추구해야 할 그 무엇보다 소중하게 생각하고 있다. 잘못된 환경지식과 과장된 환경주의는 일반 대중들에게 공포감을 유발하고 오판을 이끌어내기 때문에 용납되지 말아야 한다는 점을 강조한다. 저자는 진실에 깨어있는 자만이 소중한 환경을 지킬 수 있다고 주장한다.

저자와 나는 서로 다른 배경에서 성장했고 학문적 교감도 없었다. 하지만 환경을 바라보는 이념과 철학은 너무나 일치하고 있다. 책을 여러 번 반복하여 한 구절씩 읽어가면서 나도 모르게 전율을 느끼곤 했다. 그리고 책의 내용을 계승·발전시켜 부국환경론(The Affluent Environmentalism)이라는 이념을 정립한 저서도 출간하고 전국 곳곳을 다니며 강연도 했다. 이 책은 나의 환경 인생에서 더없이 소중한 보물이자 축복이었다.

내가 이 책에 애착을 갖는 또 다른 이유는 이곳 한반도가 부국환경의 메카가 될 수 있다는 믿음 때문이다. 휴전선을 경계로 빈부의 두 세계가 나눠져 있고, 부유한 남쪽에서는 급속한 경제성장으로 세계 어느 곳보다 환경 유턴을 잘 보여주고 있지만 가난한 북쪽에서는 극한 빈곤이 자연을 황폐화하고 동포의 생명을 병들게 하고 있다. 이 책은 우리에게 다시 한 번 통일의 절실함을 일깨워주고 있다.

지금 우리 사회는 새 정부의 갑작스러운 탈원전 선언으로 범국민적 환경논쟁에 휩싸이고 있다. 우리는 과거 이상적 환경주의와 오도된 환경논리로 인해 국가정책을 혼란에 빠뜨리고 심각한 국익훼손을 초래한 사례를 수없이 경험했다. 이제 또다시 같은 혼란이 반복될 조짐이 나타나고 있다. 내가 다시 한 번 이 책을 집어 들게 된 것은 앞으로 벌어질 불필요한 환경논쟁 때문이다. 이를 바로잡기 위해 미약하나마 일익을 담당하고 싶었다.

저자는 미국에서 오랜 기간 에너지 환경 분야를 연구하고 국가 정책에 참여해왔다. 그래서 책의 내용 중 상당 부분을 에너지 분야(화석 연료, 태양 에너지, 원자력 발전)에 할애하고 있다. 저자는 여기서 21세기 인류에게 주어진 에너지 자원과 기술의 현실을 과학적인 증거와 함께 보여주고 있다. 지금 우리가 특별히 주목해야 할 내용이다. 그 외 물, 대기, 기후변화, 식량, 인구, 수산 자원, 교통, 생물 멸종 등과 같은 세계적인 주요 환경 이슈에 관해서도 책의 주제를 뒷받침하는 실증 사례와 탁월한 이론적 접근을 보여주고 있다.

끝으로 이 역서가 나오기까지 도움을 주신 분들께 감사의 뜻을 전한다. 먼저 훌륭한 책을 저술해주신 잭 홀랜더(Jack Hollander) 교수님과 판권 계약에 도움을 준 캘리포니아대학교 출판사 Greta Lindquist, 출판을 맡아주신 어문학사 윤석전 사장님, 그리고 멋진 편집과 디자인으로 명저의 가치를 한결 돋보이게 해준 어문학사 편집부에 감사드린다. 또한 자료를 정리해준 대학원생 우신영, 임정민, 그리고 항상 가까이에서 저술과 연구를 도와주는 이용석, 최정현, 이혜원, 차윤경 교수에게 고마움을 전한다. 아울러 부국환경을 전파하기 위한 나의 활동을 특별한 애정으로 지켜봐주시는 모든 분들과 출간의 기쁨을 함께하고자 한다.

2017년 10월 31일

신촌 이화동산 신공학관 510호에서 박석순

찾아보기

환경과 빈부의 두 세계

초판 1쇄 발행일 2017년 11월 30일

지은이 잭 M. 홀랜더
옮긴이 박석순
펴낸이 박영희
편집 김영림
디자인 이재은
마케팅 김유미
인쇄·제본 AP프린팅
펴낸곳 도서출판 어문학사
　　　　서울특별시 도봉구 해등로 357 나너울카운티 1층
　　　　대표전화: 02-998-0094/편집부1: 02-998-2267, 편집부2: 02-998-2269
　　　　홈페이지: www.amhbook.com
　　　　트위터: @with_amhbook
　　　　페이스북: www.facebook.com/amhbook
　　　　블로그: 네이버 http://blog.naver.com/amhbook
　　　　　　　다음 http://blog.daum.net/amhbook
　　　　e-mail: am@amhbook.com
　　　　등록: 2004년 7월 26일 제2009-2호

ISBN 978-89-6184-460-4　03530

정가 18,000원

이 도서의 국립중앙도서관 출판예정도서목록(CIP)은 e—CIP홈페이지(http://www.nl.go.kr/ecip)와 국가자료 공동목록시스템(http://www.nl.go.kr/kolisnet)에서 이용하실 수 있습니다. (CIP제어번호: CIP2017030219)